国家精品课程教改项目成果教材

21世纪全国高职高专土建系列工学结合型规划教材

建筑结构学习指导与技能训练

（下册）

编　著　徐锡权

北京大学出版社

PEKING UNIVERSITY PRESS

内 容 简 介

　　本书根据国家精品课程"建筑结构"教学要求进行编写，是与北京大学出版社出版的国家精品课程教改项目成果教材《建筑结构（第2版）（下册）》（徐锡权主编）配套使用的自主学习教材。全书对应《建筑结构（第2版）（下册）》的6个模块编写，每个模块包含：学习目标与要求、重点难点分析、典型示例分析、技能训练和参考答案、同时编写了阶段性技能测试及其答案、综合技能测试及其答案、《建筑结构（第2版）（下册）》习题答案及解析等，便于学生自我检测。

　　本书主要作为高职院校建筑工程技术、工程监理等土建类专业建筑结构课程的学习参考书，也是函授、自考、远程教育等土建类专业学生学习建筑结构课程的参考书。

图书在版编目(CIP)数据

建筑结构学习指导与技能训练. 下册/徐锡权编著. —北京：北京大学出版社，2015.8
（21世纪全国高职高专土建系列工学结合型规划教材）
ISBN 978-7-301-25933-7

Ⅰ.①建… Ⅱ.①徐… Ⅲ.①建筑结构—高等职业教育—教学参考资料 Ⅳ.①TU3

中国版本图书馆CIP数据核字（2015）第125011号

书　　　名	建筑结构学习指导与技能训练（下册）
著作责任者	徐锡权　编著
策 划 编 辑	杨星璐
责 任 编 辑	刘　啬
标 准 书 号	ISBN 978-7-301-25933-7
出 版 发 行	北京大学出版社
地　　　址	北京市海淀区成府路205号　100871
网　　　址	http://www.pup.cn　新浪微博：@北京大学出版社
电 子 信 箱	pup_6@163.com
电　　　话	邮购部62752015　发行部62750672　编辑部62750667
印 刷 者	北京飞达印刷有限责任公司
经 销 者	新华书店

787毫米×1092毫米　16开本　12印张　272千字
2015年8月第1版　2015年8月第1次印刷

定　　　价　28.00元

前　言

　　为了满足目前高职院校工学结合人才培养模式改革的需要,适应学生自主学习的要求,我们组织编写了这本《建筑结构学习指导与技能训练(下册)》。

　　本书根据国家精品课程"建筑结构"教学要求进行编写,是与北京大学出版社出版的国家精品课程教改项目成果教材《建筑结构(第2版)(下册)》(徐锡权主编)(以下简称"主教材")配套使用的自主学习教材。与主教材相对应,本书包括模块8结构抗震能力训练、模块9钢筋混凝土单层厂房计算能力训练、模块10多高层钢筋混凝土房屋计算能力训练、模块11砌体结构构件计算能力训练、模块12钢结构构件计算能力训练、模块13结构设计软件应用能力训练(选学内容)共6个模块。每个模块包含:学习目标与要求、重点难点分析、典型示例分析、技能训练和参考答案、同时编写了阶段性技能测试及其答案、综合技能测试及其答案、《建筑结构(第2版)(下册)》习题答案及解析等,便于学生自我检测。

　　本书由日照职业技术学院徐锡权编著,参加编写的人员还有日照职业技术学院魏松、周立军、刘涛、赵军、申淑荣、李颖颖、马方兴、王维、孙凡、姜爱玲、武可娟。

　　由于编者水平有限,书中难免存在不足之处,恳请广大读者批评指正。

编　者

2015年1月

CONTENTS
目录

模块 8

结构抗震能力训练

一、学习目标与要求

1. 学习目标

能力目标： 能理解抗震的基本概念；能理解建筑抗震概念设计；能进行建筑场地类别的划分；能进行天然地基抗震承载力验算；能利用底部剪力法进行水平地震作用的计算。

知识目标： 掌握建筑结构抗震的基本知识；熟悉建筑抗震概念设计；了解场地、地基、基础的抗震设计；能够用底部剪力法计算水平地震作用。

态度养成目标： 培养严肃认真的学习态度，严谨的结构计算习惯，激发学习结构抗震知识的兴趣。

2. 学习要求

知识要点	能力要求	相关知识	所占分值（100 分）
抗震基本概念	能理解抗震的基本概念	地震分类、地震波、震级及烈度的概念，地震动、抗震设防目标、分类、标准等	30
抗震设计要求	理解建筑抗震概念设计的含义；了解建筑抗震的一些具体要求	建筑抗震概念设计	10
场地、地基、基础抗震设计	掌握建筑场地类别的划分；能进行天然地基抗震承载力验算	等效剪切波速、覆盖层厚度、液化等级、地基承载力修正	30

续表

知识要点	能力要求	相关知识	所占分值 （100 分）
底部剪力法的计算	能利用底部剪力法进行水平地震作用的计算	质点体系及其自由度、自振周期、重力荷载代表值、设计反应谱、水平地震影响系数等	20
结构抗震验算	能理解抗震承载力、抗震变形验算公式中各符号的含义	结构构件截面抗震承载力验算、结构抗震变形验算	10

二、重点难点分析

1. 主要内容及相互关系框图

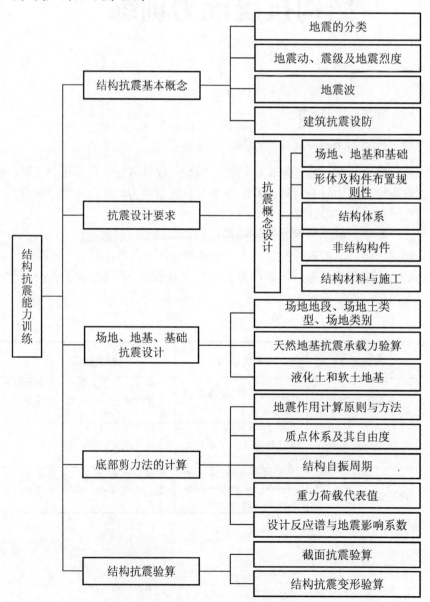

2．重点与难点

本模块概念性的东西多，重点是对以下知识点的理解：构造地震、地震术语、地震序列、地震波、地震动、震级、地震烈度、基本烈度、地震区划、抗震设防烈度、地震影响、抗震设防分类、抗震设防标准、抗震概念设计、抗震计算、抗震措施、抗震构造措施、场地、特征周期、底部剪力法、质点体系、自振周期、重力荷载代表值、地震影响系数。

本模块的难点是在基本知识点理解的基础上，能对有抗震设防要求的建筑物进行概念设计，能对地基基础进行抗震设计，能运用底部剪力法进行水平地震作用的计算。

三、典型示例分析

1．判断题

(1) 构造地震分布最广，危害最大。　　　　　　　　　　　　　　　(　　)

解：√。地震按其产生原因，分为火山地震、陷落地震、诱发地震和构造地震。构造地震则是由于地壳构造运动使岩层发生断裂、错动而引起的地面震动。地球内部不停地运动，在它的运动过程中始终存在巨大的能量，这种能量使地壳不断产生变形和褶皱，当能量的积聚超过地壳薄弱处岩层的承受能力时，该处岩层就会发生突然断裂和猛烈的错动来释放能量，并以波的形式传到地面，所以构造地震影响范围大，造成的危害也大。

(2) 对于一次地震，震级只有一个，烈度也只有一个。　　　　　　(　　)

解：×。地震的震级是衡量一次地震释放能量大小的尺度，一次地震释放的能量是确定的，所以震级只有一个。地震烈度指地震时某一地区的地面和各类建筑物遭受一次地震影响的强弱程度，由于离震中的距离不同，各类建筑物的破坏程度不同，一般离震中越远受地震影响越小，则烈度越低。所以，同一次地震只有一个震级，但不同地区烈度不同，有多个烈度。

2．选择题

(1) 某地区设防烈度为 7 度，乙类建筑抗震设计应按下列要求进行设计：(　　)。
   A. 地震作用和抗震措施均按 8 度考虑
   B. 地震作用和抗震措施均按 7 度考虑
   C. 地震作用按 8 度确定，抗震措施按 7 度采用
   D. 地震作用按 7 度确定，抗震措施按 8 度采用

解：重点设防类(简称乙类)，应按高于本地区抗震设防烈度一度的要求加强其抗震措施；但抗震设防烈度为 9 度时应按比 9 度更高的要求采取抗震措施；地基基础的抗震措施应符合有关规定，应按本地区抗震设防烈度确定其地震作用。所以，选 D。

(2) 在抗震设计地区的下列房屋中，其中何项需要进行天然地基及基础的抗震承载力验算？(　　)
   A. 抗震设防烈度为 7 度，地基各层土承载力特征值均大于 90kPa，8 层且高度为 28m 的框架住宅
   B. 抗震设防烈度为 6 度，位于 I 类场地的一般性多层框架办公楼
   C. 地基主要受力层范围内不存在软弱黏性土层的 7 层砌体房屋
   D. 地基主要受力层范围内不存在软弱黏性土层的单层厂房

解：地基主要受力层范围内不存在软弱黏性土层(抗震设防烈度为 7 度，软弱黏性土层的地基承载力特征值小于 80kPa)，不超过 8 层且高度在 24m 的一般民用框架建筑，是不需要验算的，选项 A 房屋高度为 28m，需要验算。所以，选 A。

3. 简答题

(1) 抗震设防的目标是什么？实现此目标的设计方法是什么？

答：我国国家标准《建筑抗震设计规范》(GB 50011—2010)将抗震设防目标与 3 种烈度相对应，分为 3 个水准，具体描述如下。

第一水准：当遭受低于本地区抗震设防烈度的多遇地震(简称"小震")影响时，主体结构不受损坏或不需修理可继续使用。

第二水准：当遭受相当于本地区抗震设防烈度的设防地震(简称"中震")影响时，可能发生损坏，但经一般修理仍可继续使用。

第三水准：当遭受高于本地区抗震设防烈度的罕遇地震(简称"大震")影响时，不致倒塌或发生危及生命的严重损失。

通常将其概括为："小震不坏，中震可修、大震不倒"。建筑抗震设计时，通过两阶段设计实现上述 3 个水准的设防目标。

第一阶段设计是承载力验算，取第一水准(多遇地震)的地震动参数计算结构的弹性地震作用标准值和相应的地震作用效应，这样既满足了在第一水准下具有必要的承载力可靠度，又满足第二水准的损坏可修的目标。对大多数的结构，可只进行第一阶段的设计，而通过概念设计和抗震构造措施来满足第三水准(罕遇地震)的设计。

第二阶段设计是弹塑性变形验算，对有特殊要求的建筑、地震时易倒塌的结构以及有明显薄弱层的不规则结构，除进行第一阶段设计外，还要进行结构薄弱部位的弹塑性层间变形验算并采取相应的抗震构造措施，实现第三水准的设防目标。

(2) 如何选择建筑场地？

答：选择建筑场地时，应根据工程需要和地震活动情况、工程地质和地震地质的有关资料，对抗震有利、不利和危险地段做出综合评价。对不利地段，应提出避开要求；当无法避开时应采取有效措施。对危险地段，严禁建造甲、乙类的建筑，不应建造丙类的建筑。

4. 计算题

(1) 已知 4 层砖砌体房屋各项荷载见表 8-1。楼、屋盖层面积每层均为 300m²。请计算各楼层的重力荷载代表值及总重力荷载代表值。

表 8-1　4 层砖砌体房屋各项荷载

屋盖	屋面层恒载 3600N/m²		雪荷载 300N/m²			女儿墙自重 120kN	阳台栏板 30kN
第 4 层	楼盖恒载 3600N/m²	楼面活载 1800N/m²	阳台栏板 40kN	山墙 230kN	横墙 600kN	外纵墙(含窗)600kN	内纵墙 250kN	隔墙 50kN
第 2、3 层	楼盖恒载 3600N/m²	楼面活载 1800N/m²	阳台栏板 40kN	山墙 220kN	横墙 600kN	外纵墙(含窗)600kN	内纵墙 250kN	隔墙 50kN
第 1 层	楼盖恒载 3600N/m²	楼面活载 1800N/m²		山墙 260kN	横墙 1000kN	外纵墙(含窗)600kN	内纵墙 300kN	隔墙 50kN

解：由规范查得雪荷载的组合值系数为 0.5，楼面活荷载的组合值系数为 0.5。把第 4 层的半层墙重等重力集中于顶层，则

$G_4 = (3.6 + 0.5 \times 0.3) \times 300 + 120 + 30 + (230 + 600 + 600 + 250 + 50) / 2 = 2140 \text{(kN)}$

$G_3 = (3.6 + 0.5 \times 1.8) \times 300 + 40 + (230 + 600 + 600 + 250 + 50) / 2 +$
$(220 + 600 + 600 + 250 + 50) / 2 = 3115 \text{(kN)}$

$G_2 = (3.6 + 0.5 \times 1.8) \times 300 + 40 + (220 + 600 + 600 + 250 + 50) / 2 +$
$(220 + 600 + 600 + 250 + 50) / 2 = 3110 \text{(kN)}$

$G_1 = (3.6 + 0.5 \times 1.8) \times 300 + 40 + (220 + 600 + 600 + 250 + 50) / 2 +$
$(260 + 1000 + 600 + 300 + 50) / 2 = 3355 \text{(kN)}$

(2) 某单层钢筋混凝土框架计算简图如图 8.1 所示，集中于屋盖的的重力荷载代表值 $G = 1200 \text{kN}$。梁的抗弯刚度 $EI = \infty$，柱的截面尺寸 $b \times h = 400 \text{mm} \times 400 \text{mm}$，采用 C25 混凝土，结构的阻尼比为 $\zeta = 0.05$。Ⅱ类场地，设防烈度为 7 度，设计基本地震加速度为 $0.10 g$，建筑所在地区的设计地震分组为第二组。结构自振周期 $T = 0.88 \text{s}$。求结构在多遇地震作用下的水平地震作用标准值。

解：由设防烈度为 7 度，设计基本地震加速度为 $0.10 g$，多遇地震，查表得 $\alpha_{\max} = 0.08$；由Ⅱ类场地，设计地震分组为第二组，查表得 $T_g = 0.4 \text{s}$；由阻尼比为 $\zeta = 0.05$，得阻尼调整系数 $\eta_2 = 1$；对单质点体系，$G_{\text{eq}} = G = 1200 \text{kN}$。

因为 $T_g = 0.4 \text{s} < T = 0.88 \text{s} < 5 T_g = 5 \times 0.4 = 2 \text{s}$，所以地震影响系数取

$$\alpha = \left(\frac{T_g}{T} \right)^{\gamma} \eta_2 \alpha_{\max} = \left(\frac{T_g}{T} \right)^{0.9} \eta_2 \alpha_{\max} = \left(\frac{0.4}{0.88} \right)^{0.9} \times 1.0 \times 0.08 = 0.039,$$

结构在多遇地震作用下的水平地震作用标准值为：$F_{\text{Ek}} = \alpha G_{\text{eq}} = 0.039 \times 1200 = 46.8 \text{(kN)}$。

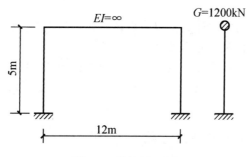

图 8.1　计算题(2)图

(3) 某二层钢筋混凝土框架如图 8.2(a)所示，集中于楼盖和屋盖处的重力荷载代表值相等，$G_1 = G_2 = 1300 \text{kN}$，如图 8.2(b)所示，$H_1 = 4 \text{m}$，$H_2 = 8 \text{m}$。结构总水平地震作用标准值(即底部剪力) $F_{\text{Ek}} = 72.93 \text{kN}$，顶部附加地震作用系数 $\delta_n = 0.092$，已知 $F_i = \dfrac{H_i G_i}{\sum\limits_{i=1}^{n} H_i G_i} F_{\text{Ek}} (1 - \delta_n)$。

求作用在各质点上的水平地震作用标准值。

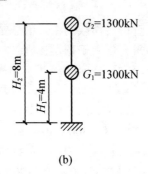

图 8.2　计算题(3)图

解：$F_1 = \dfrac{H_1 G_1}{\sum\limits_{i=1}^{n} H_i G_i} F_{Ek}(1-\delta_n) = \dfrac{1300\times4}{1300\times4+1300\times8}\times72.93\times(1-0.092) = 22.07(\text{kN})$，

$F_2 = \dfrac{H_2 G_2}{\sum\limits_{i=1}^{n} H_i G_i} F_{Ek}(1-\delta_n) = \dfrac{1300\times8}{1300\times4+1300\times8}\times72.93\times(1-0.092) = 44.15(\text{kN})$，

$\Delta F_n = \delta_n F_{Ek} = 0.092\times72.93\text{kN} = 6.71\text{kN}$。

结论：作用在质点 1 上的水平地震作用标准值为 22.07kN；作用在质点 2 上的水平地震作用标准值为 44.15+6.71=50.86(kN)。

四、技能训练

1. 判断题

(1) 在进行抗震设计时，结构平面凹进的一侧尺寸为其相应宽度的 20%时，认为其是规则的。　　　　　　　　　　　　　　　　　　　　　　　　　　　　　　　（　　）

(2) 框架结构按底部剪力法计算，单质点体系取全部重力荷载代表值。　（　　）

(3) 震源到震中的垂直距离称为震源距。　　　　　　　　　　　　　　（　　）

(4) 结构的重力荷载代表值等于竖向荷载加上各可变荷载组合值。　　（　　）

(5) 对于多层砌体房屋，构造柱和圈梁都可以提高结构的抗震能力。　（　　）

2. 选择题

(1) 水平地震作用标准值 F_{Ek} 的大小除了与质量、地震烈度、结构自振周期有关外，还与下列何种因素有关？　　　　　　　　　　　　　　　　　　　　　　　（　　）

　　A. 场地特征周期　　　　B. 场地平面尺寸　　　C. 荷载分项系数　　　D. 抗震等级

(2) 一般情况下，工程场地覆盖层的厚度应按地面至剪切波速大于多少的土层顶面的距离确定？　　　　　　　　　　　　　　　　　　　　　　　　　　　　　　（　　）

　　A. 200m/s　　　　　　B. 300m/s　　　　　　C. 400m/s　　　　　　D. 500m/s

(3) 地震烈度主要根据(　　)来评定。

　　A. 地震震源释放出的能量的大小

　　B. 地震时地面运动速度和加速度的大小

　　C. 地震时大多数房屋的震害程度、人的感觉以及其他现象

　　D. 地震时震级大小、震源深度、震中距、该地区的土质条件和地形地貌

(4) 下列关于地震波的描述正确的是(　　)。

　A. 根据传播方式不同，地震波可以分为两种类型：体波和面波

　B. 体波分为纵波和横波，横波的特点是周期短、振幅小

　C. 面波分为瑞利波和乐夫波

　D. 纵波传播最快，横波次之，面波最慢

3. 名词解释

(1)构造地震；(2)地震序列；(3)地震波；(4)地震动；(5)基本烈度；(6)地震区划；(7)抗震设防烈度；(8)场地；(9)底部剪力法；(10)重力荷载代表值；(11) 地震影响系数。

4. 简答题

(1) 什么是地震震级？什么是地震烈度？两者有何关联？

(2) 我国规范根据重要性将抗震设防类别分为哪几类？不同类别的建筑对应的抗震设防标准是什么？

(3) 怎样划分场地土类型和场地类别？

(4) 什么是砂土液化？液化会造成哪些危害？

(5) 简述可液化地基的抗液化措施。

(6) 简述计算地震作用的方法和适用范围。

(7) 什么是抗震概念设计？

5. 计算题

(1) 已知某建筑场地的钻孔地质资料见表 8-2，试确定该场地的类别。

表 8-2　钻孔资料

土层底部深度/m	土层厚度/m	岩土名称	土层剪切波速/m·s^{-1}
1.5	1.5	杂填土	180
3.5	2.0	粉土	240
7.5	4.0	细砂	310
15.5	8.0	砾砂	520

(2) 已知在设防烈度为 8 度的某Ⅳ类场地有幢 4 层砌体房屋，各层楼(屋)盖水平标高处质点的重力荷载代表值分别为 $G_4=1441$kN，$G_3=G_2=2410$kN，$G_1=2660$kN，如图 8.3 所示，求该结构等效总重力荷载。

(3) 已知结构的自振周期 $T=0.58$s，设防烈度为 8 度，设计基本地震加速度为 $0.30g$，Ⅱ类场地，设计地震分组为第二组。屋面和楼面重力荷载分别为 $G_1=2000$kN，$G_2=3000$kN，$G_3=3000$kN，图 8.4 所示高度单位为 mm。求底部剪力法求结构顶部附加地震作用系数。

(4) 某 4 层钢筋混凝土框架结构，其计算简图和层高如图 8.5 所示，楼层重力荷载代表值如下：$G_1=10360$kN，$G_2=9330$kN，$G_3=9330$kN，$G_4=6130$kN，$G_5=820$kN，抗震设防烈度为 8 度，Ⅱ类场地，设计地震分组为第二组，考虑填充墙刚度影响后，结构的自振周期 $T=0.6$s，求各楼层的地震剪力标准值。

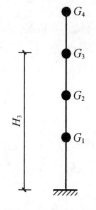

图 8.3　计算题(2)图

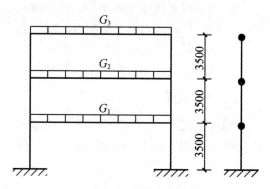

图 8.4　计算题(3)图

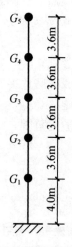

图 8.5　计算题(4)图

五、参考答案

1. 判断题

(1) √；(2) √；(3) ×；(4) ×；(5) √。

2. 选择题

(1) A；(2) D；(3) BC；(4) ACD。

3. 名词解释

略。

4. 简答题

(1) 答：地震的震级是衡量一次地震释放能量大小的尺度，国际上常用里氏震级(M)表示。

地震烈度指地震时某一地区的地面和各类建筑物遭受一次地震影响的强弱程度。地震烈度表是评定烈度大小的尺度和标准，主要根据地震时人的感觉、器物的反应、建筑物的破损程度和地貌变化特征等宏观现象综合判定划分。

对于一次地震，表示地震大小的震级只有一个，但它对不同的地点影响程度不同。一般地，震级越大，震中的烈度越高，离震中越远，受地震影响就越小，烈度也就越低，即同一次地震只有一个震级，但不同地区烈度不同，所以有多个烈度。

(2) 答：抗震类别主要分为以下 4 类。

① 特殊设防类：指使用上有特殊设施，涉及国家公共安全的重大建筑工程和地震时可能发生严重次生灾害等特别重大灾害后果，需要进行特殊设防的建筑，简称甲类。

② 重点设防类：指地震时使用功能不能中断或需尽快恢复的生命线相关建筑，以及地震时可能导致大量人员伤亡等重大灾害后果，需要提高设防标准的建筑，简称乙类。

③ 标准设防类：指大量的除①、②、④款以外按标准要求进行设防的建筑，简称丙类。

④ 适度设防类：指使用上人员稀少且震损不致产生次生灾害，允许在一定条件下适度降低要求的建筑，简称丁类。

抗震设防标准有以下 4 类。

① 标准设防类：应按本地区抗震设防烈度确定其抗震措施和地震作用，达到在遭遇高于当地抗震设防烈度的预估罕遇地震影响时不致倒塌或发生危及生命安全的严重破坏的抗震设防目标。

② 重点设防类：应按高于本地区抗震设防烈度一度的要求加强其抗震措施；但抗震设防烈度为 9 度时应按比 9 度更高的要求采取抗震措施；地基基础的抗震措施应符合有关规定。同时，应按本地区抗震设防烈度确定其地震作用。

③ 特殊设防类：应按本地区抗震设防烈度提高一度的要求加强其抗震措施；但抗震设防烈度为 9 度时应按比 9 度更高的要求采取抗震措施。同时，应按批准的地震安全性评价的结果且高于本地区抗震设防烈度的要求确定其地震作用。

④ 适度设防类：允许比本地区抗震设防烈度的要求适当降低其抗震措施，但抗震设防烈度为 6 度时不应降低。一般情况下，仍应按本地区抗震设防烈度确定其地震作用。

(3) 答：根据场地土的剪切波速 v_s 将建筑场地土划分为 5 类，见表 8-3。

表 8-3　土的类型划分和剪切波速范围

土的类型	岩土名称和性状	土层剪切波速范围/m·s⁻¹
岩石	坚硬、较硬且完整的岩石	$v_s > 800$
坚硬土或软质岩石	破碎或较破碎的岩石或软或较软的岩石，密实的碎石土	$800 \geqslant v_s > 500$
中硬土	中密、稍密的碎石土，密实、中密的砾、粗、中砂，$f_{ak} > 150\text{kPa}$ 的黏性土和粉土，坚硬黄土	$500 \geqslant v_s > 250$
中软土	稍密的砾、粗、中砂，除松散外的细、粉砂，$f_{ak} \leqslant 150\text{kPa}$ 的黏性土和粉土，$f_{ak} > 130\text{kPa}$ 的填土，可塑新黄土	$250 \geqslant v_s > 150$
软弱土	淤泥和淤泥质土，松散的砂，新近沉积的黏性土和粉土，$f_{ak} \leqslant 130\text{kPa}$ 的填土，流塑黄土	$v_s \leqslant 150$

注：f_{ak} 为由载荷试验等方法得到的地基承载力特征值(kPa)；v_s 为岩土剪切波速。

建筑的场地类别根据土层等效剪切波速和场地覆盖层厚度按表 8-4 划分为 4 类，其中 I 类分为 I_0、I_1 两个亚类。

表 8-4　各类建筑场地的覆盖层厚度(m)

岩石的剪切波速或土的等效剪切波速/m·s⁻¹	场　地　类　别				
	I_0	I_1	II	IV	IV
$v_{se} > 800$	0				
$800 \geqslant v_{se} > 500$		0			
$500 \geqslant v_{se} > 250$		<5	≥5		
$250 \geqslant v_{se} > 150$		<3	3～50	>50	
$v_{se} \leqslant 150$		<3	3～15	>15～80	>80

(4) 答：砂土液化是指饱和砂土和饱和粉土在地震力的作用下瞬时失掉强度，由固体状态变成液体状态的力学过程。砂土液化主要是在静力或动力作用下，砂土中孔隙水压力上升，抗剪强度或剪切刚度降低并趋于消失所引起的。

砂土液化造成的危害是十分严重的。喷水冒砂会使地下砂层中的孔隙水及砂颗粒被搬到地表，从而使地基失效，同时地下土层中固态与液态物质缺失，导致不同程度的沉陷，使地面建筑物倾斜、开裂、倾倒、下沉，道路路基滑移，路面纵裂；在河流岸边，则表现为岸边滑移，桥梁落架等。此外，强烈的承压水流失携带土层中的大量砂颗粒一并冒出，堆积在农田中将毁坏大面积的农作物。

(5) 答：① 全部消除地基液化沉陷的措施有以下几种。

a. 采用桩基时，桩端伸入液化深度以下稳定土层中的长度(不包括桩尖部分)应按计算确定，且对碎石土，砾、粗、中砂，坚硬黏性土和密实粉土尚不应小于 0.5m，对其他非岩石土尚不宜小于 1.5m。

b. 采用深基础时，基础底面应埋入液化深度以下的稳定土层中，其深度不应小 0.5m。

c. 采用加密法(如振冲、振动加密、挤密碎石桩强夯等)加固时，应处理至液化深度下界；振冲或挤密碎石桩加固后，桩间土的标准贯入锤击数不宜小于液化判别标准贯入锤击数临界值。

d. 用非液化土替换全部液化土层。

e. 采用加密法或换土法处理时，在基础边缘以外的处理宽度应超过基础底面下处理深度的 1/2 且不小于基础宽度的 1/5。

② 部分消除地基液化沉陷的措施有以下几种。

a. 处理深度应使处理后的地基液化指数减少，当判别深度为 15m 时，其值不宜大于 4，当判别深度为 20m 时，其值不宜大于 5；对独立基础和条形基础，尚不应小于基础底面下液化土特征深度和基础宽度的较大值。

b. 采用振冲或挤密碎石桩加固后，桩间土的标准贯入锤击数不宜小于规定的液化判别标准贯入锤击数临界值。

c. 基础边缘以外的处理宽度应超过基础底面下处理深度的 1/2 且不小于基础宽度的 1/5。

③ 基础和上部结构处理措施。

a. 选择合适的基础埋置深度。

　　b. 调整基础底面积，减少基础偏心。

　　c. 加强基础的整体性和刚度，如采用箱基、筏基或钢筋混凝土交叉条形基础，加设基础圈梁等。

　　d. 减轻荷载，增强上部结构的整体刚度和均匀对称性，合理设置沉降缝，避免采用对不均匀沉降敏感的结构形式等。

　　e. 管道穿过建筑处应预留足够尺寸或采用柔性接头等。

　　(6) 答：计算地震作用的方法和适用范围如下。

　　① 底部剪力法。

　　② 振型分解反应谱法。

　　高度不超过 40m、以剪切变形为主且质量和刚度沿高度分布比较均匀的结构，以及近似于单质点体系的结构，可采用底部剪力法等简化方法。其他的建筑结构宜采用振型分解反应谱法。

　　③ 时程分析法。

　　特别不规则的建筑、甲类建筑和一些高层建筑，应采用时程分析法进行多遇地震下的补充计算。

　　(7) 答：建筑结构抗震概念设计，是根据地震灾害和工程经验等所形成的基本设计原则和设计思想，进行建筑和结构总体布置并确定细部构造的过程，是以现有科学水平和经济条件为前提的。

　　5. 计算题

　　(1) 解：

　　① 确定覆盖层厚度。

　　因为地表下 7.5m 以下土层的 v_s =520m/s>500m/s，故取覆盖层厚度为 7.5m。

　　② 计算等效剪切波速。

　　土层计算深度 $d_0 = \min(7.5\text{m}, 20\text{m}) = 7.5\text{m}$ ，则

$$t = \sum_{i=1}^{n}(d_i / v_{si}) = \frac{1.5}{180} + \frac{2.0}{240} + \frac{4.0}{310} = 0.02957(\text{s})$$

$$v_{se} = d_0 / t = \frac{7.5}{0.02957} = 253.6(\text{m/s})$$

　　查表 8-4，v_{se} 位于 250～500m/s 之间，且 d_0 >5m，故属于 II 类场地。

　　(2) 解：

　　该结构为多质点体系，则结构等效总重力荷载

$$G_{eq} = 0.85\sum_{i=1}^{4} G_i = 0.85 \times (2660 + 2410 \times 2 + 1441) = 7582.85(\text{kN}) 。$$

　　(3) 解：

　　① 结构等效总重力荷载

$$G_{eq} = 0.85\sum_{i=1}^{3} G_i = 0.85 \times (2000 + 3000 + 3000) = 6800(\text{kN}) 。$$

　　② 水平地震影响系数。

　　由设防烈度 8 度，查主教材表 8-14 及注得，$\alpha_{\max} = 0.24$ 。

由Ⅱ类场地，设计地震分组为第二组，查表主教材表 8-15 得，$T_g = 0.4s$。

由于 $T_g = 0.4s < T = 0.58s < 5T_g = 2.0s$，得

$$\alpha_1 = \left(\frac{T_g}{T}\right)^\gamma \eta_2 \alpha_{max} = \left(\frac{0.4}{0.58}\right)^{0.9} \times 0.24 = 0.1718 。$$

③ 水平地震作用。

结构总水平地震作用标准值

$$F_{Ek} = \alpha_1 G_{eq} = (0.1718 \times 6800)kN = 1168.24kN$$

由于 $T = 0.58s > 0.55s$ 且 $T = 0.58s > 1.4 \times T_g = 1.4 \times 0.4s = 0.56s$，考虑顶部附加水平地震作用，由主教材表 8-16 得结构顶部附加地震作用系数

$$\delta_n = 0.08T - 0.02 = 0.08 \times 0.58 - 0.02 = 0.0264 。$$

(4) 解：

① 结构等效总重力荷载

$$G_{eq} = 0.85 \sum_{i=1}^{5} G_i = 0.85 \times (10360 + 9330 + 9330 + 6130 + 820) = 30574.5(kN) 。$$

② 水平地震影响系数。

由设防烈度 8 度，查主教材表 8-14 得，$\alpha_{max} = 0.16$。

由Ⅱ类场地，设计地震分组为第二组，查表主教材表 8-15 得，$T_g = 0.40s$。

由于 $T_g = 0.4s < T = 0.60s < 5T_g = 2.0s$，得

$$\alpha_1 = \left(\frac{T_g}{T}\right)^\gamma \eta_2 \alpha_{max} = \left(\frac{0.40}{0.60}\right)^{0.9} \times 0.16 = 0.1111 。$$

③ 水平地震作用。

结构总水平地震作用标准值

$$F_{Ek} = \alpha_1 G_{eq} = (0.1111 \times 30574.5)kN = 3396.8kN 。$$

由于 $T = 0.60s > 1.4 \times T_g = 1.4 \times 0.40s = 0.56s$，考虑顶部附加水平地震作用，由主教材表 8-16 得

$$\delta_n = 0.08T - 0.02 = 0.08 \times 0.60 - 0.02 = 0.028 ，$$

$$\Delta F_n = \delta_n F_{Ek} = (0.028 \times 3396.8)kN = 95.11kN 。$$

各层水平地震作用标准值和各层地震剪力标准值计算过程及结果见表 8-5。

表 8-5 各层地震作用标准值和地震剪力标准值

楼层	G_i / kN	H_i / m	$G_i H_i / kN \cdot m$	$F_i = \dfrac{G_i H_i}{\sum_{j=1}^{n} G_j H_j} F_{Ek}(1-\delta_n) / kN$	$\Delta F_n / kN$	$V_{Eki} = \sum_{i=i}^{n} F_i / kN$
5	820	18.4	15088	217.9	95.11	313.01
4	6130	14.8	90724	1310.1		1623.11
3	9330	11.2	10449.6	150.9		1774.01
2	9330	7.6	70908	1023.9		2797.91
1	10360	4.0	41440	598.4		3396.31
合计	35970		228609.6	3301.2	95.11	

阶段性技能测试(五)

一、单项选择题(本大题共 10 小题,每小题 2 分,共 20 分。在每小题列出的四个备选项中只有一个是符合题目要求的,请将其代码填写在题中的括号内。错选、多选或未选均无分)

1. 1976 年唐山大地震,按照地震产生的原因属于( )。
   A. 火山地震　　　B. 陷落地震　　　　C. 诱发地震　　　　D. 构造地震

2. 地震波传播速度最快的是( )。
   A. 纵波　　　　　B. 横波　　　　　　C. 乐夫波　　　　　D. 瑞利波

3. 地震时造成建筑物强烈破坏的波最可能是( )。
   A. 纵波　　　　　B. 横波　　　　　　C. 面波　　　　　　D. 体波

4. 破坏性地震是指( )。
   A. 震级 $M > 5$　　B. 震级 $M > 7$　　C. 震级 $M > 6$　　D. 震级 $M > 8$

5. 我国地震烈度划分为( )度。
   A. 8　　　　　　　B. 9　　　　　　　　C. 10　　　　　　　D. 12

6. 一般来说,震级越大,震中的烈度越( )。
   A. 高　　　　　　B. 低　　　　　　　C. 不变　　　　　　D. 无规律

7. 下列描述不属于我国抗震设防目标的是( )。
   A. 小震不坏　　　B. 中震可修　　　　C. 大震不倒　　　　D. 承载力满足要求

8. 我国《建筑工程抗震设防分类标准》将建筑物按其重要性,抗震设防类别分为( )。
   A. 两类　　　　　B. 三类　　　　　　C. 四类　　　　　　D. 五类

9. 在危险地段,可以建造( )类房屋。
   A. 甲　　　　　　B. 乙　　　　　　　C. 丙　　　　　　　D. 丁

10. 建筑结构平面不规则,可能是( )。
    A. 侧向刚度不规则　　　　　　　　B. 竖向抗侧力构件不连续
    C. 扭转不规则　　　　　　　　　　D. 楼层承载力突变

11. 体型复杂,平立面特别不规则的建筑结构,可以设置( )以形成多个较规则的抗侧力结构单元。
    A. 抗震缝　　　　B. 温度缝　　　　　C. 沉降缝　　　　　D. 分割缝

二、填空题(本大题共 10 小题,每小题 2 分,共 20 分。请在每小题的空格中填上正确答案。错填、不填均无分)

1. 砌体结构应按规定设置钢筋混凝土_____和_____、芯柱或采用配筋砌体。

2. 混凝土结构构件应控制截面尺寸和纵向受力钢筋与箍筋的设置,防止_____、_____、_____。

3. 多、高层的混凝土楼、屋盖宜优先采用_____混凝土板。

4. 烧结普通黏土砖和烧结多孔黏土砖的强度等级应不低于_____，其砌筑砂浆强度等级不应低于_____。

5. 钢筋混凝土框架结构设计时需遵循_____、_____、_____的原则。

6. 钢筋混凝土构造柱、芯柱和底部框架-抗震墙砖房中砖抗震墙的施工，应先____后浇_____、芯柱和框架梁柱。

7. 选择建筑场地时，应首先选择对抗震_____，避开_____，当无法避开时，应采取适当的抗震措施，不应在_____建造建筑物。

8. 砂土液化的判别采用两步判别法，即_____和_____。

9. 砌体结构地震时，破坏的主要部位是_____和_____。

10. 多层砌体房屋优先采用_____承重或_____承重的结构体系。

三、名词解释题(本大题共 5 小题，每小题 3 分，共 15 分)

1. 震中。

2. 震级。

3. 地震烈度。

4. 抗震概念设计。

5. 砂土液化。

四、计算题(本大题共 3 小题，每小题 15 分，共 45 分)

1. 某场地钻孔资料见下表，试确定该场地类别。

某场地钻孔资料(1)

土层底部深度/m	土层厚度/m	岩土名称	土层剪切波速/m·s⁻¹
2.6	2.60	淤泥质土	130
5.6	3.00	粉质黏土	150
7.4	1.80	黏土	180
11.6	4.20	粉土	210
>11.6		石灰岩	1000

2. 某场地钻孔资料见下表，试确定该场地类别。

某场地钻孔资料(2)

土层底部深度/m	土层厚度/m	岩土名称	土层剪切波速/m·s⁻¹
2.5	2.5	杂填土	200
4.0	1.5	粉土	280
5.9	1.9	粉砂	310
7.2	1.3	中砂	385
9.7	2.5	砾砂	520

3. 一幢四层钢框架结构，建于Ⅲ类场地，设计地震分组为第一组，设防烈度为 7 度，结构自振周期 $T=1.19s$，各层重力荷载代表值为 $G_1=G_2=G_3=1800kN$，$G_4=1200kN$，如下图所示，用底部剪力法计算各层水平地震作用标准值。

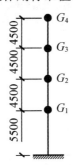

模块 9

钢筋混凝土单层厂房计算能力训练

一、学习目标与要求

1. 学习目标

能力目标： 能熟练地画出结构的计算简图并能进行荷载的计算；能理解等高排架的内力计算；能进行柱截面形式及选择；懂得牛腿及基础的设计要点。

知识目标： 了解排架结构的组成，结构的计算简图，结构的荷载计算；了解等高排架的内力计算过程；了解柱截面形式及选择，以及牛腿和基础的设计。

态度养成目标： 培养严密的逻辑思维能力和严谨的工作作风。

2. 学习要求

知识要点	能力要求	相关知识	所占分值（100分）
计算简图与荷载计算	能正确地绘制计算简图	单层厂房的组成、排架结构的计算简图、荷载计算	30
排架内力计算	能用剪力分配法进行排架内力计算	等高排架内力计算、荷载组合、内力组合	50
牛腿柱及基础设计	了解牛腿柱及基础设计要点	柱使用阶段、施工阶段验算要点；牛腿截面尺寸确定，牛腿的配筋设计；基础设计要点	20

二、重点难点分析

1. 主要内容及相互关系框图

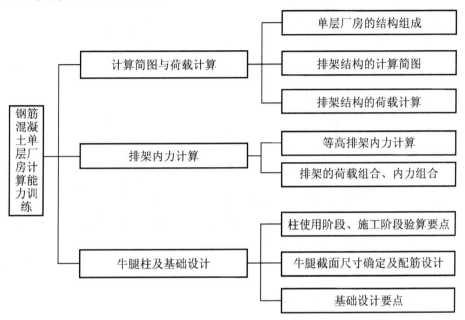

2. 重点与难点

本模块的重点是对以下知识点的理解：单层厂房、排架结构、排架荷载、排架结构计算简图、剪力分配法、等高排架、不等高排架、牛腿柱的破坏、柱下单独基础。

本模块的难点是排架结构的荷载计算、等高排架的内力计算过程、牛腿及基础的设计，尤其是风荷载的计算、吊车荷载的计算、剪力分配法的计算既是重点也是难点。

三、典型示例分析

(1) 简述排架内力分析步骤。

答：① 确定计算单元和计算简图。根据厂房平、剖面图选取一榀中间横向排架，初选柱的形式和尺寸，画出计算简图。

② 荷载计算。确定计算单元范围内的屋面恒荷载、活荷载、风荷载；根据吊车规格及台数计算吊车荷载，注意竖向力在排架柱上的作用位置，不能忽视力的偏心影响。

③ 在各种荷载作用下，分别进行排架内力分析，等高排架用剪力分配法，不等高排架可用力法。

④ 进行柱控制截面的最不利内力组合，根据偏压构件(大、小偏压)特点和荷载效应组合原则进行组合。

(2) 绘出单跨单层厂房在荷载作用下的实际结构图形和结构计算简图。

解：如图 9.1～图 9.5 所示。

① 屋盖恒荷载 G_1，如图 9.1 所示。作用点位于距定位轴线(柱外缘)150mm 处(根据施工安装及必备的搭接长度确定的)，距上柱几何形心线：$e_1 = \dfrac{h_u}{2} - 150$；

上、下柱几何形心线偏心距：$e_2 = \dfrac{h_1}{2} - \dfrac{h_u}{2}$；

$M_1 = G_1 e_1$ ； $M_2 = G_1 e_2$ 。

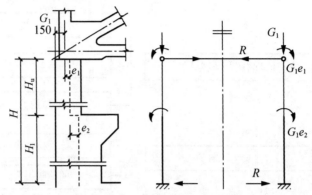

图 9.1　屋盖恒载作用下计算简图

② 柱(上柱重 G_2、下柱重 G_3)及吊车梁自重 G_4 作用下，如图 9.2 所示。$M_3 = G_4 e_3 - G_2 e_1$。

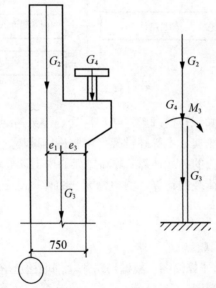

图 9.2　吊车梁及上、下柱自重作用下计算简图

③ 吊车竖向荷载 D_{max}、D_{min} 作用下，如图 9.3 所示。

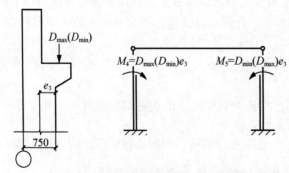

图 9.3　吊车竖向荷载作用下计算简图

④ 吊车水平荷载 T_{max} 作用下，如图 9.4 所示。

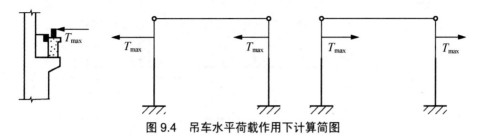

图 9.4　吊车水平荷载作用下计算简图

⑤ 风载作用下，如图 9.5 所示。

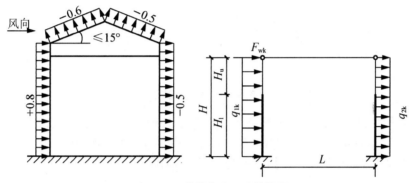

图 9.5　风荷载作用下计算简图

(3) 某单层单跨厂房，跨度 18m，柱距 6m，作用有两台 20/5t 软钩吊车，工作级别 A5 级，参数为：吊车宽 $B=5.2$m，轮距 $K=4.0$m，小车自重 $g=68.6$kN，起吊重量 $Q=200$kN，最大轮压标准值 $P_{max}=174$kN，最小轮压标准值 $P_{min}=37.5$kN，试求该排架承受的吊车竖向荷载设计值 D_{max}、D_{min} 和横向水平荷载设计值 T_{max}。

解：根据 $B=5.2$m 及 $K=4.0$m 可算得吊车梁支座反力影响线中各轮压对应点的竖向坐标值如图 9.6 所示。两台吊车的荷载组合系数为 $\beta=0.9$，横向制动力系数 $\alpha=0.1$。

① 吊车竖向荷载。

吊车竖向荷载设计值为：

$D_{max}=\gamma_Q\beta P_{max}\Sigma y_i=1.4\times0.9\times174\times(1+0.8+0.133+0.333)=496.798$kN，

$D_{min}=\gamma_Q\beta P_{min}\Sigma y_i=1.4\times0.9\times37.5\times(1+0.8+0.133+0.333)=107.069$kN。

② 吊车横向水平荷载。

作用于每一个轮子上的吊车横向水平制动力为：

$T=\dfrac{1}{4}\alpha(G+g)=\dfrac{1}{4}\times0.1\times(200+68.6)=7.165$kN。

作用于排架柱上的吊车横向水平荷载设计值为：

$T_{max}=\gamma_Q\beta T\Sigma y_i=1.4\times0.9\times7.165\times(1+0.8+0.133+0.333)=20.457$kN。

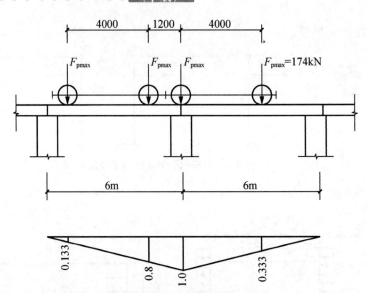

图 9.6　吊车荷载作用下支座反力影响线

(4) 如图 9.7 所示，柱牛腿宽 b=400mm，竖向力作用点至下柱边缘的水平距离 a=150mm，F_{vk}=296kN，F_{hk}=88.8kN，F_v=385kN，F_h=115kN，混凝土强度等级为 C20，纵向受拉钢筋、弯起钢筋采用 HRB400，箍筋采用 HPB235。试确定牛腿高度和配筋。

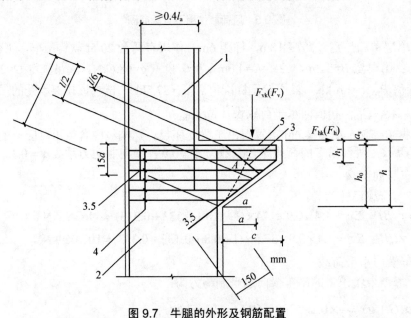

图 9.7　牛腿的外形及钢筋配置

1—上柱；2—下柱；3—弯起钢筋；4—水平箍筋；5—纵向受拉钢筋

解：① 求牛腿高度 h。

$$h_0 = \frac{0.5F_{vk} + \sqrt{(0.5F_{vk})^2 + 4\beta\left(1 - 0.5\dfrac{F_{hk}}{F_{vk}}\right)bf_{tk}aF_{vk}}}{2\beta\left(1 - 0.5\dfrac{F_{hk}}{F_{vk}}\right)bf_{tk}}$$

$$= \frac{0.5 \times 296 \times 10^3 + \sqrt{(0.5 \times 296 \times 10^3)^2 + 4 \times 0.8 \times \left(1 - 0.5\frac{88.8 \times 10^3}{296 \times 10^3}\right) \times 400 \times 1.54 \times 170 \times 296 \times 10^3}}{20.8 \times \left(1 - 0.5\frac{88.8 \times 10^3}{296 \times 10^3}\right) \times 400 \times 1.54}$$

=565mm ，

牛腿高度 $h = 565 + 35 = 600$mm 。

② 求纵向受拉钢筋。

将纵向受拉钢筋分为两项配置：

a. 承受竖向力所需的钢筋面积

$$A_s \geq \frac{F_v a}{0.85 f_y h_0} = \frac{385 \times 10^3 \times 170}{0.85 \times 360 \times 565} = 378.6 \text{mm}^2 \text{，选用 } 4\underline{\Phi}12 (A_s = 562\text{mm}^2);$$

b. 承受水平力所需锚筋面积

$$A_s \geq 1.2\frac{F_h}{f_y} = 1.2 \times \frac{115 \times 10^3}{300} = 460 \text{mm}^2 \text{，选用 } 2\underline{\Phi}18 (A_s = 509\text{mm}^2);$$

c. $\frac{a}{h_0} = \frac{170}{565} = 0.3$ ，需要配置弯起钢筋 $2\underline{\Phi}12$ ；

d. 牛腿配置水平箍筋为 $\phi 8@100$mm 。

(5) 某金工车间，外形尺寸及部分风载体型系数如图 9.8 所示，基本风压 $\omega_0 = 0.35\text{kN/m}^2$ ，柱顶标高为+10.5m，室外天然地坪标高为-0.30m，$h_1 = 2.1$m ，$h_2 = 1.2$m ，地面粗糙程度类别为 B，排架计算宽度 B=6m。请计算作用在排架上风荷载的设计值。

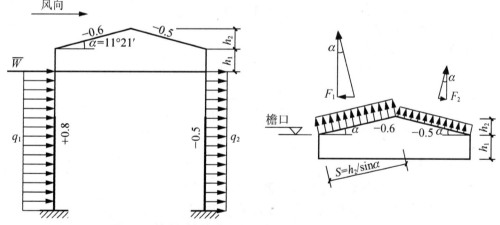

图 9.8 某金工车间外形尺寸及部分风载体型系数

解：① 求作用在左右柱上的风荷载设计值 q_1, q_2 。

风压高度变化系数按柱顶离室外天然地坪的高度10.5+0.3=10.8m取值，查主教材表 9-5 得，离地面 10m 时，$\mu_z = 1.0$ ；离地面 15m 时，$\mu_z = 1.14$ 。用插入法求离地面 10.8m 的 μ_z ：

$$\mu_z = 1 + \frac{1.14 - 1.0}{15 - 10} \times (10.8 - 10) = 1.02 。$$

所以 $q_1 = \gamma_Q \mu_s \mu_z \omega_0 B = 1.4 \times 0.8 \times 1.02 \times 0.35 \times 6 = 2.39 \text{kN/m}$ ；

$q_2 = \gamma_Q \mu_s \mu_z \omega_0 B = 1.4 \times 0.5 \times 1.02 \times 0.35 \times 6 = 1.5 \text{kN/m}$ 。

② 求作用在柱顶的风荷载设计值 F_w。

求屋盖处风压高度变化系数时，取檐口离室外地坪的高度计算。$h = 10.8 + 2.1 = 12.9m$。用插入法求离地面 12.9m 的 μ_z：

$$\mu_z = 1 + \frac{1.14 - 1.0}{15 - 10}(12.9 - 10) = 1.08$$

$$F_w = \gamma_Q \mu_s h \mu_z \omega_0 B = \gamma_Q \left[(\mu_{s1} + \mu_{s2})h_1 + (\mu_{s1} + \mu_{s2})h_2) \right] \mu_z \omega_0 B$$
$$= 1.4 \times [(0.8 + 0.5) \times 2.1 + (0.5 - 0.6) \times 1.2)] \times 1.08 \times 0.35 \times 6 = 8.29kN。$$

点评：在确定屋盖部分风压高度变化系数时，计算高度的取值在实际计算时有不同的取法，如图 9.9 所示。

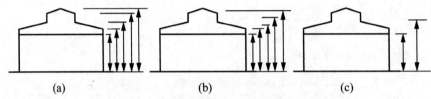

(a)　　　　　　　(b)　　　　　　　(c)

图 9.9　计算高度在实际计算时的不同取法

①取每一竖向区段的顶点，如图 9.9(a)所示；②取每一竖向区段的中点，如图 9.9(b)所示。③取整个屋盖部分竖向高度的中点，如图 9.9(c)所示。

四、技能训练

1. 填空题

(1) 厂房屋盖结构有_____、_____两种类型。

(2) 厂房横向排架由_____、_____、_____组成。

(3) 厂房纵向排架由_____、_____、_____、_____、_____组成。

(4) 单厂排架内力组合的目的是_____。

(5) 钢筋混凝土单层厂房排架的类型有_____和_____两种。

(6) 等高排架在任意荷载作用下的内力计算方法是_____。

(7) 厂房柱牛腿的类型有_____和_____两种。

2. 判断题

(1) 单层厂房有檩体系屋盖整体性和刚度好。　　　　　　　　　　　　　　（　　）

(2) 不等高排架在任意何载作用下都可采用剪力分配法进行计算。　　　　　（　　）

(3) 排架结构内力组合时，恒载在任何情况下都参与组合。　　　　　　　　（　　）

(4) 风荷载分左来风和右来风，二者同时参与组合。　　　　　　　　　　　（　　）

(5) 单跨厂房参与组合的吊车台数最多考虑两台。　　　　　　　　　　　　（　　）

3. 单项选择题

(1) 单层厂房排架柱内力组合中可变荷载的下列特点，（　　）有误。

　　A. 吊车竖向荷载，每跨都有 D_{max} 在左、D_{min} 在右及 D_{min} 在左、D_{max} 在右两种情况；每次只选一种

　　　　B. 吊车横向水平荷载 T_{max} 同时作用在该跨左、右两柱，且有正、反两个方向

　　　　C. D_{max} 或 D_{min} 必有 T_{max} ，但有 T_{max} 不一定有 D_{max} 或 D_{min}

　　　　D. 风荷载有左来风和右来风，每次选一种

(2) 排架计算时，对单层单跨厂房一个排架，应考虑(　　)台吊车。

　　　　A. 4　　　　　　　　　　　　　　B. 2

　　　　C. 3　　　　　　　　　　　　　　D. 按实际使用时的吊车台数计

(3) 排架计算时，对单层多跨厂房的一个排架，应考虑(　　)台吊车。

　　　　A. 4　　　　　　　　　　　　　　B. 2

　　　　C. 3　　　　　　　　　　　　　　D. 按实际使用时的吊车台数计

(4) 排架结构内力组合时，任何情况下都参与组合的荷载是(　　)。

　　　　A. 活荷载　　　　　　　　　　　　B. 风荷载

　　　　C. 吊车竖向和水平荷载　　　　　　D. 恒荷载

(5) 单层工业厂房骨架承重结构通常选用的基础类型是(　　)。

　　　　A. 条形基础　　B. 独立基础　　C. 片筏基础　　　D. 箱形基础

(6) 单层厂房结构是由横向排架和纵向连系构件以及(　　)等所组成的空间体系。

　　　　A. 刚架　　　　B. 支撑　　　　C. 弦杆　　　　D. 腹杆

(7) 预制钢筋混凝土柱除了进行使用阶段的强度计算外，还必须进行(　　)验算。

　　　　A. 强度　　　　B. 刚度　　　　C. 稳定　　　　D. 吊装

(8) 构件吊装验算的计算简图，应按(　　)而定。

　　　　A. 吊点位置　　B. 构件长度　　C. 吊点数量　　D. 构件强度

(9) 单吊点吊装的计算简图为(　　)。

　　　　A. 简支梁　　　　　　　　　　　　B. 一端悬臂的简支梁

　　　　C. 悬臂梁　　　　　　　　　　　　D. 两端铰接的简支梁

4. 多项选择题

(1) 单层厂房结构由(　　)组成，相互联结成一整体。

　　　　A. 屋盖结构　　　　B. 排架　　　　　C. 围护结构

　　　　D. 构造柱　　　　　E. 吊车梁、柱、支撑体系、基础

(2) 单层厂房的屋盖结构包括(　　)。

　　　　A. 屋架支撑　　　　B. 屋面板　　　　C. 托架

　　　　D. 檩条　　　　　　E. 屋架(或屋面梁)

(3) 单层工业厂房结构承受的活荷载主要包括(　　)。

　　　　A. 吊车荷载　　　　B. 雪荷载和风荷载　　C. 屋面自重

　　　　D. 屋面积灰荷载　　E. 施工荷载

(4) 作用在排架上的基本荷载有(　　)。

　　　　A. 恒载　　　　　　B. 屋面活载　　　　C. 围护墙体自重

　　　　D. 吊车荷载　　　　E. 风荷载及地震作用

(5) 截面最不利内力组合有(　　)。

　　　　A. M_{max} 及相应的 N　　B. M_{min} 及相应的 N　　C. M_{max} 及相应的最大、最小 $\pm M$

D. M_{min} 及相应的最大、最小 $\pm M$　　　E. M_{min} 及相应的最大、最小 $\pm M$

(6) 屋盖结构包括(　　)。

A. 屋面板　　　　　B. 抗风柱　　　　　C. 檩条

D. 天窗架　　　　　E. 屋架及屋盖支撑

(7) 屋盖结构根据屋面材料和屋面布置，可分为两大类，即(　　)。

A. 有檩体系　　　　B. 无檩体系　　　　C. 大型屋面板

D. 中型屋面板

(8) 单层厂房屋盖无檩体系由(　　)组成。

A. 小型屋面板　　　B. 大型屋面板　　　C. 檩条

D. 天窗架　　　　　E. 屋架及屋盖支撑

(9) 无檩体系屋盖结构的优点有(　　)。

A. 整体刚度较好　　B. 构造简单　　　　C. 施工方便

D. 屋盖自重大　　　E. 变形小

(10) 有檩体系由(　　)组成。

A. 抗风柱　　　　　B. 小型屋面板　　　C. 檩条

D. 天窗架　　　　　E. 屋架及屋盖

5. 简答题

(1) 装配式单层厂房由哪些主要构件组成？

(2) 简述厂房屋盖结构的类型及特点。

(3) 厂房支撑系统的支撑有什么作用？

(4) 排架的计算简图有何基本假定？

(5) 单层厂房排架内力计算时，需要单独考虑的荷载有哪些？

(6) 排架计算时，对单层单跨厂房和单层多跨厂房的一个排架，如何考虑吊车的台数？

(7) 单层厂房排架内力组合的目的是什么？

(8) 什么叫剪力分配法？

(9) 等高排架在任意何载作用下的内力计算如何进行？

(10) 如何确定排架柱的控制截面？

(11) 单厂排架内力组合中通常选择哪几种组合？

(12) 单厂排架内力组合中有哪些注意事项？

(13) 为何要对柱进行吊装验算？

五、参考答案

1. 填空题

(1) 有檩体系、无檩体系；(2) 屋架(屋面梁)、柱、基础；(3) 纵向柱列、基础、连系梁、吊车梁、柱间支撑；(4) 求出控制截面的最不利的内力；(5) 等高排架、不等高排架；(6) 剪力分配法；(7) 长牛腿、短牛腿。

2. 判断题

(1) ×；(2) ×；(3) √；(4) ×；(5) √。

3. 单项选择题

(1) C；(2) B；(3) A；(4) D；(5) B；(6) B；(7) D；(8) A；(9) B。

4. 多项选择题

(1) ACE；(2) BCDE；(3) ABDE；(4) ABDE；(5)ABCD；(6) ACDE；(7) AB；(8) BDE；(9) ABC；(10) BCDE。

5. 简答题

(1) 答：①承重构件——屋盖结构、吊车梁、连系梁、基础梁、柱、基础等；②围护系统——墙体、屋面、地面、门窗、天窗等；③支撑系统。

(2) 答：①无檩体系：大型屋面板、屋架(或屋面梁)及屋盖支撑、天窗架及其支撑等组成，其刚度和整体性好。②有檩体系：由小型屋面板(或瓦材)、檩条、屋架及屋盖支撑组成，构件质量轻，便于运输与安装。但因构件种类多，荷载传递路线长，故整体性及刚度较差，其造价比无檩体系的大，仅能用于运输、吊装等困难的情况下或在轻型不保温的厂房中才被采用。

(3) 答：①保证结构构件的稳定与正常工作；②增强厂房的整体稳定性和空间刚度；③把水平荷载传递到主要承重构件上。

(4) 答：①屋架与柱顶铰接，柱底与基础刚接；②屋架或屋面梁为刚性杆件，即无轴向变形，$EI = \infty$；③在排架的计算简图中，柱的计算轴线应取其上、下柱的截面形心线。

(5) 答：①恒荷载：屋架、屋面板、天窗、牛腿柱柱、吊车梁及轨道自重等；②屋面活载；③吊车竖向荷载 D_{max}、D_{min} (左右两种情况)；④吊车水平荷载 T_{max}：(左右两种情况)；⑤风荷载：(左右两种情况)。

(6) 答：考虑到多台吊车同时工作并都达到最不利位置的组合概率很小，规范规定，计算排架时，单跨一般按不多于两台考虑，多跨厂房按不多于 4 台考虑。

(7) 答：进行内力分析和组合的目的就是要找出在哪些荷载共同作用下，对排架柱的某一特定截面产生最不利内力。为此，可先对各项荷载作用分别进行内力计算，然后用内力组合的方法求出控制截面的最不利内力。

(8) 答：当排架结构柱顶作用有水平集中力 F(如风载、地震作用下)时，各柱的柱顶剪力按其抗剪刚度与各柱抗剪刚度总和的比例关系进行分配，故称剪力分配法，其计算公式为：

$$V_i = \frac{\dfrac{1}{\delta_i}}{\displaystyle\sum_{i=1}^{n} \dfrac{1}{\delta_i}} F = \eta_i F$$

(9) 答：仍采用剪力分配法。不论在何种荷载作用下，为能利用上述的剪力分配系数，把排架结构的内力计算任意何载作用下的计算过程分为以下两步进行。

① 先在排架柱顶部附加一个不动铰支座以阻止其水平侧移，用无侧移排架的计算方法

求出支座反力 R，根据 R 值就可得到相应的内力图。

② 撤除附加不动铰支座，并将 R 以反方向作用于排架柱顶，以期恢复到原来的结构体系情况。就成了在柱顶水平力作用下排架的内力计算情况。

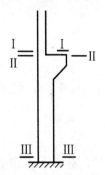

图9.10 柱计算截面的确定

将上述①、②两步求得的内力进行叠加，就能得到排架结构的实际内力图。

(10) 答：为便于施工，阶形柱的各段一般均可采用相同的截面配筋，并根据各段柱产生是危险内力的截面(称控制截面)进行计算，如图 9.10 所示。

① 上柱：最大弯矩及轴力通常产生于上柱的底截面 Ⅰ-Ⅰ，此即上柱的控制截面；②下柱：在吊车竖向荷载作用下，牛腿顶面处 Ⅱ-Ⅱ 截面的弯矩最大；在风载或吊车横向水平力作用下，柱底 Ⅲ-Ⅲ 的弯矩最大；故常取此两截面为下柱的控制截面。

(11) 答：一般应进行下列四种内力组合。

① $+M_{max}$ 与相应的 N、V；② $-M_{max}$ 与相应的 N、V；③ N_{max} 与相应的 $\pm M$ (取绝对值较大者)、V；④ N_{min} 与相应的 $\pm M$ (取绝对值较大者)、V。

(12) 答：① 恒荷载是永存的，故无论在任何一种内力组合中都必须参加。

② 同一台吊车的最大竖向荷载 D_{max} 与最小竖向荷载 D_{min} 是同时发生的，不能只择其一。

③ 同一台吊车的最大横向水平荷载 T_{max} 同时作用于其左、右两边的柱上，其方向可左可右，组合时只能择其一。

④ 同一台吊车的 D_{max}、D_{min} 与 T_{max} 不一定同时产生；但有 T_{max} 一定有 D，而有 D 不一定有 T_{max}。

⑤ 左、右风向不可能同时产生。

⑥ 在组合 M_{max} 或 N_{min} 时，应使相应的 $\pm M$ 尽可能大些，这样更为不利。因此，凡使截面的 $N=0$，$M \neq 0$ 的荷载项，只要有可能，也应参加组合。

(13) 答：单厂预制柱在运输和吊装时的受力状态与其在使用阶段不同，而且这时混凝土还有可能未达到设计强度，故柱有可能在吊装时出现裂缝，因此设计时还需进行施工阶段柱的裂缝宽度验算。

模块 10

多高层钢筋混凝土房屋计算能力训练

一、学习目标与要求

1. 学习目标

能力目标： 通过本模块的学习，能初步掌握框架结构的布置、荷载简化与内力计算要点，以及柱、梁、板的设计要点和构造要求(抗震和非抗震)，能了解剪力墙和框架剪力墙结构的设计要点，能熟练地进行钢筋混凝土结构施工图的识读。

知识目标： 学习框架结构平面计算单元的选取、计算模型的确定、荷载的简化和节点的简化处理方法；会使用分层法、反弯点法和 D 值法计算框架结构内力；掌握框架结构侧移计算方法，了解多层框架柱、梁、板设计要点与构造要求，剪力墙、框架剪力墙结构设计要点与构造要求，以及钢筋混凝土结构施工图的基本内容与识读要点。

态度养成目标： 培养学生对框架结构设计计算原理的认识，为以后从事设计、施工或管理工作奠定理论基础。

2. 学习要求

知识要点	能力要求	相关知识	所占分值 (100 分)
多层框架的类型与结构布置	能进行多层框架的结构布置	框架类型、承重结构布置、变形缝	5
荷载的简化与计算	能初步进行框架结构荷载的简化处理	平面计算单元的选取；计算模型的确定；荷载的简化；节点的简化	10
框架内力计算	初步掌握框架结构内力计算内容与方法	分层法、反弯点法和 D 值法	15
侧移计算	初步掌握框架侧移计算方法	剪切变形；弯曲变形；侧移限制	10
多层框架非抗震设计	初步掌握多层框架柱、梁、板设计要点	框架梁柱的截面设计；框架结构的构造要求	15

续表

知识要点	能力要求	相关知识	所占分值 (100 分)
钢筋混凝土框架房屋的抗震规定	初步掌握抗震房屋抗震规定	抗震等级、抗震构造措施、箍筋加密区	5
多层框架设计(抗震)	初步掌握多层框架柱、梁、板抗震设计要点	框架梁柱设计要点与构造要求	15
剪力墙结构	初步了解剪力墙结构	剪力墙结构设计要点与构造要求	5
框架剪力墙结构	初步了解框架-剪力墙结构	框架-剪力墙结构设计要点和构造要求	10
钢筋混凝土结构施工图的识读	能熟练进行钢筋混凝土结构柱、梁施工图的识读	结构施工图的基本内容与识读	10

二、重点难点分析

1. 主要内容及相互关系框图

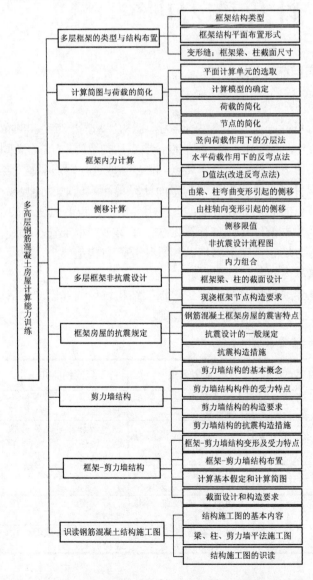

2. 重点与难点

本模块的重点是对以下知识点的理解：框架类型、承重结构布置、变形缝、平面计算单元的选取、计算模型的确定、荷载的简化、节点的简化、分层法、反弯点法和 D 值法、侧移限值、弯曲变形、剪切变形、框架梁柱的截面设计、框架结构的构造要求、抗震等级、抗震构造措施、箍筋加密区、剪力墙结构设计要点和构造要求、框架-剪力墙结构设计要点和构造要求。

本模块的难点是通过教师的引导，学生能简化与计算荷载，计算框架结构内力，计算框架侧移，识读柱、梁结构施工图，尤其是内力与侧移近似计算的分层法、反弯点法、D 值法，结构内力组合与截面配筋。

三、典型示例分析

(1) 试分别用弯矩分配法和分层法计算图 10.1 所示的框架弯矩，并绘出弯矩图(假设框架边跨横梁上荷载设计值为 58kN/m，中跨横梁上作用有 14.5kN/m 的荷载)。

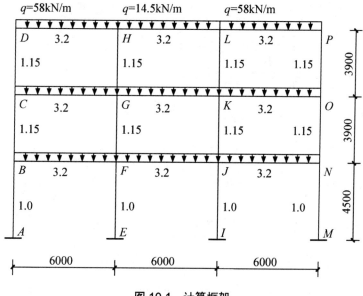

图 10.1　计算框架

解：① 弯矩分配法。

由于框架结构荷载对称，可利用对称性原理仅计算一半，即将中跨梁的相对线刚度乘以修正系数 2 即可，分配系数如下：

节点 B：　$\mu_{BA} = \dfrac{1}{1+1.15+3.2} = 0.19$

$\mu_{BC} = \dfrac{1.15}{1+1.15+3.2} = 0.211$

$\mu_{BF} = \dfrac{3.2}{1+1.15+3.2} = 0.60$

节点 C：　$\mu_{CB} = \dfrac{1.15}{1.15+1.15+3.2} = 0.21$

$$\mu_{CD} = \frac{1.15}{1.15+1.15+3.2} = 0.21$$

$$\mu_{CG} = \frac{3.2}{1.15+1.15+3.2} = 0.58$$

节点 D：$\mu_{DC} = \dfrac{1.15}{1.15+3.2} = 0.26$

$$\mu_{DC} = \frac{3.2}{1.15+3.2} = 0.74$$

节点 F：$\mu_{FE} = \dfrac{1.0}{1.0+1.15+3.2+6.4} = 0.09$

$$\mu_{FG} = \frac{1.15}{1.0+1.15+3.2+6.4} = 0.10$$

$$\mu_{FB} = \frac{3.2}{1.0+1.15+3.2+6.4} = 0.27$$

$$\mu_{FF'} = \frac{6.4}{1.0+1.15+3.2+6.4} = 0.54$$

节点 G：$\mu_{GF} = \mu_{GH} = \dfrac{1.15}{1.15+1.15+3.2+6.4} = 0.10$

$$\mu_{GC} = \frac{3.2}{1.15+1.15+3.2+6.4} = 0.27$$

$$\mu_{GG'} = \frac{6.4}{1.15+1.15+3.2+6.4} = 0.53$$

节点 H：$\mu_{HG} = \dfrac{1.15}{1.15+3.2+6.4} = 0.11$

$$\mu_{HD} = \frac{3.2}{1.15+3.2+6.4} = 0.30$$

$$\mu_{HH'} = \frac{6.4}{1.15+3.2+6.4} = 0.59$$

固端弯矩计算：$M_{BF} = -M_{FB} = -\dfrac{1}{12}ql^2 = -\dfrac{1}{12}\times 58 \times 6^2\,\mathrm{kN\cdot m} = -174\,\mathrm{kN\cdot m}$

同理：$M_{CG} = -M_{GC} = M_{DH} = -M_{HD} = -174\,\mathrm{kN\cdot m}$

$$M_{FF'} = M_{GG'} = M_{HH'} = -43.5\,\mathrm{kN\cdot m}$$

弯矩分配计算及弯矩图如图 10.2、图 10.3 所示。

② 分层法。

将框架按楼层分成 3 个互不关联的框架，如图 10.4 所示。

弯矩分配系数计算：根据对称性原理，也只计算其中一半框架，注意此时柱除底层外线刚度乘以 0.9，柱弯矩由近端向远端传递系数底层为 0.5，其余层为 1/3。

如节点 B：$\mu_{BA} = \dfrac{1}{1+1.15\times 0.9+3.2} = 0.19$

$$\mu_{BC} = \frac{1.15\times 0.9}{1+1.15\times 0.9+3.2} = 0.2$$

$$\mu_{BF} = \frac{3.2}{1+1.15\times 0.9+3.2} = 0.61$$

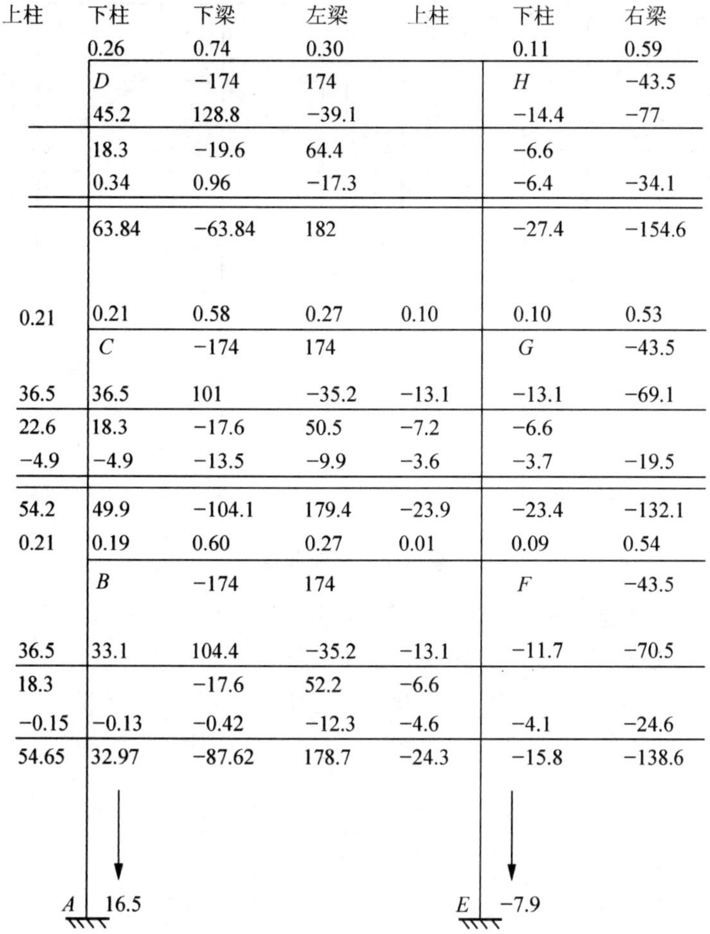

上柱 下柱 下梁 左梁 上柱 下柱 右梁
0.26 0.74 0.30 0.11 0.59
D −174 174 H −43.5
45.2 128.8 −39.1 −14.4 −77
18.3 −19.6 64.4 −6.6
0.34 0.96 −17.3 −6.4 −34.1
63.84 −63.84 182 −27.4 −154.6
0.21 0.21 0.58 0.27 0.10 0.10 0.53
C −174 174 G −43.5
36.5 36.5 101 −35.2 −13.1 −13.1 −69.1
22.6 18.3 −17.6 50.5 −7.2 −6.6
−4.9 −4.9 −13.5 −9.9 −3.6 −3.7 −19.5
54.2 49.9 −104.1 179.4 −23.9 −23.4 −132.1
0.21 0.19 0.60 0.27 0.01 0.09 0.54
B −174 174 F −43.5
36.5 33.1 104.4 −35.2 −13.1 −11.7 −70.5
18.3 −17.6 52.2 −6.6
−0.15 −0.13 −0.42 −12.3 −4.6 −4.1 −24.6
54.65 32.97 −87.62 178.7 −24.3 −15.8 −138.6
A 16.5
E −7.9

图 10.2 弯矩分配计算

182
154.6
182
63.84
63.84
63.84
63.84
27.4
179.4
132.1
179.4
104.1
104.1
49.9
49.9
54.2
23.9
23.4
23.9
53.82
138.6
178.7
178.7
87.62
87.62
32.97
32.97
54.65
24.3
15.8
24.3
51.12
24.3
16.5
7.9
7.9
16.5

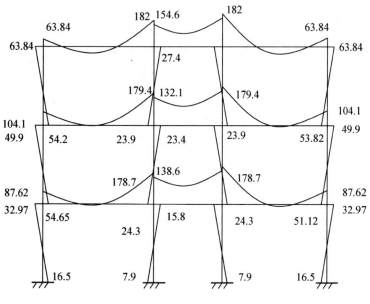

图 10.3 弯矩图

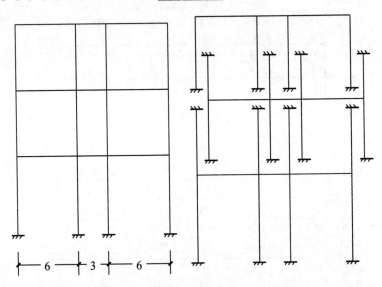

图 10.4　框架分层

其余各节点不再复述。梁固端弯矩计算同弯矩分配法。

弯矩分配与传递如图 10.5、图 10.6、图 10.7 所示。

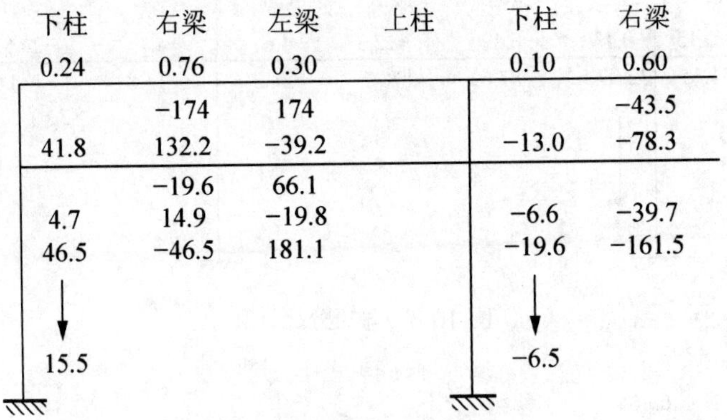

下柱	右梁	左梁	上柱	下柱	右梁
0.24	0.76	0.30		0.10	0.60
	−174	174			−43.5
41.8	132.2	−39.2		−13.0	−78.3
	−19.6	66.1			
4.7	14.9	−19.8		−6.6	−39.7
46.5	−46.5	181.1		−19.6	−161.5
↓				↓	
15.5				−6.5	

图 10.5　顶层框架弯矩分配图

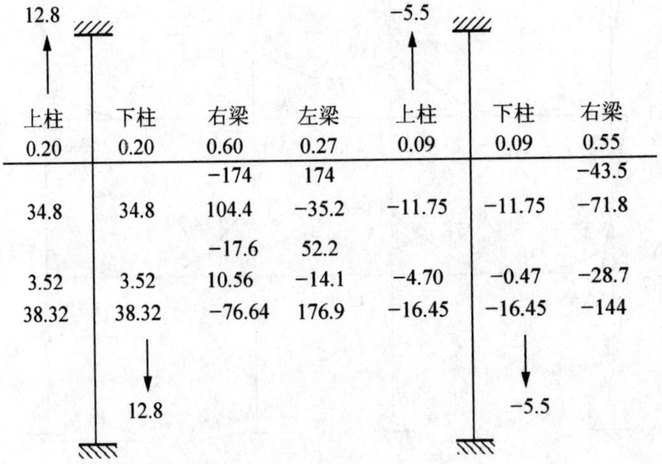

12.8 ↑ 　　　　　　　　 −5.5

上柱	下柱	右梁	左梁	上柱	下柱	右梁
0.20	0.20	0.60	0.27	0.09	0.09	0.55
		−174	174			−43.5
34.8	34.8	104.4	−35.2	−11.75	−11.75	−71.8
		−17.6	52.2			
3.52	3.52	10.56	−14.1	−4.70	−0.47	−28.7
38.32	38.32	−76.64	176.9	−16.45	−16.45	−144
		↓			↓	
		12.8			−5.5	

图 10.6　二层框架弯矩分配图

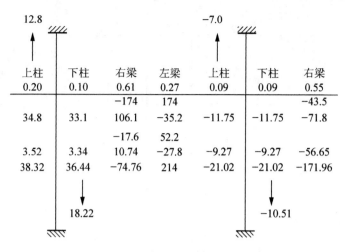

图 10.7 底层框架弯矩分配图

各层弯矩叠加后弯矩图如图 10.8 所示。

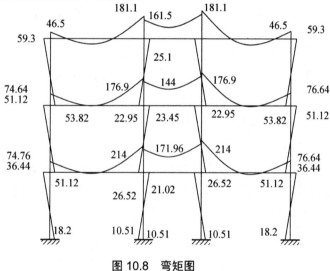

图 10.8 弯矩图

(2) 用反弯点法求图 10.9 所示框架的弯矩,并作弯矩图。

解:① 计算各柱剪力 V_{ij}。

顶层柱:

$$V_3 = \sum_{i=3}^{3} F_i = F_3 = 9.05\text{kN}。$$

由于顶层各柱的截面尺寸相同,柱高度、柱顶侧移相等,则

$$V_{31} = V_{32} = V_{33} = V_{34} = \frac{1}{4}V_3 = 2.3\text{kN}$$

二层柱:$V_2 = \sum_{i=2}^{3} F_i = 9.05\text{kN} + 16.05\text{kN} = 25.1\text{kN}$

同理,$V_{21} = V_{22} = V_{23} = V_{24} = \frac{1}{4}V_2 = 6.3\text{kN}$

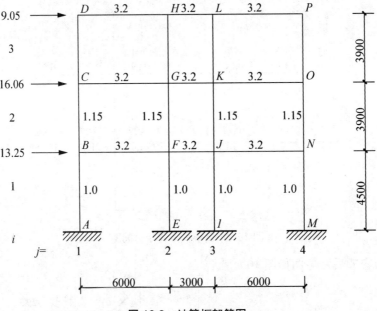

图 10.9　计算框架简图

底层柱：$V_1 = \sum_{i=1}^{3} F_i = 9.05\text{kN} + 16.05\text{kN} + 13.75\text{kN} = 38.85\text{kN}$

同样，$V_{11} = V_{12} = V_{13} = V_{14} = \dfrac{1}{4} V_1 = 9.7\text{kN}$

② 计算各柱端弯矩。

根据假定，框架底层各柱反弯点在距柱底 2/3 高度处，上层各柱的反弯点位置在层高的中点。根据力学知识，已知柱反弯点位置及反弯点处的剪力后，柱端弯矩即能很容易地求出，计算各柱弯矩如下。

底层柱：$M_{上} = \dfrac{1}{3} \times 4.5 \times 9.7\text{kN}\cdot\text{m} = 14.55\text{kN}\cdot\text{m}$

$M_{下} = \dfrac{2}{3} \times 4.5 \times 9.7\text{kN}\cdot\text{m} = 29.1\text{kN}\cdot\text{m}$

二层柱：$M_{上} = M_{下} = \dfrac{1}{2} \times 3.9 \times 6.3\text{kN}\cdot\text{m} = 12.3\text{kN}\cdot\text{m}$

三层柱：$M_{上} = M_{下} = \dfrac{1}{2} \times 3.9 \times 2.3\text{kN}\cdot\text{m} = 4.5\text{kN}\cdot\text{m}$

③ 根据节点平衡及变形协调条件计算梁端弯矩。

顶层梁边节点：$M = M_{上} = 4.5\text{kN}\cdot\text{m}$。

中间节点：$M_{左} = (M_{上} + M_{下})\dfrac{i_{左}}{i_{左}+i_{右}} = 2.25\text{kN}\cdot\text{m}$

$M_{右} = (M_{上} + M_{下})\dfrac{i_{右}}{i_{左}+i_{右}} = 2.25\text{kN}\cdot\text{m}$

其他各层梁端弯矩计算不再复述。

④ 框架弯矩如图 10.10 所示。

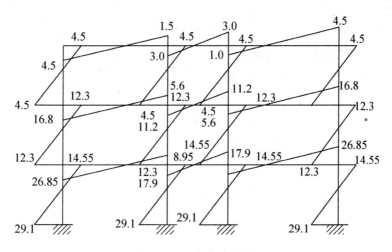

图 10.10　框架弯矩图

(3) 试用 D 值法计算上题框架的弯矩，并绘弯矩图(按框架承受均布水平力作用考虑)。

解：①计算各层柱抗侧移刚度 D_{ij} 及 $\sum D_{ij}$ 。

底层中柱：$k = \dfrac{\sum i_b}{i_c} = \dfrac{3.2 + 3.2}{1} = 6.4$ ，　$\alpha_c = \dfrac{0.5 + k}{2 + k} = 0.82$

$$D_{12} = \alpha_c \frac{12 i_{1c}}{h_1^2} = 0.82 \times \frac{12 i_{1c}}{4.5^2} = 0.49 i_{1c}$$

底层边柱：$k = \dfrac{i_b}{i_c} = \dfrac{3.2}{1} = 3.2$ ，　$\alpha_c = \dfrac{0.5 + k}{2 + k} = 0.71$

$$D_{11} = \alpha_c \frac{12 i_{1c}}{h_1^2} = 0.71 \times \frac{12 i_{1c}}{4.5^2} = 0.42 i_{1c}$$

$$D_1 = \sum D_{1j} = 2 \times (0.49 + 0.42) i_{1c} = 1.82 i_{1c}$$

二层中柱：$k = \dfrac{\sum i_b}{2 i_c} = \dfrac{(3.2 + 3.2) \times 2}{1.15 \times 2} = 5.56$

$$\alpha_c = \frac{k}{2 + k} = \frac{2 \times 2.78}{2 + 2 \times 2.78} = 0.74$$

$$D_{22} = \alpha_c \frac{12 i_{2c}}{h_2^2} = 0.74 \times \frac{12 i_{2c}}{3.9^2} = 0.58 i_{2c}$$

二层边柱：$k = \dfrac{\sum i_b}{2 i_c} = \dfrac{3.2 + 3.2}{1.15 \times 2} = 2.78$

$$\alpha_c = \frac{k}{2 + k} = \frac{2.78}{2 + 2.78} = 0.58$$

$$D_{21} = \alpha_c \frac{12 i_{2c}}{h_2^2} = 0.58 \times \frac{12 i_{2c}}{3.9^2} = 0.46 i_{2c}$$

$$D_2 = 2 \times (0.46 + 0.58) i_{2c} = 2.08 i_{2c}$$

同理，三层：$D_{32} = 0.58 i_{3c}$ ，　$D_{31} = 0.46 i_{3c}$

$$D_3 = 2 \times (0.46 + 0.58) i_{3c} = 2.08 i_{3c}$$

② 计算各柱剪力。

根据 $V_{ij} = \dfrac{D_{ij}}{\sum D_{ij}} V_i$ 计算各柱剪力。

三层：$V_3 = 9.05\text{kN}$,

$$V_{31} = V_{34} = \frac{0.46i_{3c}}{2 \times (0.46 + 0.58)i_{3c}} \times 9.05\text{kN} = 2\text{kN}$$

$$V_{32} = V_{33} = \frac{0.58i_{3c}}{2 \times (0.46 + 0.58)i_{3c}} \times 9.05\text{kN} = 2.5\text{kN}$$

同理，二层：$V_2 = 9.05\text{kN} + 16.05\text{kN} = 25.11\text{kN}$

$$V_{21} = V_{24} = 5.55\text{kN} , \quad V_{22} = V_{23} = 7.0\text{kN}$$

底层：$V_1 = 9.05\text{kN} + 16.05\text{kN} + 13.75\text{kN} = 38.86\text{kN}$

$$V_{11} = V_{14} = 9.0\text{kN} , \quad V_{12} = V_{13} = 10.5\text{kN}$$

③ 求各柱反弯点高度位置。

三层中柱：

$n = 3$, $j = 3$, $k = 5.56$, $y_0 = 0.45$; $\alpha_1 = 1$, $y_1 = 0$; $y_2 = 0$; $\alpha_3 = \dfrac{h_{\text{下}}}{h} = 1$, $y_3 = 0$

故 $yh = (y_0 + y_1 + y_2 + y_3)h = 0.45h = 1.755\text{m}$

三层边柱：$n = 3$, $j = 3$, $k = 2.78$, $y_0 = 0.44$; $y_1 = y_2 = y_3 = 0$

故 $yh = (y_0 + y_1 + y_2 + y_3)h = 0.44h = 1.716\text{m}$

二层中柱：

$n = 3$, $j = 2$, $k = 5.56$, $y_0 = 0.5$; $\alpha_1 = 1$, $y_1 = 0$; $\alpha_2 = 1$, $y_2 = 0$; $\alpha_3 = 1.15$, $y_3 = 0$

故 $yh = (y_0 + y_1 + y_2 + y_3)h = 0.5h = 1.95\text{m}$

二层边柱：

$n = 3$, $j = 2$, $k = 2.78$, $y_0 = 0.49$; $\alpha_1 = 1$, $y_1 = 0$; $\alpha_2 = 1$, $y_2 = 0$; $\alpha_3 = 1.15$, $y_3 = 0$

故 $yh = (y_0 + y_1 + y_2 + y_3)h = 0.49h = 1.911\text{m}$

底层中柱：

$n = 3$, $j = 1$, $k = 6.4$, $y_0 = 0.55$; $y_1 = 0$; $\alpha_2 = 0.87$, $y_2 = 0$; $y_3 = 0$

故 $yh = (y_0 + y_1 + y_2 + y_3)h = 0.55h = 2.475\text{m}$

底层边柱：$n = 3$, $j = 1$, $k = 3.2$, $y_0 = 0.55$; $y_1 = 0$; $y_2 = 0$; $y_3 = 0$

故 $yh = (y_0 + y_1 + y_2 + y_3)h = 0.55h = 2.475\text{m}$

④ 计算弯矩并绘弯矩图。

弯矩计算同上题反弯点法(略)。

四、技能训练

1. 选择题

(1) 水平荷载作用下每根框架柱所分配到的剪力与(　　)直接有关。

    A. 矩形梁截面惯性矩　　　　　　　　B. 柱的抗侧移刚度

    C. 梁柱线刚度比　　　　　　　　　　D. 柱的转动刚度

(2) 多层框架结构，在水平荷载作用下的侧移主要是由(　　)引起的。

    A. 梁剪切变形   B. 柱剪切变形

    C. 梁、柱弯曲剪切变形   D. 柱轴向变形

(3) 采用反弯点法计算内力时，假定反弯点的位置(　　)。

    A. 底层柱在距基础顶面 2/3 处，其余各层在柱中点

    B. 底层柱在距基础顶面 1/3 处，其余各层在柱中点

    C. 底层柱在距基础顶面 1/4 处，其余各层在柱中点

    D. 底层柱在距基础顶面 1/5 处，其余各层在柱中点

(4) 以下关于竖向荷载作用下框架内力分析方法——分层法的概念中，不正确的是(　　)。

    A. 不考虑框架侧移对内力的影响

    B. 每层梁上的竖向荷载仅对本层梁及其相连的上、下柱的弯矩和剪力产生影响，对其他各层梁、柱弯矩和剪力的影响忽略不计

    C. 上层梁上的竖向荷载对其下各层柱的轴力有影响

    D. 按分层计算所得的各层梁、柱弯矩即为该梁的最终弯矩，不再叠加

(5) 采用分层法计算内力时，为了减小计算简图与实际情况不符产生的误差，必须进行修正，以下叙述正确的是(　　)。

    A. 底层柱的线刚度乘以折减系数 0.9，底层柱的弯矩传递系数取为 1/3

    B. 除底层以外其他各层柱的线刚度均乘以折减系数 0.9，底层柱的弯矩传递系数取为 1/3

    C. 除底层以外其他各层柱的线刚度均乘以折减系数 0.9，除底层以外其他各层柱的弯矩传递系数取为 1/3

    D. 底层柱的线刚度乘以折减系数 0.9，除底层以外其他各层柱的弯矩传递系数取为 1/3

2. 填空题

(1) 用分层法计算框架结构在竖向荷载下的内力时，除底层柱外，其余层柱线刚度乘以_____，相应传递系数为_____。

(2) 框架在水平荷载下内力的近似计算方法——反弯点法，在确定柱的抗侧移刚度时，假定柱的上下端转角_____。

(3) 框架结构在水平荷载下的侧移变形是由_____和_____ 两部分组成的。

(4) 框架结构承重框架的布置方案有_____、_____和_____3 种。

(5) 框架结构 D 值法中柱的侧移刚度 D=_____，_____是考虑_____对柱侧移刚度的修正系数。

3. 简答题

(1) 框架结构有几种承重方案？各有什么特点？

(2) 简述框架结构的计算简图包括哪些主要内容。

(3) 简述框架内力分析的分层法的计算步骤及要点。

(4) 简述水平荷载作用下框架内力分析的反弯点法的基本假定。

(5) 框架结构计算简图中的跨度和层高如何确定？

 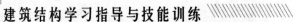

(6) 简述竖向荷载作用下框架内力分析的分层法的基本假定。

(7) 框架结构在水平荷载下的变形包括哪几方面？各有什么特点？

(8) 框架结构计算中梁、柱控制截面如何取？

(9) 水平荷载作用下框架柱的反弯点位置与哪些因素有关？为什么底层柱反弯点通常高于柱中点？

(10) 在框架结构设计中有几种荷载组合？

五、参考答案

1. 选择题

(1) B；(2) C；(3) A；(4) D；(5) C。

2. 填空题

(1) 0.9、1/3；(2) 为零；(3) 总体剪切变形、总体弯曲变形；(4) 横墙承重方案、纵墙承重方案、纵横双向承重方案；(5) $\alpha_c \dfrac{12i_c}{h^2}$、$\alpha_c$、节点转动。

3. 简答题

(1) 答：框架结构有 3 种承重方案，即横向承重方案、纵向承重方案和纵横向混合承重方案。

① 横向承重方案由房屋横向框架直接承受竖向的楼面荷载，横梁截面尺寸较大，框架横向刚度也较大，对加强房屋横向刚度有利，但使房内净空有所减少。

② 纵向承重方案由房屋的纵向框架梁直接承受竖向的楼面荷载，其截面尺寸较大，横向刚度较差，但截面尺寸较大的纵向框架梁不影响室内净空，可取得较好的使用效果，又能加强纵向的整体刚度，对抵抗地基不均匀沉降也有利。

③ 纵横向混合承重方案，有纵横两个方向的框架梁承受竖向楼面荷载，具有前述两种承重方案的优点，并能减轻它们各自的缺点。

(2) 答：计算简图的确定包括以下内容：①框架梁、柱截面尺寸的初步选定及材料选定；②计算单元的选取；③计算模型的确定和荷载图式的简化等。

(3) 答：计算步骤如下：①框架分层；②计算各节点的弯矩分配系数；③计算每一跨梁在竖向荷载作用下的固端弯矩；④将弯矩进行分配与传递；⑤叠加有关杆端弯矩，得出最后弯矩图。

(4) 答：为了便于求得柱反弯点位置和该点处的剪力，作如下假定：①将水平荷载化为节点水平集中荷载；②不考虑框架横梁的轴线变形，不考虑节点转角，认为梁、柱线刚度比 i_b / i_c 很大；③框架底层各柱反弯点在距柱底 2/3 高度处，上层各柱的反弯点位置在层高的重点；④梁端弯矩可由节点平衡条件求出。

(5) 答：框架梁、柱一般采用其截面形心轴线表示。杆件间用节点连接，对于变截面杆件，则取最小截面柱形心线作为柱轴线；跨度取柱轴线间的距离；一般层柱的柱高取层高，偏安全的取基础顶面到二层楼板顶面间的距离。

(6) 答：①在竖向荷载作用下，多层的多跨框架的侧移忽略不计；②每层框架横梁上的荷载对其他层横梁的内力影响很小，也可忽略。根据这两个假定，多层框架即可分解为若干个彼此互不相连的且柱端为固端的简单钢架。

(7) 答：在水平荷载作用下，框架柱的变形由总体剪切变形和总体弯曲变形两部分组成。总体剪切变形是由梁、柱弯曲变形引起的框架变形，越靠下越大，其侧移曲线和悬臂梁剪切变形曲线相似，故称为总体剪切变形。总体弯曲变形是由框架两侧柱的轴向变形引起，越靠上越大，其侧移曲线与悬臂梁的弯曲变形曲线相似，故称为总体弯曲变形。

(8) 答：①框架梁控制截面最不利内力，框架梁的控制截面是支座截面和框中截面，支座截面的最不利内力是最大负弯矩和最大剪力；跨中截面最不利内力是最大正弯矩。②框架柱的控制截面取柱上、下两个端面。

(9) 答：梁柱线刚度比；荷载形式、总层数及所在楼层位置；上下梁线刚度比；上下层层高变化。底层柱下端没有转角，上端有转角，所以其反弯点高于柱中点。

(10) 答：设计框架结构时，应根据使用过程中可能同时产生的荷载效应，对承载力和正常使用两种极限状态分别进行荷载效应组合。

① 对于一半框架结构及地基的承载力计算，应考虑下列组合：

恒荷载；

恒荷载+屋面活荷载；

恒荷载+风荷载；

恒荷载+活荷载+风荷载。

② 对于一半框架结构的裂缝宽度验算，应考虑下列组合：

恒荷载+屋面或楼面活荷载；

恒荷载+屋面或楼面活荷载+风荷载；

恒荷载+风荷载。

③ 对于框架结构及地基的变形计算，除考虑上述短期效应组合外，还应进行长期效应荷载组合。

④ 对于地震地区，还应按建筑结构抗震设计规范进行包括地震作用效应的荷载组合。

阶段性技能测试（六）

请识读某综合楼结构施工图(部分)，完成以下各题，时间：120 分钟。

1. 本综合楼进行抗震设防时，计算抗震作用所采用的设防烈度是_____；确定抗震措施时所采用的设防烈度是_____；本综合楼采用_____ 结构，计算地震作用时适宜采用的方法是_____，其中水平地震影响系数的最大值是_____，该建筑场地的特征周期值是_____。(6 分)

假定该框架结构的基本自振周期 $T=0.56s$，总重力荷载代表值是 3500kN，请计算：

(1) 水平地震影响系数 α_1(2 分)；

(2) 结构总水平地震作用标准值 F_{Ek}(2 分)；

(3) 顶部附加水平地震作用 ΔF_n(2 分)。

2. 假定本综合楼受到自北向南吹来的风，请计算 D 轴线所处框架各楼层节点处的风的吹力，风载体型系数取 $\mu_s=0.8$，计算风压高度变化系数时取各结构层楼面标高加 0.050m，房屋总高取 15m，房屋总长度取到柱子的外侧。

(1) D 轴处房屋的总长度是_____ mm，本例风振系数 β_z 取____。(2 分)

(2) 计算风压高度变化系数、风荷载标准值($\omega_k = \beta_z \mu_z \mu_s w_0$)，填写在下表中。(8 分)

风压高度变化系数、风荷载标准值

H/m	μ_z	风荷载标准值 ω_k /(kN·m^{-2})
4.200		
7.500		
10.800		
15.000		

(3) 各楼层节点处的风的吹力按以下公式计算(8 分)：

$$F_i = A_i \times \omega_k \ ; \quad A_i = 房屋总长 \times 相邻楼层层高的平均高度 = L \times \left(\frac{h_i + h_{i+1}}{2} \right),$$ h_i 为各楼层层高。

3. 该综合楼受到水平地震作用时，假定受力简图如下图所示，梁柱的线刚度均取 $i=1$，当采用反弯点法计算内力时，请直接绘出弯矩图，并标注弯矩值。反弯点每准确绘制 1 个得 0.5 分，共 8 分；弯矩值每准确标注一个得 0.5 分，共 8 分；形状每绘制正确 1 个得 0.5 分，共 14 分。

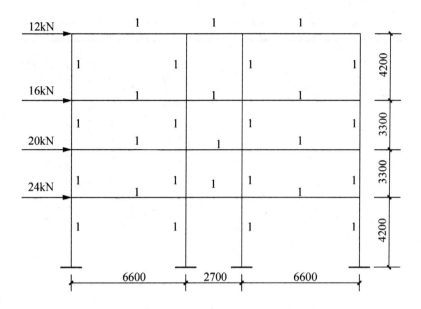

4. 某中间层框架边梁部分配筋如下图所示，框架抗震等级为一级，梁截面尺寸 $b \times h = 300\text{mm} \times 700\text{mm}$，净跨 $l_n = 5600\text{mm}$，所配钢筋均满足承载力和变形要求。要求判断配筋图中标有字母的 b、c、e、f 处是否有错误，4 处均要分析，并给出理由(各 3 分)和结论(每个结论各 1 分)。取 $l_{abE} = 40d$。(16 分)

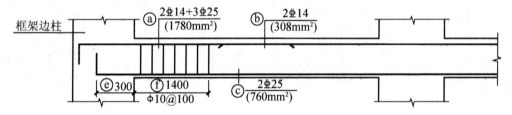

5. 该综合楼 KZ1 是角柱？还是边柱？还是中柱？_____柱(1 分)，请对此柱进行校核。

(1) 纵筋。

① 全部纵向钢筋最小配筋率。分析(2 分)，结论(1 分)。

② 每一侧纵向钢筋最小配筋率。分析(2 分)，结论(1 分)。

③ 全部纵向钢筋最大配筋率。分析(2 分)，结论(1 分)。

④ 纵筋间距。分析(2 分)，结论(1 分)。

(2) 加密区箍筋。

① 最大间距。分析(2 分)，结论(1 分)。

② 最小直径。分析(2 分)，结论(1 分)。

③ 最小肢距。分析(2 分)，结论(1 分)。

④ 计算二层柱两端箍筋加密区长度(2 分)。

⑤ 查表求二层柱箍筋加密区的箍筋最小配箍特征值 λ_v，假定轴压比为 0.4(1 分)。

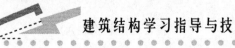

结构计总说明(一)

一. 工程概况

1. 本工程为综合楼，地上4层。采用现浇钢筋混凝土框架结构。
2. 建筑物室内地面标高±0.000，相当于绝对标高，详见建施。
3. 本工程混凝土结构环境类别地下部分及雨篷为二b类，卫生间属二a类，其余为一类。

二. 建筑结构的安全等级及设计使用年限

1. 建筑结构安全等级：二级　　4. 地基基础设计等级：丙级
2. 设计使用年限：50年　　5. 框架抗震等级：三级
3. 建筑抗震设防类别：标准设防类(丙类)

三. 自然条件

1. 基本风压：W_0=0.50kN/m²　地面粗糙度类别：A类
2. 基本雪压：S_0=0.50kN/m²
3. 场地地震基本烈度：7度

抗震设防烈度：7度，设计基本地震加速度值为0.10g，设计地震分组为第二组。

建筑场地类别为：Ⅲ类

四. 本工程设计遵循的主要规范、规程、图集

《建筑结构可靠度设计统一标准》（GB 50068—2001）
《建筑工程抗震设防分类标准》（GB 50223—2010）
《建筑结构荷载规范》（GB 50009—2012）
《建筑抗震设计规范》（GB50011—2010）
《建筑地基基础设计规范》（GB50007—2011）
《混凝土结构设计规范》（GB50010—2010）
《混凝土结构施工图平面整体表示方法制图规则和构造详图》（11G101-1~3）

五. 设计采用的均布活荷载标准值

部　位	活荷载/(kN/m²)	部　位	活荷载/(kN/m²)
办公室、卫生间	2.0	楼　梯	3.5
资料室、走廊	2.5	电梯机房	7.0
上人屋面	2.0	不上人屋面	0.5

六. 基础

1. 本工程采用柱下浅基。
2. 基础选用②砂土作为持力层，f_{ak}=150kPa。
3. 开挖基槽时，不应扰动土的原状结构。如经扰动，应挖除扰动部分，基槽开挖后应进行基槽检验。基槽检验可用触探或其他方法，当发现与勘察报告和设计文件不一致，或遇到异常情况时，应立即通知勘察单位及设计院进行研究处理，结合地质条件提出处理意见。
4. 基坑混凝土养护完成后及时回填土至设计标高。
5. 基础墙体采用MU15混凝土实心砖，M10水泥砂浆砌筑。双面粉20厚1：2水泥砂浆。基础墙体在-0.060处做60厚细石混凝土防潮层（内配3φ6）。

七. 主要结构材料

1. 混凝土

（1）强度等级

所有项目	基础垫层	C15
	基础	C30
	梁、板、楼梯、柱	C25

注：柱混凝土强度等级二层以下为C30。

（2）混凝土外掺剂要求：外掺剂的质量及应用技术应符合国家有关规范要求，外掺剂的品种和掺量应经试验确定。

2. 钢筋

（1）钢筋的技术指标应符合《混凝土结构设计规范》GB 50010—2010的要求，钢筋的强度标准值应具有不小于95%的保证率。

（2）抗震等级为一、二、三级的框架和斜撑构件（含梯段），其纵向受力钢筋采用普通钢筋时，尚应满足如下要求：

1）纵向受力钢筋的抗拉强度实测值与屈服强度实测值的比值应不小于1.25。

2）且钢筋的屈服强度实测值与强度标准值的比值应不大于1.3。

3）钢筋在最大拉力下的总伸长率实测值应不小于9%。

（3）本工程选用钢筋种类：

HPB300（Φ）、HRB335（Φ）、HRB400（Φ）。

3. 焊条

钢筋级别	HPB300	HRB335	HRB400
搭接焊 帮条焊等	E4303	E4303	E5003
坡口焊	E4303	E5003	E5503

4. 填充墙（±0.000以上）

砌体类型	砌体强度等级	砌体容重限值	砂浆强度等级
加气混凝土砌块	A5	5.5kN/m³	M5

八. 钢筋混凝土结构构造

本工程采用国家标准图《混凝土结构施工图平面整体表示方法制图规则和构造详图》（11G101-1~3）（以下简称平法图集）的表示方法。施工图中未注明的构造要求应按照标准图的有关要求执行。

1. 混凝土最小保护层厚度见下表

环境类别		板、墙、壳/mm	梁、柱、杆/mm
一		15	20
二	a	20	25
	b	25	35

注：1. 混凝土强度等级不大于C25时，表中保护层厚度数值应增加5mm。

2. 基础底面钢筋保护层厚度从垫层顶面算起应不小于40mm。

2. 受拉钢筋的锚固长度、搭接长度

（1）受拉钢筋的锚固长度见下表

钢筋种类	抗震等级	混凝土强度等级 C25	混凝土强度等级 C30
HPB300	三级(l_{aE})	36d	32d
	四级(l_{aE}) 非抗震(l_{ab})	34d	30d
HRB335	三级(l_{aE})	35d	31d
	四级(l_{aE}) 非抗震(l_{ab})	33d	29d
HRB400	三级(l_{aE})	42d	37d
	四级(l_{aE}) 非抗震(l_{ab})	40d	35d

注：

1. $l_a=\zeta_a l_{ab}$；$l_{aE}=\zeta_{aE} l_a$

ζ_a取1.0。

ζ_{aE}三级抗震取1.05、四级抗震取1.0。

（2）受拉钢筋的搭接长度详见平法图集。

3. 钢筋接头形式及要求

（1）梁主筋采用直螺纹机械连接接头或焊接接头，其余构件当受力钢筋直径≥22mm时，应采用直螺纹机械连接接头或焊接接头；当受力钢筋直径<22mm时，可采用绑扎连接接头。

（2）机械连接接头的性能等级为Ⅱ级。

（3）接头宜设置在受力较小处，在同一根钢筋上宜少设接头。

（4）受力钢筋接头的位置等应严格按照平法图集进行操作。

4. 现浇钢筋混凝土板

除具体施工图中有特别规定者外，现浇钢筋混凝土板的施工应符合以下要求。

（1）板的底部钢筋伸入墙或梁支座内的锚固长度应伸至墙或梁中心线且应不小于5d，d为受力钢筋直径。

（2）板的边支座和中间支座板顶标高不同时，负筋在梁或墙内的锚固应满足受拉钢筋最小锚固长度。

（3）双向板的支座钢筋，短跨钢筋置于上排，长跨钢筋置于下排；双向板的底部钢筋，短跨钢筋置于下排，长跨钢筋置于上排。

（4）当板底与梁底平时，板的下部钢筋伸入梁内须弯折后置于梁的下部纵向钢筋之上。

（5）板上孔洞应预留，结构平面图中只表示出洞口尺寸≥300mm的孔洞，施工时各工种必须根据各专业图纸配合土建预留全部孔洞，不得后凿。

工程名称	综合楼	图　名	结构设计总说明（一）	图纸编号	结施-1

结构设计总说明（二）

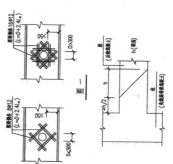

图一　图二

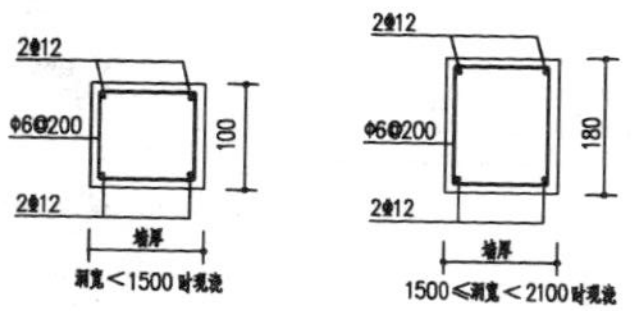

图三　门窗洞口过梁图
过梁尺寸L＝洞口宽度+500

1500≤墙长<2100过梁缝
墙长<1500过梁缝

图四　柱生过梁

结构施工图目录

图纸编号	图　名	图幅
结施-1	结构设计总说明（一）	A3
结施-2	结构设计总说明（二）	A3
结施-3	基础平法施工图	A3
结施-4	基础顶面-15.000柱平法施工图	A3
结施-5	4.150梁平法施工图	A3
结施-6	7.450梁平法施工图	A3
结施-7	10.750梁平法施工图	A3
结施-8	15.000梁平法施工图	A3
结施-9	4.150板平法施工图	A3
结施-10	7.450板平法施工图	A3
结施-11	10.750板平法施工图	A3
结施-12	15.000板平法施工图	A3
结施-13	节点详图	A3

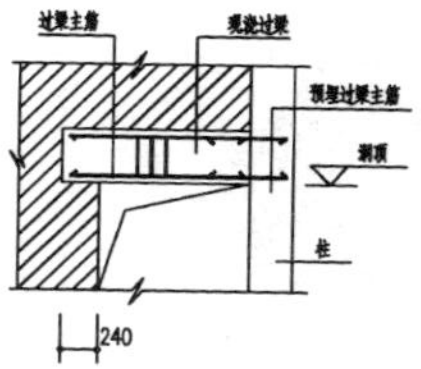

工程名称	综合楼	图名	结构设计总说明（二）	图纸编号	结施-2

基础平法施工图　1:100

1. 基础底面标高为-1.300。
2. 基础垫层为100厚C115素混凝土。
3. X、Y为图面方向。

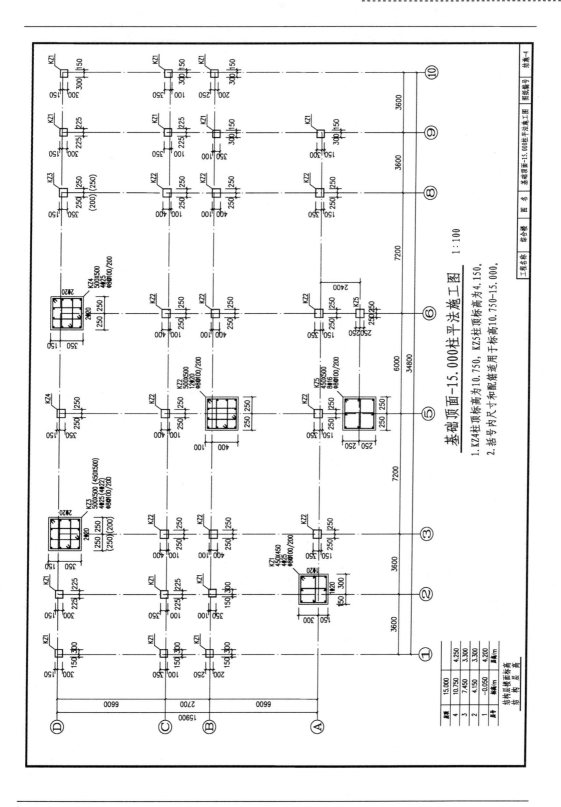

基础顶面-15.000柱平法施工图 1:100

1. KZ4柱顶标高为10.750，KZ5柱顶标高为4.150。
2. 括号内尺寸和配筋适用于标高10.750~15.000。

层号	结构层楼面标高	层高/m
4	15.000	4.250
3	10.750	3.300
2	7.450	4.150
1	4.150	4.200
	-0.050	

结构层楼面标高 层 高

工程名称 综合楼　图 名 基础顶面-15.000柱平法施工图　图纸编号 结施-4

建筑结构学习指导与技能训练
（下册）

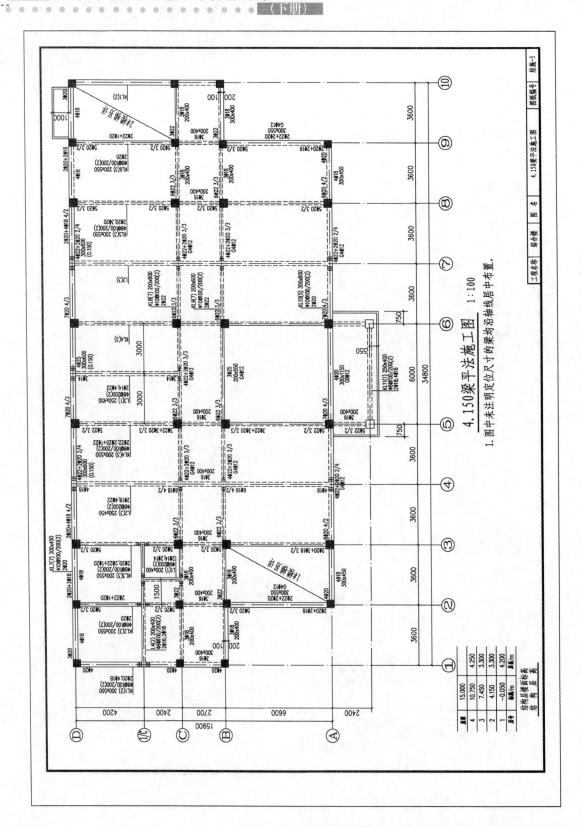

4.150梁平法施工图 1:100

1. 图中未注明定位尺寸的梁均沿轴线居中布置。

工程名称	综合楼	图 名	4.150梁平法施工图	图纸编号	结施-5

46

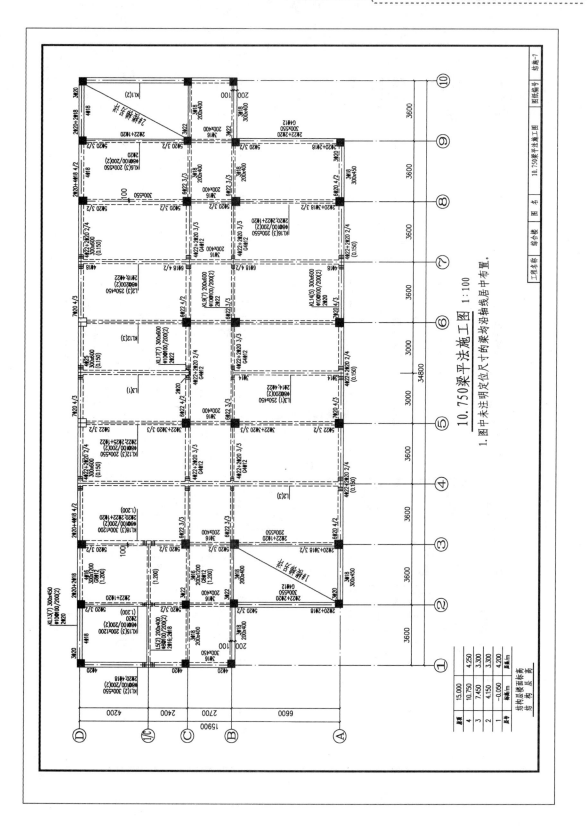

10.750梁平法施工图 1:100

1. 图中未注明定位尺寸的梁均沿轴线居中布置。

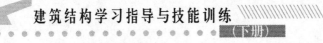

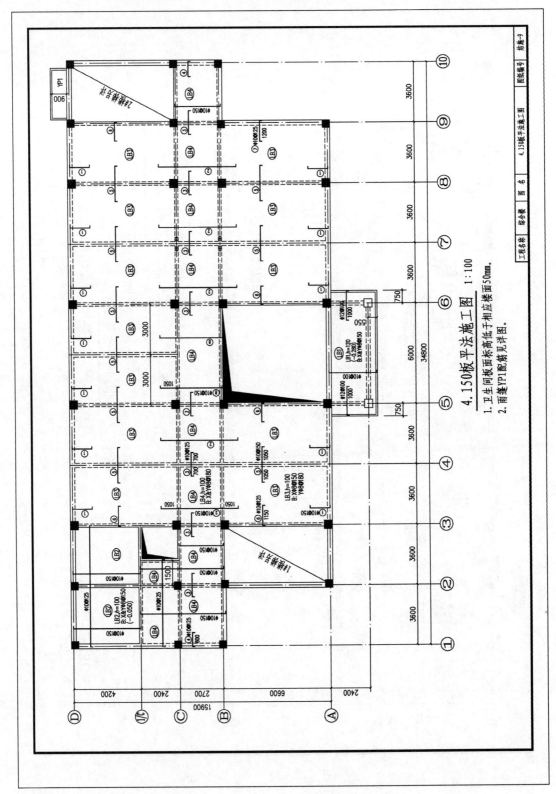

模块 11

砌体结构构件计算能力训练

一、学习目标与要求

1. 学习目标

能力目标： 能进行无筋砌体和网状配筋砌体受压构件承载力的计算；能进行砌体局部受压承载力计算方法；能进行受拉、受弯和受剪构件的承载力计算方法；能掌握房屋的静力计算方案的确定方法；掌握混合结构房屋的墙柱高厚比的验算方法；能进行刚性方案房屋墙、柱的计算；能进行砌体结构抗震措施的处理；学会识读砌体结构施工图。

知识目标： 掌握砌体结构的基本计算理论，熟悉各种构造措施。

态度养成目标： 培养学生按照规范进行计算的习惯，为以后工作奠定良好的基础。

2. 学习要求

知识要点	能力要求	相关知识	所占分值 (100 分)
无筋砌体受压承载力的计算	能进行无筋砌体受压柱的承载力计算	砌体受压构件受压特点，受压构件承载力计算	15
砌体局部受压承载力的计算	能进行砌体局部受压承载力的计算	砌体局部受压构件的破坏形态，局部均匀受压的承载力计算，局部不均匀受压的承载力计算	15
受拉、受弯和受剪构件的承载力计算	能进行受拉、受弯和受剪构件的承载力计算	砌体受拉、受弯和受剪构件的承载力计算，受拉、受弯和受剪构件的构造要求	10
网状配筋砖砌体构件承载力的计算	能进行网状配筋砖砌体构件承载力的计算	网状配筋砖砌体构件的受力性能、适用范围和计算理论	10
房屋的静力计算方案	能确定房屋的静力计算方案	房屋的空间工作性能，房屋的静力计算方案，刚性方案的计算简图	10

续表

知识要点	能力要求	相关知识	所占分值 (100 分)
墙、柱高厚比的验算	能验算混合结构房屋墙、柱高厚比	墙、柱高厚比的影响因素，墙、柱高厚比的验算	10
刚性方案房屋墙、柱的计算	能理解刚性方案房屋墙、柱的计算	单层刚性方案房屋墙、柱的计算，多层刚性方案房屋墙、柱的计算	10
砌体结构抗震措施	能进行砌体结构抗震措施的处理	砌体房屋抗震构造措施中构造柱及圈梁的设置；多层砌块房屋的抗震构造措施中芯柱及圈梁的设置	5
小型砌体构件设计	能进行砌体结构过梁、墙梁、挑梁、雨篷的设计	砌体结构过梁、墙梁、挑梁、雨篷的构造要求，过梁、墙梁、挑梁、雨篷的计算理论	5
砌体结构施工图识读	能初步识读砌体结构施工图	砌体结构施工图的组成，砌体结构施工图的图示特点	10

二、重点难点分析

1. 主要内容及相互关系框图

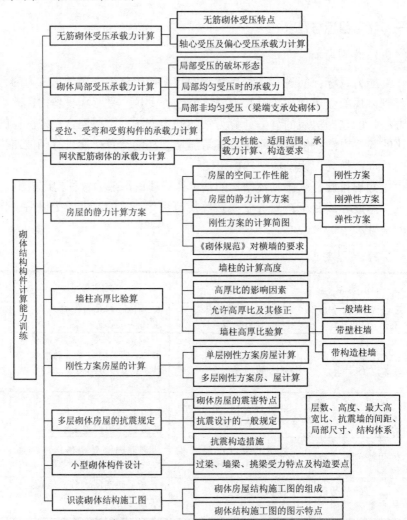

2. 重点与难点

本模块的重点是对以下知识点的理解：无筋砌体受压承载力，砌体局部受压承载力，刚性方案房屋，墙柱高厚比，横墙，静力计算方案，网状配筋砌体的承载力，受拉，受弯和受剪构件的承载力，多层砌体房屋的抗震规定，小型砌体构件设计。

本模块的难点是在基本知识理解的基础上，能够利用承载力计算公式进行砌体结构构件构件承载力的计算，能够根据屋盖类型和横墙间距确定静力计算方案，能够利用高厚比验算公式进行稳定性验算，能初步对刚性方案房屋进行结构计算和抗震构造措施处理。

三、典型示例分析

(1) 如图 11.1 所示单层单跨砌体结构，整体式钢筋混凝土屋盖，两端山墙间距为 24m，纵墙间距为 15m。试确定在进行横向和纵向内力计算时的静力计算方案。

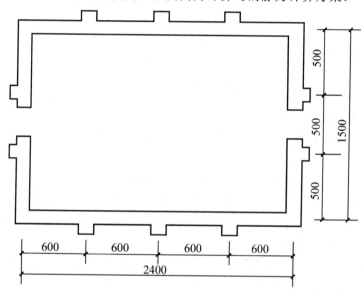

图 11.1　单层跨砌体平面图

解：① 整体式钢筋混凝土屋盖，查规范表知屋盖类型为第一类。

② 在进行横向内力计算时，横墙间距 24m，查规范表知对第一类屋盖 $s<32$m 时为刚性屋盖，本题 $s=24$m<32m，故静力计算方案为刚性方案。

③ 在进行纵向内力计算时，纵墙间距为 15m，查规范表知对第一类屋盖 $s<32$m 时为刚性屋盖，本题 $s=15$m<32m，故静力计算方案为刚性方案。

(2) 某单跨单层房屋如图 11.2 所示，钢筋混凝土屋盖，墙高 5.4m，采用 M5 砂浆砌筑。墙厚 240mm，每 4m 长设有 1.2m 的窗洞，横墙间距为 24m，沿墙长每隔 4m 设钢筋混凝土构造柱，构造柱的截面尺寸为 240mm×240mm。试验算高厚比是否满足要求。

解：① 横墙间距 $s=24$m，钢筋混凝土屋盖，静力计算方案为刚性方案房屋。

② $H=5.4$m，$S>2H=2\times5.4=10.8$m，得 $H_0=1.0H=5.4$m；砂浆 M5，得 $[\beta]=24$。

③ 承重墙，故 $\mu_1=1.0$；因每隔 4m 设宽 1.2m 的宽洞，得

$$\mu_2=1-0.4\frac{b_s}{s}=1-0.4\frac{1.2}{4.0}=0.88；因每隔 4m 设宽 b_s=240mm 的构造柱，\gamma=1.5，$$

得提高系数 $\mu_c = 1 + 1.5\dfrac{b_s}{l} = 1 + 1.5 \times \dfrac{240}{4000} = 1.09$ 。

(4) $\beta = \dfrac{H_0}{h} = \dfrac{5400}{240} = 22.5 < \mu_c\mu_1\mu_2[\beta] = 1.09 \times 1.0 \times 0.88 \times 24 = 23$ ，满足要求。

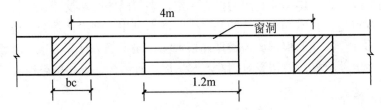

图 11.2　单跨单层房屋平面图

四、技能训练

1. 填空题

(1) 简支梁端支座反力下砌体局部抗压强度提高并非依靠"套箍强化"作用而是____作用。

(2) 网状配筋砌体构件当偏心距未超过截面核心范围，但构件高厚比 β ____时，不宜采用方格网状配筋砖砌体。

(3) 网状配筋装砌体的钢筋网应设置在砌体的____灰缝中。

(4) 无筋砌体受压构件承载力计算公式中系数 φ 简称____。

(5) 无筋砌体受压构件承载力计算公式适于偏心距____。

(6) 无筋砌体受压构件承载力计算公式中的偏心距是由荷载的____值计算求得。

(7) 多层房屋横墙承重计算中，由于水平风荷载作用下，纵墙传给横墙的水平力很小，因此可以____风荷载的影响。

(8) 为了设计方便，《砌体结构设计规范》(GB 50003—2011)(以下简称《砌体规范》)根据____和____来确定混合结构房屋的 3 种静力计算方案。

(9) 刚性和刚弹性方案房屋的横墙厚度不宜小于____mm。

(10) 平行房屋长向的墙称为(纵)墙，平行房屋短向布置的墙称为____墙。

(11) 按楼盖、屋盖作为水平不动铰支座对墙、柱进行静力计算的方案称为____方案。

(12) 按楼盖、屋盖与墙、柱为铰接，不考虑空间工作的平面排架或框架对墙、柱进行静力计算的方案称为____方案。

(13) 按楼盖、屋盖与墙、柱为铰接，考虑空间工作的排架或框架对墙、柱进行静力计算的方案称为____方案。

(14) 刚性和刚弹性方案房屋的横墙上水平洞口截面积____全截面。

(15) 当过梁上的墙体高度 $h_w \geqslant l_n/3$ 时，按____的墙体自重计算荷载。

(16) 砖砌过梁包括____、____、____。

(17) 钢筋砖过梁的跨度不宜超过____米。

(18) 钢筋混凝土托梁和梁上计算范围内的砌体墙组成的组合构件，通常称为____，包括简支墙梁、连续墙梁和框支墙梁。

(19) ____通常指嵌固在砌体中的悬挑式钢筋混凝土梁，一般指房屋中的阳台挑梁、雨篷挑梁或外廊挑梁。

(20) 过梁与上部砌体共同工作形成____或____式机构。

2. 选择题

(1) 在进行无筋砌体受压构件承载力计算时，轴向力的偏心距(   )。

    A. 应由荷载的标准值产生构件截面的内力求得

    B. 应由荷载的设计值产生构件截面的内力求得

    C. 大小不受限制

    D. 应不宜超过 $0.7y$

(2) 以下(   )情况，可不进行局部受压承载力验算。

    A. 支撑柱或墙的基础面   B. 支撑梁或屋架的砌体墙

    C. 支撑梁或屋架的砌体柱   D. 窗间墙下的砌体墙

(3) 荷载较大和偏心距较大的受压砌体构件，容易在截面受压边缘产生(   )。

    A. 较宽的竖直裂缝   B. 较宽的水平裂缝

    C. 较宽的斜裂缝   D. 较宽的阶梯状裂缝

(4) 下列砌体属于受弯构件的是(   )。

    A. 砖砌水塔   B. 砖砌挡土墙   C. 砖柱   D. 砖砌烟囱

(5) 某承重墙体的高厚比稍有不满足要求时，最有效的措施为(   )。

    A. 减小上部荷载   B. 提高砂浆的强度等级

    C. 保持洞口宽度不变，减小洞口高   D. 提高块材的强度等级

(6) 若某混合结构房屋，拟设计为刚性方案，但刚性不足，应采用最有效的措施是(   )。

    A. 增加原刚性横墙的厚度   B. 增加砂浆的强度等级

    C. 减少上部荷载   D. 减少刚性横墙间距

(7) 混合结构房屋静力计算的 3 种方案是按(   )划分的。

    A. 屋盖或楼盖的厚度   B. 横墙的间距

    C. 屋盖或楼盖的刚度及横墙的间距   D. 都不是

(8) 在水平风荷载作用下，多层刚性方案 房屋外纵墙内力计算与(   )相同。

    A. 横向连续梁   B. 横向简支梁

    C. 竖向连续梁   D. 竖向连续梁

(9) 带壁柱墙的高厚比演算公式为 $\beta=H_0/h_T \leqslant \mu_1\mu_2[\beta]$，其中 h_T 采用(   )。

    A. 壁柱的厚度   B. 壁柱和墙厚的平均值

    C. 墙的厚度   D. 带壁柱墙的折算厚度

(10) 砌体结构中，墙体的高厚比验算与(   )无关。

    A. 稳定性   B. 承载力大小   C. 开洞及洞口大小   D. 是否为承重墙

(11) 受压砌体的计算长度与(   )有关。

    A. 楼屋盖的类别   B. 采用的砂浆和块体的强度

    C. 相邻横墙的距离   D. 房屋的层数

(12) 在竖向荷载作用下，多层刚性方案房屋纵墙内力计算与(   )相同。

    A. 横向连续梁   B. 横向简支梁   C. 竖向连续梁   D. 竖向简支梁

(13) 砖砌平拱过梁的跨度不宜超过( )。

  A. 3m   B. 2m   C. 1.8m   D. 1.2m

3. 判断题

(1) 网状配筋砖砌体构件当偏心距虽未超过截面核心范围，但构件高厚比 $\beta > 16$ 时，不宜采用方格网状配筋砖砌体。   ( )

(2) 网状配筋装砌体的钢筋网应设置在砌体的竖直灰缝中。   ( )

(3) 砖砌平拱过梁和挡土墙属于受弯构件。   ( )

(4) 圆形水池和筒仓均属于偏心受压构件。   ( )

(5) 当梁下设长度大于 πh_0 的钢筋混凝土垫梁时，垫梁属于刚性垫块。

(6) 无筋砌体受压构件承载力计算公式中的偏心距是由荷载的标准值计算求得的。

                                ( )

(7) 刚性与刚弹性砌体房屋，其横墙厚度应不小于 120mm。   ( )

(8) 对无山墙或伸缩缝处无横墙的砌体房屋，其静力计算应按刚弹性方案考虑。( )

(9) 因为平行房屋长向的墙称为纵墙，所以纵墙承重时房屋的空间刚度最好。 ( )

(10) 混合结构房屋的空间性能影响系数 η 是反映房屋在荷载作用下的空间作用，η 值越大，空间作用越小。   ( )

(11) 刚性横墙在砌体结构中刚度和承载能力均应符合规定要求的横墙，又称横向稳定结构。   ( )

(12) 墙梁计算高度范围内的墙体每天可砌高度不应超过 2.0m。   ( )

(13) 钢筋混凝土过梁的跨度不宜超过 2m。   ( )

(14) 砖砌混凝土过梁的跨度不宜超过 2m。   ( )

(15) 对砖砌体，当过梁上的墙体高度 $h_w \geq l_n/3$ 时(l_n 为过梁的净跨)，过梁的墙体荷载应按墙体高度 h_w 计算。   ( )

(16) 对砌块砌体，当过梁上的墙体高度 $h_w \geq l_n/3$ 时(l_n 为过梁的净跨)，过梁的墙体荷载不应按墙体高度 h_w 计算。   ( )

(17) 过梁与上部砌体共同工作形成拱式或梁式机构。   ( )

4. 名词解释

(1) 无筋砌体受压承载力；(2) 砌体局部受压承载力；(3) 刚性方案房屋；(4) 墙柱高厚比；(5) 横墙；(6) 静力计算方案；(7) 网状配筋砌体的承载力；(8) 受拉、受弯和受剪构件的承载力；(9) 多层砌体房屋的抗震规定；(10) 小型砌体构件设计。

五、参考答案

1. 填空题

(1) 应力扩散；(2) >16；(3) 水平；(4) 受压构件承载力影响系数；(5) 不超过 0.6y；(6) 设计；(7) 在计算中不考虑；(8) 横墙间距、屋盖类型；(9)180；(10) 横；(11) 刚性；(12) 弹性；(13) 刚弹性；(14) <50%；(15) $l_n/3$；(16) 砖砌平拱过梁、砖砌弧拱过梁、钢筋砖过梁；(17)1.5；(18) 墙梁；(19) 挑梁；(20) 拱式、梁。

2. 选择题

(1) B；(2) D；(3) B；(4) B；(5) B；(6) D；(7) C；(8) C；(9) D；(10) B；(11) B；(12) C；
(13) D。

3. 判断题

(1) √；(2) ×；(3) √；(4) ×；(5) ×；(6) ×；(7) ×；(8) ×；(9) ×；(10) √；(11) √；
(12) ×；(13) ×；(14) ×；(15) ×；(16) √；(17) √。

4. 名词解释

(1) 无筋砌体受压承载力：首先无筋砌体是指砌体当中不配钢筋的砌体。本模块主要是指无筋砖砌体受压时的承载力。

(2) 砌体局部受压承载力：局部受压是砌体结构中常见的一种受力状态，其特点是轴向力仅作用在砌体的部分截面上。当砌体上作用局部均匀压力时(如承受上部柱或墙传来压力的基础顶面)，称为局部均匀受压；当砌体截面上作用局部非均匀压力时(如支承梁的墙或柱在梁端支承处的砌体顶面)，则称为局部不均匀受压。

(3) 刚性方案房屋：房屋的空间刚度很大，在水平风荷载作用下，墙、柱顶端的相对位移 $u_s/H \approx 0$(H 为纵墙高度)。此时屋盖可看成纵向墙体上端的不动铰支座，墙柱内力可按上端有不动铰支承的竖向构件进行计算，这类房屋称为刚性方案房屋。

(4) 墙柱高厚比：指计算高度与厚度的比值。对墙、柱进行承载力计算或验算高厚比时所采用的高度，称为计算高度。墙、柱高厚比的允许极限值称允许高厚比，用 $[\beta]$ 表示。

(5) 横墙：房屋墙、柱的静力计算方案是根据房屋空间刚度的大小确定的，而房屋的空间刚度则由两个主要因素确定，一是房屋中屋(楼)盖的类别，二是房屋中横墙间距及其刚度的大小。因此作为刚性和刚弹性方案房屋的横墙，《砌体规范》规定应符合下列要求。

① 横墙中开有洞口时，洞口的水平截面积不应超过横墙水平全截面面积的 50%。

② 横墙的厚度不宜小于 180mm。

③ 单层房屋的横墙长度不宜小于其高度，多层房屋的横墙长度不宜小于 $H/2$(H 为横墙总高度)。

(6) 静力计算方案：《砌体规范》为方便计算，仅考虑屋盖刚度和横墙间距两个主要因素的影响，按房屋空间刚度(作用)大小，将砌体结构房屋静力计算方案分为 3 种，见表 11-1。

表 11-1 砌体结构房屋静力计算方案

	屋盖和屋盖类别	刚性方案	刚弹性方案	弹性方案
1	整体式、装配整体式和装配式无檩体系钢筋混凝土屋盖或楼盖	$S<32$	$32 \leq S \leq 72$	$S>72$
2	装配式有檩体系钢筋混凝土屋盖、轻钢屋盖和有密铺望板的木屋盖或楼盖	$S<20$	$20 \leq S \leq 48$	$S>48$
3	瓦材屋面的木屋盖和轻钢屋盖	$S<16$	$16 \leq S \leq 36$	$S>36$

(7) 网状配筋砌体的承载力：本模块主要指网状配筋砌体的承载力。

(8) 受拉、受弯和受剪构件的承载力：指砌体结构构件中受拉、受弯和受剪构件的承载力。

(9) 多层砌体房屋的抗震规定：规范当中对多层砌体房屋的抗震一般要求和构造措施进行了详细的规定，一般要求主要包括多层房屋的层数和高度的限制、多层砌体房屋的最大高宽比限制、房屋抗震墙的间距、房屋的局部尺寸限制、多层砌体房屋的结构体系。抗震构造措施主要包括构造柱的设置、圈梁的设置、芯柱的设置等。

(10) 小型砌体构件设计：主要指挑梁、墙梁、过梁、雨篷梁等在砌体结构中广泛应用的一些构件的设计。

阶段性技能测试(七)

一、单项选择题(本大题共 10 小题，每小题 2 分，共 20 分。在每小题列出的四个备选项中只有一个是符合题目要求的，请将其代码填写在题中的括号内。错选、多选或未选均无分)

1. 圈梁的作用是(　　)。
   A. 增加结构强度　　　　　　　　B. 增加结构的刚度
   C. 增加柱的刚度　　　　　　　　D. 都不对

2. 刚性和刚弹性方案房屋横墙的厚度不宜小于(　　)mm。
   A. 120　　　　B. 180　　　　C. 240　　　　D. 370

3. 地面以下或防潮层以下的黏土砖砌体应选用(　　)砌筑。
   A. 水泥砂浆　　　　　　　　　　B. 混合砂浆
   C. 石灰砂浆　　　　　　　　　　D. 只要强度(等级)高均可以

4. 门洞宽 1000 mm，门洞上有墙体及楼板传来荷载，板底离门过梁顶距离为 1200mm，设计过梁时考虑的荷载为(　　)。
   A. 墙体及楼板荷载均应考虑　　　B. 墙体及楼板荷载均不考虑
   C. 只需考虑部分墙体荷载　　　　D. 只需考虑楼板荷载

5. 混合结构房屋静力计算的 3 种方案是按(　　)划分的。
   A. 屋盖或楼盖的刚度　　　　　　B. 横墙的间距
   C. 屋盖或楼盖的刚度及横墙的间距　D. 以上三项均不是

6. 砌体截面中部局部均匀受压时，砌体局部抗压强度提高系数 γ 最大为(　　)。
   A. 2.5　　　　B. 2.0　　　　C. 1.5　　　　D. 1.0

7. 关于砌体强度设计值的调整系数 γ_a，错误的说法是(　　)。
   A. 当柱截面积<0.3 m^2 时，应考虑 γ_a
   B. 当窗间墙截面面积<0.3 m^2 时，也应考虑 γ_a
   C. 取 1m 为计算单元，其截面面积<0.3m^2，也应考虑 γ_a
   D. 当砌体质量等级降低为 C 级时，γ_a 为 0.89

8. 砌体结构的屋盖为瓦材屋面的木屋盖和轻钢屋盖，当采用刚性方案时，其房屋横墙间距应小于(　　)m。
   A. 12　　　　B. 16　　　　C. 18　　　　D. 20

9. 多层房屋在内力计算时，本层楼面梁的压力 N_1 距墙体内边缘的距离为(　　)。
   A. 0.33α_0　　　B. 0.4α_0　　　C. 0.45α_0　　　D. 0.5α_0

10. 《砌体规范》规定：用验算墙、柱高厚比的方法来保证墙、柱的(　　)。
    A. 强度　　　B. 刚度　　　C. 稳定性　　　D. 一切

二、填空题(本大题共 10 小题，每小题 2 分，共 20 分。请在每小题的空格中填上正确答案。错填、不填均无分)

1. 无筋砌体受压构件承载力计算中，轴向力偏心距应不超过 0.6y，y 是指_____。

2. 网状配筋砖砌体受压试验表明，砌体与横向钢筋之间足够的_____是保证两者共同工作，充分发挥块体的抗压强度，提高砌体承载力的重要保证。

3. 网状配筋砖砌体构件，钢筋网的竖向间距，应不大于_____皮砖，且应不大于 400mm。

4. 可以用空间性能影响系数 η 来表示房屋空间作用的大小。当房屋的空间性能影响系数 $\eta < 0.33$ 时，可以近似按_____方案计算。

5. 墙中设钢筋混凝土构造柱时，可提高墙体使用阶段的稳定性和刚度。但考虑构造柱有利作用的高厚比验算不适用于_____阶段。

6.《砌体规范》规定：刚性方案多层房屋的外墙符合一定要求时，静力计算可不考虑风荷载的影响，其中要求洞口水平截面面积不超过全截面面积的_____。

7. 多层砌体承重房屋的层高，应不超过_____m。

8. 多层砌体房屋的横向地震力主要由_____承担，不仅_____须具有足够的承载力，而且楼盖须具有传递地震力给横墙的水平刚度。

9. 多层砌体房屋的结构体系，应优先采用_____承重或纵横墙共同承重的结构体系。

10. 挑梁设计除应满足现行国家规范《混凝土结构设计规范》(GB 50010—2010)的有关规定外，尚应满足埋入砌体长度 l_1 与挑出长度之比 l 宜大于_____；当挑梁上无砌体时，l_1 与 l 之比宜大于 2。

三、名词解释题(本大题共 5 小题，每小题 3 分，共 15 分)

1. 允许高厚比；2. 墙梁；3. 过梁；4. 弹性方案房屋；5. 配筋砌体。

四、计算题(本大题共 2 小题，第 1 小题 30 分，第 2 小题 15 分，共 45 分)

1. 下图所示为某单层单跨无吊车的仓库，柱间距离为 4m，中间开宽为 1.8m 的窗，车间长 40m，屋架下弦标高为 4.5m，带壁柱墙高度 $H = 5$m，壁柱为 370mm×490mm，墙厚为 240mm，采用 MU10 烧结黏土砖与 M5 的水泥砂浆砌筑，柱底承受轴向力设计值为 $N = 150$kN，弯矩设计值为 $M = 30$kN·m，施工质量控制等级为 B 级，偏心压力偏向于带壁柱一侧，房屋的静力计算方案为刚弹性方案，试验算：(1) 截面是否安全？(2) 带壁柱墙的高厚比。

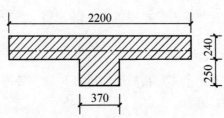

2. 下图所示单层单跨砌体结构，装配式有檩体系轻钢屋盖，两端山墙间距为24m，纵墙间距为15m。试确定在进行横向和纵向内力计算时的静力计算方案。

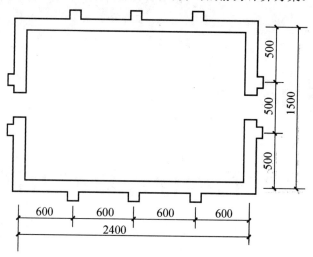

模块 12

钢结构构件计算能力训练

一、学习目标与要求

1. 学习目标

能力目标：能进行钢结构连接计算；能进行梁、柱基本构件设计计算；能理解普通钢屋架的荷载及内力计算方法；学会识读钢结构施工图。

知识目标：掌握钢结构基本构件及其连接的基本计算理论，熟悉各种构造要求与措施。

态度养成目标：培养学生对钢结构工程的工作原理认识，为以后工作奠定良好的基础。

2. 学习要求

知识要点	能力要求	相关知识	所占分值（100分）
焊接连接计算	能进行对接焊缝和角焊缝的基本计算	钢结构的连接方法和焊接方法、对接焊缝连接的构造和计算、角焊缝的构造与计算	20
螺栓连接计算	能进行普通螺栓连接的基本计算；熟悉高强度螺栓连接计算要点	普通螺栓连接的构造和计算、高强度螺栓连接的构造和计算	20
轴心压杆	能进行实腹式轴心压杆强度、刚度、稳定性验算	轴心受力构件的强度和刚度、整体稳定、局部稳定、柱头与柱脚	15
受弯构件	能理解受弯构件的计算要点	梁的强度和刚度、稳定要求、梁的拼接、主梁与次梁的连接	15
压弯构件	能理解压弯构件的计算要点	压弯构件的强度和刚度、实腹式压弯构件的整体稳定、压弯构件的柱头和柱脚	10

续表

知识要点	能力要求	相关知识	所占分值 (100 分)
普通钢屋架	能理解钢屋架的组成和设计要点	屋架的形式及尺寸、杆件设计和节点设计	10
钢结构施工图	能初步识读钢结构施工图	钢结构设计图、钢屋架施工图	10

二、重点难点分析

1. 主要内容及相互关系框图

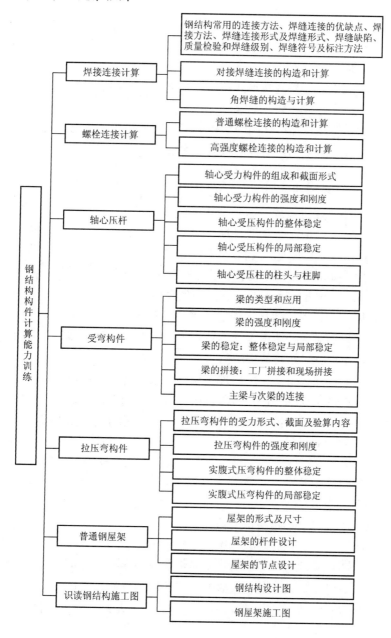

```
                          ┌─ 焊接连接计算 ─┬─ 钢结构常用的连接方法、焊缝连接的优缺点、焊
                          │                │   接方法、焊缝连接形式及焊缝形式、焊缝缺陷、
                          │                │   质量检验和焊缝级别、焊缝符号及标注方法
                          │                ├─ 对接焊缝连接的构造和计算
                          │                └─ 角焊缝的构造与计算
                          │
                          ├─ 螺栓连接计算 ─┬─ 普通螺栓连接的构造和计算
                          │                └─ 高强度螺栓连接的构造和计算
                          │
                          ├─ 轴心压杆 ─┬─ 轴心受力构件的组成和截面形式
钢                        │            ├─ 轴心受力构件的强度和刚度
结                        │            ├─ 轴心受压构件的整体稳定
构                        │            ├─ 轴心受压构件的局部稳定
构                        │            └─ 轴心受压柱的柱头与柱脚
件                        │
计 ───────────────────────┤
算                        ├─ 受弯构件 ─┬─ 梁的类型和应用
能                        │            ├─ 梁的强度和刚度
力                        │            ├─ 梁的稳定：整体稳定与局部稳定
训                        │            ├─ 梁的拼接：工厂拼接和现场拼接
练                        │            └─ 主梁与次梁的连接
                          │
                          ├─ 拉压弯构件 ─┬─ 拉压弯构件的受力形式、截面及验算内容
                          │              ├─ 拉压弯构件的强度和刚度
                          │              ├─ 实腹式压弯构件的整体稳定
                          │              └─ 实腹式压弯构件的局部稳定
                          │
                          ├─ 普通钢屋架 ─┬─ 屋架的形式及尺寸
                          │              ├─ 屋架的杆件设计
                          │              └─ 屋架的节点设计
                          │
                          └─ 识读钢结构施工图 ─┬─ 钢结构设计图
                                               └─ 钢屋架施工图
```

2. 重点与难点

本模块的重点是对以下知识点的理解：角焊缝、对接焊缝、焊接连接、高强螺栓、普通螺栓、螺栓连接、轴心压杆、受弯构件、平面内失稳、平面外失稳、整体失稳、格构式构件、实腹式构件、屋盖平面布置图、普通钢屋架、节点详图、节点荷载、屋架荷载、钢结构设计图、钢结构施工图。

本模块的难点是通过教师的引导，学生能设计计算对接焊缝，设计计算角焊缝，验算普通螺栓的连接，验算高强螺栓的连接，验算受压构件和受弯构件(验算强度、刚度、稳定性)，验算拉压弯构件，设计钢屋架，识读钢结构施工图。

三、典型示例分析

1. 简答题

(1) 对接焊缝和角焊缝分别适用于哪些连接部位？

答：在一般情况下，一种连接形式可根据需要采用不同的焊缝形式——对接焊缝或角焊缝。

对接焊缝不论是用在被连接件间的对接接头，还是 T 形或角接接头，由于焊缝金属均填充于被连接件边缘的坡口内，所以对接焊缝可看成是焊件截面的延续组成部分，故焊缝中的应力分布情况基本上与焊件原有情况相同。因此它传力均匀，路线简捷，应力集中现象不显著，焊缝金属的耗量也较少。在一般情况，当焊缝质量等级为一级或二级，即在其内部不存在严重缺陷时，对接焊缝熔敷金属的强度高于焊件(母材)的，且其疲劳强度高，承受动力荷载的性能好。但对接焊缝对焊件边缘须加工的坡口尺寸，以及下料和拼装尺寸(钝边、间隙、错口等)要求准确，故制造较费工。

角焊缝不论用于哪一种形式的连接，由于焊缝熔敷金属都是填充在被连接件相互组成的直角(或斜角)部位，故传力路线不直接，产生弯曲，且应力集中严重，焊缝内的应力状态极为复杂，强度比对接焊缝的低，焊缝金属的耗量也较多。若是加连接板(盖板)，所耗费材料更多。但角焊缝对焊件边缘不须作特别加工，对下料和拼装尺寸要求也不高，一般均易于满足，所以角焊缝仍然是最常用的一种焊缝形式。

综上所述可见，在焊接中是采用角焊缝还是对接焊缝，须针对连接部位的受力情况，结合制造、安装和焊接条件选择。在有条件时，宜多采用对接焊缝。在一般情况下，为便于加工，可采用角焊缝，如大量应用焊接工字形截面(焊接 H 型钢)的梁或柱中的翼缘与腹板的连接焊缝和工地安装焊缝等。但在下列连接部位应采用对接焊缝：钢板(或型钢)的工厂接料、各类罐体钢板间的连接、重要受力构件间的连接、柱和梁自身的安装接头(高层钢结构的箱形柱和梁的接头可加工成单边 V 形坡口)、重级工作制和起重量 $Q \geqslant 50t$ 的中级工作制吊车梁腹板与上翼缘的连接以及吊车桁架中节点板与上弦杆的连接(应采用焊缝质量等级不低于二级的焊透的 T 形接头焊缝)等。

(2) 角焊缝的焊脚尺寸是否选用大的比小的好？

答：由角焊缝的计算公式可知，角焊缝的强度与其焊脚尺寸 h_f 成正比，而熔敷金属量则随焊缝截面的加大而以焊脚尺寸增大倍数的平方数增加。如焊脚尺寸为 12mm 的角焊缝，其强度是焊脚尺寸为 6mm 的 2 倍，但前者的熔敷金属量却是后者的 4 倍。

角焊缝的破坏强度试验值见表 12-1，小焊脚尺寸角焊缝的破坏强度，相对而言要大于大焊脚尺寸角焊缝的，这是因为熔深(图 12.1)参与受力的原因。

表 12-1　角焊缝的破坏强度试验值

焊脚尺寸/mm	正面角焊缝	侧面角焊缝	焊脚尺寸/mm	正面角焊缝	侧面角焊缝
4	424	319	12	325	245
8	355	265	16	318	238

熔深除受焊接方法的影响外(自动或半自动焊的熔深比手工焊的大)，另外还以靠近焊根的焊缝影响最大。对须多层焊的大焊脚尺寸焊缝则以第一层焊缝的影响最大。因此，对小焊脚尺寸的焊缝，其熔深与焊脚尺寸之比要大于大焊脚尺寸焊缝，故其破坏强度也相对较高。

角焊缝在采用手工电弧焊时，一般情况下焊脚尺寸在 6mm 以下时能一次焊成，超过时则需用多层焊，故相对而言增加了焊接时间，使焊接速度降低，成本增高。

焊缝施焊后冷却收缩引起的残余应力随焊缝增大而加大，故焊脚尺寸也不宜过大。

综上所述，无论是从焊条等焊接材料的消耗和焊接速度、焊接残余应力，还是从焊缝的相对强度来说，角焊缝都以选用小焊脚尺寸为宜。因此，当焊件的焊接长度较富余，在满足最大焊缝长度的要求下，采用小而长的焊缝比采用大而短的焊缝好。对构造角焊缝，更宜按构造要求规定的最小焊脚尺寸选用。

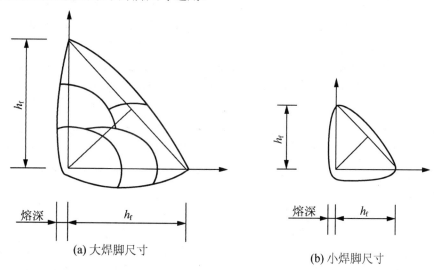

(a) 大焊脚尺寸　　(b) 小焊脚尺寸

图 12.1　角焊缝的熔深

(3) 普通螺栓应用于哪些类型的连接合理？

答：普通螺栓在沿其杆轴方向受拉的性能较好，而在垂直其杆轴方向受剪的性能较差，故一般只宜用于沿其杆轴方向受拉的连接。对于受剪连接，只宜用在下列受剪力较小的情况。

① 承受静力荷载或间接承受动力荷载结构中的次要连接。

② 不承受动力荷载的可拆卸结构的连接(如活动房屋、移动式展览馆等)。

③ 临时固定构件用的安装连接(如屋架拼接节点中的安装定位螺栓等)。

对于其他重要的受剪连接,尤其是承受反复的动力荷载作用的连接,不得采用普通螺栓受剪连接。

(4) 螺栓应怎样排列合理?

答:螺栓(包括普通螺栓和高强度螺栓,以及铆钉)的排列通常采用并列和错列两种基本形式。并列布置紧凑,整齐简单,接头尺寸小,盖板尺寸也较小,但螺孔对钢材截面的削弱较大。错列布置较松散,接头尺寸较大,盖板尺寸也较大,但可减少螺孔对钢材截面的削弱。

螺栓的排列应根据连接受力的需要,并结合选择螺栓直径和数量以及连接部位可供布置螺栓的尺寸进行,一般应遵循简单紧凑、整齐划一的规则。简单紧凑是为了缩小节点,节约连接用料。整齐划一是为了方便加工,如各个节点可采用相同样板,便于采用多钻头钻床等。

排列的形式按照简单紧凑的规则,应以并列形式为主,采用等距离布置。中距、端距、边距均宜按规定的最小容许距离取用,且应取为 5mm 的倍数。如常用的 M16、M20、M24 螺栓,中距按 $3d_0$ 宜取为 55(或 60)、65(或 70)、80mm。当采用并列式排列时,若因连接可供布置螺栓的尺寸限制,或截面因螺孔削弱过多,净截面强度不能满足要求时,可采用错列形式,但仍应注意整齐划一。螺栓按最大容许距离排列一般只在起连系作用的构造连接中采用。

对受偏心力作用的螺栓群,为了增加螺栓承受的力对螺栓群形心的力矩,可将螺栓排列间距适当拉开,以增长力臂。但应结合连接可供布置螺栓的尺寸限制进行考虑,并避免间距过大,否则虽减少了螺栓用量,然而却增加了连接尺寸,多用了钢材。

在型钢(工字钢、槽钢、角钢)上螺栓的排列,除应满足螺栓的最大、最小容许距离的规定外,还应符合各自的容许线距要求。否则有可能难以放置螺栓和施拧螺母,或者有可能使边距过小。

当螺栓位于节点处或拼接接头的一端,沿受力方向的连接长度(即连接两端螺栓中心间的总距离)$l_1 > 15d_0$ 时,由于螺栓的受力很不均匀,端部螺栓受力最大,往往首先破坏,然后依次向内逐个破坏(俗称"解纽扣现象")。因此,规范规定应将螺栓的承载力设计值乘以下列折减系数:

当 $l_1 > 15d_0$ 时,$\beta = 1.1 - \dfrac{l_1}{150d_0}$;当 $l_1 \geqslant 60d_0$ 时,$\beta = 0.7$。

在排列螺栓时,为了避免和减少这一影响,充分发挥螺栓的作用,宜将螺栓尽量在 $l_1 \leqslant 15d_0$ 以内布置。按中距的最小容许距离 $3d_0$ 计算,即不超过 6 排。若此要求难以满足,最好 $l_1 \leqslant 60d_0$。

(5) 在受剪连接验算开孔对构件截面的削弱影响时,为什么摩擦型高强度螺栓的较普通螺栓的小?

答:摩擦型高强度螺栓的受剪连接传力特点不同于普通螺栓。后者是靠螺栓自身受剪和孔壁承压传力,而前者则是靠被连接板叠间的摩擦力传力。一般可认为摩擦力均匀分布于螺栓孔四周,故孔前传力约为 0.5(试验数值大多数为 0.6),因此,构件(包括连接盖板)

开孔截面的净截面强度的计算公式为 $\sigma = (1-0.5\dfrac{n_1}{n})\dfrac{N}{A_n} \leq f$（公式一），式中括号内数值小于 1，这表明所计算截面上的轴心力 N 已有一定程度的减少。对比普通螺栓受剪连接构件开孔截面的净截面强度计算公式：$\sigma = \dfrac{N}{A_n} \leq f$（公式二），显而易见，在受剪连接中，摩擦型高强度螺栓开孔对构件截面的削弱影响较小。然而，此时须注意构件毛截面的强度，它虽未开孔，却承受着全部的轴心力 N，故有可能比开孔处的净截面更危险。因此，在应用公式一验算的同时，还应按下式对构件毛截面的强度进行计算：$\sigma = \dfrac{N}{A} \leq f$。

(6) 高强度螺栓连接的设计步骤是什么？须注意哪些问题？

答：高强度螺栓连接的设计步骤和须注意的问题与普通螺栓类似，可参阅教材，但还应注意下列问题。

① 合理选择高强度螺栓连接的受力类型(摩擦型或承压型)，以充分发挥其经济效果。在条件适合的部位，宜应用承压型。

② 当采用大六角头高强度螺栓时，同一设计中宜选用一种性能等级，并和普通螺栓区分，避免混用。

③ 当被连接件表面有斜度(如工字钢、槽钢的翼缘内表面)时，应采用斜垫圈。

④ 高强度螺栓不必采取防止螺帽松动的措施。

(7) 轴心受拉构件采用什么样的截面形式合理？

答：轴心受拉构件若仅按其主要的强度条件考虑，则不论什么样的截面形式，只要能提供强度所需的截面面积即可满足要求。然而，轴心受拉构件另外还需满足刚度条件的要求(张紧的圆钢和悬索除外)，以避免过于柔细，在使用时产生过大的变形或振动，在运输安装过程造成弯扭。因此，在满足强度条件的同时，若无其他条件限制，轴心受拉构件的截面也应配合刚度条件要求，尽量开展，做到宽肢薄壁。

轴心受拉构件宜优先采用型钢，如圆钢、扁钢、角钢、工字钢、钢管等，以减少制造工作量。有时拉杆可采用两个等肢或不等肢角钢组成的 T 形截面或 T 形钢，以适应构件两方向计算长度的不同(如屋架下弦杆等)。只有受力很大的拉杆才考虑采用格构式截面(如桁架式桥梁中的拉杆等)。有条件时，还宜考虑采用钢绞线、钢丝绳等高效钢材。

轴心受拉构件的截面形式还应考虑能便于和邻近的构件连接。当本身截面较小较窄时，可在连接处局部加连接板放大。当圆钢采用花篮螺栓张紧时，可在设螺纹处将截面局部加粗，以节约钢材。

(8) 轴心受压构件的稳定承载能力与哪些因素有关?

答：轴心受压构件的稳定承载能力与下列因素有关。

① 构件的几何形状与尺寸。构件的几何形状和尺寸(包括杆长和截面尺寸)首先影响轴心受压构件的屈曲形式，而屈曲形式与构件的稳定承载能力有着直接关系。

不论哪种屈曲形式，其临界力均与杆的长度 l 的平方成反比，与截面特征 EI_x 或 EI_y(抗弯刚度)、GI_t(扭转刚度)，EI_w(约束扭转刚度)成正比。

② 杆端约束程度。轴心受压构件临界力的计算公式中，杆的长度均按两端简支、端部截面可自由翘曲的情况取杆的几何长度 l。若杆端支承条件对杆的弯曲或翘曲的约束程度

发生变化，则约束程度越大，杆的承载能力越高，反之则越低。按弹性稳定理论，可用等效的弯曲屈曲计算长度 l_0 或扭转屈曲计算长度 l_w 分别代替几何长度 l 来考虑此影响。

③ 钢材的强度。一般钢材的弹性模量 E 和剪变模量 G 均为常量，在弹性范围内轴心压杆临界力的大小与钢材的强度无关，只取决于杆的几何形状和尺寸等因素。由于细长杆的临界应力通常均低于钢材的比例极限而处于弹性工作范围，故采用高强度钢材并不能提高其稳定承载能力。但对于中长杆或粗短杆，由于其截面应力在屈曲前一般均超过钢材的比例极限而进入弹塑性工作范围，此时钢材的应力和应变呈非线性关系，E 和 G 不再保持常量，故前述轴心受压构件临界力的计算公式均不再适用。

理想轴心受压构件弹塑性状态弯曲屈曲的临界力可用下列切线模量理论的计算式表示：$N_t = \dfrac{\pi^2 E_t I}{l_0^2}$，式中切线模量 E_t 随截面的应力而变，在截面应力相同的情况下，强度较高钢材的 E_t 值比强度较低的大。因此，强度较高钢材的轴心受压构件在弹塑性范围的临界力也较大。

④ 初始缺陷(残余应力、初弯曲、初偏心)。轴心受压构件临界力计算公式都是按弹性稳定理论基于一种理想杆(无缺陷的等截面直杆，材料为匀质、各向同性，且无限弹性，符合虎克定律，压力作用线与杆件形心轴线重合)而建立的，但实际工程中的钢构件均不可避免地或多或少存在力学缺陷和几何缺陷。力学缺陷主要是残余应力和材质不匀。几何缺陷主要是杆件本身的初弯曲或初扭曲，以及截面因轧制或加工偏差的不完全对称和构件安装误差等引起的初偏心(属于非主观愿望偶然产生的压力作用线与杆件的形心轴线不重合)。以上统称为杆件的初始缺陷。

初始缺陷的存在降低了轴心受压构件的稳定承载能力，而且也导致了确定轴心受压构件稳定承载能力的方法由按理想杆计算的传统方法向现代方法发展，即按考虑初始缺陷的实际轴心压杆进行计算。

由于力学缺陷的影响以残余应力最大，而在几何缺陷的影响中，初弯曲和初偏心两者在本质上很类似，故可加大初弯曲的数值以考虑两者的综合影响。因此，有初始缺陷的轴心压杆在实质上可认为是具有残余应力的小偏心受压杆(压弯杆)。

(9) 工字形截面轴心受压构件翼缘和腹板的局部稳定性计算公式中，λ 为什么应取构件两方向长细比的较大值？

答：工字形截面轴心受压构件翼缘和腹板的局部稳定性计算公式，是分别采用限制翼缘板的自由外伸宽度 b 与其厚度 t 之比和腹板计算高度 h_0 与其厚度 t_w 之比，即

$$\frac{b_1}{t} \leqslant (10 + 0.1\lambda)\sqrt{\frac{235}{f_y}} \quad \text{和} \quad \frac{h_0}{t_w} \leqslant \left(25 + 0.5\lambda\sqrt{\frac{235}{f_y}}\right)。$$

从上面公式可见，两者均与构件的长细比 λ 有着函数关系，λ 大则限值较大，反之，则限值较小。规范规定：在计算时，公式中 λ 应取构件两方向长细比的较大值。看起来，这好像是将二者的限值均按构件的长细比较大值有所放宽，实际上它却是符合确定公式的原则的。

根据确定公式的原则：组成构件的板件的局部失稳应不先于构件的整体失稳，或者两者等稳。计算构件的整体稳定性一般须按两主轴方向考虑，长细比大的方向临界应力低，

即构件的整体失稳将在这个较弱的方向发生。故此，板件的局部失稳应和其相比，即取该方向的长细比(构件两方向长细比的较大者)进行计算。换言之，长细比较大时，构件的临界应力较低，板件所受的压应力也较低，故其宽厚比或高厚比的限值可较大。

(10) 怎样应用受弯构件的计算公式？

答：受弯构件须对其强度、刚度、整体稳定性进行计算。对焊接组合梁还需对其局部稳定性和翼缘焊缝等进行计算。

① 强度。

抗弯强度：$\dfrac{M_x}{\gamma_x W_{xn}} + \dfrac{M_y}{\gamma_y W_{yn}} \leqslant f$

抗剪强度：$\tau = \dfrac{VS}{It_w} \leqslant f_v$

局部承压强度：$\sigma_c = \dfrac{\psi F}{t_w l_z}$

折算应力：$\sigma_{zs} = \sqrt{\sigma_1^2 + \sigma_c^2 + \sigma_1 \sigma_c + 3\tau_1^2} \leqslant \beta_1 f$

以上强度计算公式在应用时须注意如下问题。

a. 抗弯强度、抗剪强度和局部承压强度均应选择与其相应的最不利截面处进行计算。抗弯强度应选择 M_{max} 处，在截面有改变时还应选择改变截面处。抗剪强度应选择 V_{max} 处，对型钢梁，由于其腹板较厚，一般可不作计算。局部承压强度应选择 F_{max} (或 R：支座反力)处，若该处设置了支承加劲肋，可不计算。折算应力应选择同时受有较大的正应力、剪应力和局部压应力或同时受有较大的正应力和剪应力处，如连续梁支座或梁的翼缘截面改变处的腹板计算高度边缘。

b. 抗弯强度计算公式中的截面塑性发展系数除应参照主教材取值外，对梁的受压翼缘自由外伸宽度 b_1 与其厚度 t 之比还应该有所限制。若考虑部分截面发展塑性变形，则应该限制 $b_1/t \leqslant 13\sqrt{235/f_y}$，以保证翼缘在受到较高的弯曲压应力作用时不致产生局部失稳。若 $b_1/t > 13\sqrt{235/f_y}$ (但不超过 $15\sqrt{235/f_y}$)，则应取 $\gamma_x = 1.0$。

c. 对加强受压翼缘的工字形截面，由于中和轴位置升高，抗弯强度应对受拉翼缘进行计算。

d. 抗剪强度计算公式中的截面几何特性应按毛截面计算，即不考虑截面上孔洞削弱的影响，这是因为规范中的抗剪强度设计值 f_v 已较低，故偏于安全。

e. 计算折算应力的强度设计值增大系数 β_1 在取值时，应注意 σ 和 σ_c 的正负号。当二者同号或 $\sigma_c = 0$ 时，其塑性变形能力较两者异号时低，故 β_1 应取低值。在一般须计算折算应力处，如连续梁支座处的腹板边缘，σ 和 σ_c 为异号；而在翼缘截面改变处的腹板边缘，σ 和 σ_c 为同号(由于腹板边缘处往往存在较大的残余拉应力，故实际上可能为异号。对此种情况须进一步探讨)。

f. 钢材强度设计值 f、f_v 等须根据钢标型号并结合钢材厚度确定。应注意钢材厚度须按验算部位确定，如抗弯强度应按翼缘板厚度计算，而抗剪强度、局部承压强度和折算应力则应按腹板厚度计算。

② 刚度：$v \leqslant [v]$

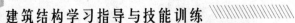
③ 整体稳定性。

在最大主平面内受弯的构件的整体稳定性的计算公式为：

$$\frac{M_x}{\phi_b W_x} \leqslant f$$

在两个主平面受弯的 H 形截面或工字形截面梁的整体稳定性的计算公式为：

$$\frac{M_x}{\varphi_b W_x} + \frac{M_y}{\gamma_y W_y} \leqslant f$$

以上整体稳定性计算公式在应用时须注意如下问题。

a. 应先校核梁是否符合不须计算整体稳定性的规定，即是否有铺板(各种钢筋混凝土板和钢板)密铺在梁的受压翼缘上并与其牢固相连，能阻止其侧向位移，或满足不须计算整体稳定性的最大 l_1/b 值。

b. 当须计算梁的整体稳定性时，对整体稳定系数 φ_b、应参照教材的内容，并按最接近的情况采用，以免误差过大。

④ 局部稳定性。

a. 翼缘板：

$$\frac{b_1}{t} \leqslant 13\sqrt{\frac{235}{f_y}}$$

按部分截面发展塑性变形时：

$$\frac{b_1}{t} \leqslant 15\sqrt{\frac{235}{f_y}}$$

b. 腹板：按主教材中的公式计算腹板加劲肋间距。

(11) 拉弯构件和压弯构件采用什么样的截面形式更合理？

答：拉弯构件的截面形式主要应按强度条件考虑，而压弯构件则主要应按整体稳定性条件考虑，同时还应满足刚度和局部稳定性等条件。在选择截面形式时，为取得合理、经济的效果，一般应遵循如下主要原则：①保证稳定；②宽肢薄壁；③制造省工；④连接方便。现根据具体应用，对实腹式截面和格构式截面分别讨论如下。

① 实腹式截面。

a. 对承受非节点荷载的桁架压杆和拉杆(如上弦杆和下弦杆)以及天窗侧柱等，宜优先采用型钢。根据所受的弯矩大小，可采用两个等肢角钢相并或两个不等肢角钢长肢相并组成 T 形或倒 T 形截面，以提高杆件在桁架平面内的抗弯能力。

b. 对偏心受压柱，当弯矩较小时，可选用和一般轴心受压柱相同的双轴对称截面(如工字钢、H 型钢、焊接工字形截面)。当弯矩很大时，为提高构件在弯矩作用平面内的承载能力，应在此方向采用较大的截面尺寸。若仅在一个方向承受的弯矩较大，还可采用单轴对称截面，使压力较大一侧的截面面积加大，并使其具有较宽的翼缘以加强侧向刚度。如单层工业厂房的边列柱，其下段柱的吊车肢由于所受的荷载较大，常采用工字钢或焊接工字形截面，而屋盖肢(外肢)因须保持平整以便于与维护结构连接，则宜采用钢板或槽钢。

② 格构式截面。

格构式截面的拉弯构件和压弯构件因制造较费工，故只在荷载很大时才宜采用。如格构式压弯构件对重型车间较经济(柱宽大于 1m 时),它可有效地利用材料,增大截面惯性矩。当仅在一个方向承受的弯矩较大时,也可采用单轴对称截面,将压力较大一侧的分肢截面面积加大。

2. 应用案例题

(1) 两块钢板采用对接焊缝(直缝)连接,如图 12.2 所示。钢板宽度 $L=250\text{mm}$,厚度 $t=10\text{mm}$。钢材采用 Q235,焊条采用 E43 系列,手工焊,无引弧板,焊缝采用三级检验质量标准,$f_t^w = 185\text{N}/\text{mm}^2$。试求连接所能承受的最大拉力 N。

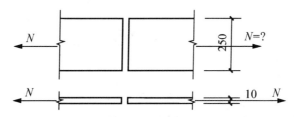

图 12.2   应用案例题(1)图

解:无引弧板时,焊缝的计算长度 l_w 取实际长度减去 $2t$,即 $l_w = 250 - 2 \times 10\text{mm}$。

根据公式 $\sigma = \dfrac{N}{l_w t} < f_t^w$,移项得:

$N < l_w t f_t^w = (250 - 2 \times 10) \times 10 \times 185 = 425500(\text{N}) = 425.5\text{kN}$。

变化:若有引弧板,N 为多大?

解:上题中 l_w 取实际长度 250,得 $N = 462.5\text{kN}$。

(2) 两截面为 $450\text{mm} \times 14\text{mm}$ 的钢板采用双盖板焊接连接,如图 12.3 所示。连接盖板宽 300mm,长度 410mm(中间留空 10mm),厚度 8mm。钢材 Q235,手工焊,焊条为 E43,$f_f^w = 160\text{N}/\text{mm}^2$,静态荷载,$h_f = 6\text{mm}$。求最大承载力 N。

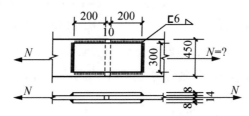

图 12.3   应用案例题(2)图

解:端焊缝所能承担的内力为:

$N_3 = \sum 0.7 h_f l_{w3} \beta_f f_f^w = 2 \times 0.7 \times 6 \times 300 \times 1.22 \times 160 = 491904(\text{N})$。

侧焊缝所能承担的内力为:

$N_1 = \sum 0.7 h_f l_{w1} f_f^w = 4 \times 0.7 \times 6 \times (200 - 6) \times 160 = 521472(\text{N})$。

最大承载力 $N = 491904 + 521472 = 1013376(\text{N}) = 1013.4\text{kN}$。

变化:若取消端焊缝,N 为多大?

解:上题中令 $N_3 = 0$,$l_{w1} = 200 - 2 \times 6$,得 $N = N_1 = 505.344\text{kN}$。

(3) 钢材为Q235，手工焊，焊条为E43，$f_f^w = 160\text{N/mm}^2$，静态荷载。

双角钢 2L125×8 采用三面围焊和节点板连接，$h_f = 6\text{mm}$，肢尖和肢背实际焊缝长度均为250mm，如图12.4所示。等边角钢的内力分配系数 $k_1 = 0.7$，$k_2 = 0.3$。求最大承载力 N。

解：端焊缝所能承担的内力为：

$N_3 = \sum 0.7 h_f l_{w3} \beta_f f_f^w = 2 \times 0.7 \times 6 \times 125 \times 1.22 \times 160 = 204960(\text{N})$。

肢背焊缝所能承担的内力为：

$N_1 = \sum 0.7 h_f l_{w1} f_f^w = 2 \times 0.7 \times 6 \times (250 - 6) \times 160 = 327936(\text{N})$。

根据 $N_1 = k_1 N - \dfrac{N_3}{2}$，

得：$N = \dfrac{1}{K_1}\left(N_1 + \dfrac{N_3}{2}\right) = \dfrac{1}{0.7} \times \left(327936 + \dfrac{204960}{2}\right) = 614880(\text{N}) = 614.88\text{kN}$。

变化：若取消端焊缝，N 为多大？

解：上题中令 $N_3 = 0$，$l_{w1} = 250 - 2 \times 6$，得 $N = 456.96\text{kN}$。

(4) 钢材为Q235，手工焊，焊条为E43，$f_f^w = 160\text{N/mm}^2$，静态荷载。已知 $F = 120\text{kN}$，如图12.5所示，求焊脚尺寸 h_f（焊缝有绕角，焊缝长度可以不减去 $2h_f$）。

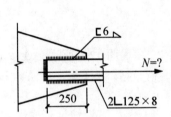

图 12.4 应用案例题(3)图

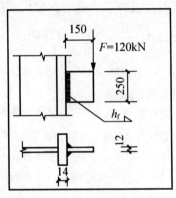

图 12.5 应用案例题(4)图

解：设焊脚尺寸为 h_f，焊缝有效厚度为 $h_e = 0.7 h_f$。

将偏心力移到焊缝形心处，等效为剪力 $V = F$ 及弯矩 $M = Fe$。

在剪力作用下：

$\tau_f^v = \dfrac{V}{\sum h_e l_w} = \dfrac{120 \times 10^3}{2 \times 0.7 h_f \times 250} = \dfrac{342.9}{h_f}$ N/mm^2。

在弯矩作用下：

$\sigma_f^M = \dfrac{M}{W_f} = \dfrac{120 \times 10^3 \times 150}{2 \times \frac{1}{6} 0.7 h_f \times 250^2} = \dfrac{1234}{h_f}$ N/mm^2。

代入基本公式 $\sqrt{\left(\dfrac{\sigma_f}{\beta_f}\right)^2 + (\tau_f)^2} \leqslant f_f^w$，得：

$$\sqrt{\left(\frac{1234}{1.22h_f}\right)^2+\left(\frac{342.9}{h_f}\right)^2}=\frac{1068}{h_f}\leqslant 160 \text{。}$$

可以解得：$h_f\geqslant 6.68\text{mm}$，取 $h_f=7\text{mm}$。

$h_{f\min}=1.5\sqrt{14}=5.6(\text{mm})<h_f<h_{f\max}=1.2\times12=14.4(\text{mm})$，可以满足条件。

变化：上题条件如改为已知 $h_f=8\text{mm}$，试求该连接能承受的最大荷载 N。

(5) 钢材为 Q235，手工焊，焊条为 E43，$f_f^w=160\text{N}/\text{mm}^2$，静态荷载。已知 $h_f=8\text{mm}$，如图 12.6 所示。求连接能承受的最大荷载 N(焊缝无绕角)。

解：偏心距 $e=\dfrac{350}{2}-100=75(\text{mm})$。

弯矩：$M=75N$，

$$\sigma_f^N=\frac{N}{\sum h_e l_w}=\frac{N}{2\times0.7\times8\times(350-2\times8)}=\frac{N}{3740.8}\text{，}$$

$$\sigma_f^M=\frac{M}{W_f}=\frac{75N}{2\times\frac{1}{6}\times0.7\times8\times(350-2\times8)^2}=\frac{N}{2776.5}\text{，}$$

$$\sigma=\sigma_f^N+\sigma_f^M=\frac{N}{3740.8}+\frac{N}{2776.5}\leqslant\beta_f f_f^w=1.22\times160=195.2\text{，}$$

可以解得：$N\leqslant311082\text{N}=311.08\text{kN}$。

变化：焊缝有绕角，焊缝长度可以不减去 $2h_f$，求 N。

(6) 钢板截面为 $310\text{mm}\times14\text{mm}$，盖板截面为 $310\text{mm}\times10\text{mm}$，钢材为 Q235，$f=215\text{N}/\text{mm}^2$，C 级螺栓 M20，孔径 21.5mm，$f_v^b=140\text{N}/\text{mm}^2$，$f_c^b=305\text{N}/\text{mm}^2$，如图 12.7 所示，求该连接的最大承载力 N。

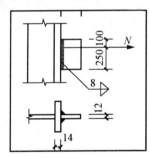

图 12.6　应用案例题(5)图

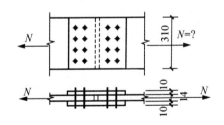

图 12.7　应用案例题(6)图

解：① 一个螺栓的抗剪承载力设计值：

$$N_v^b=n_v\frac{\pi d^2}{4}f_v^b=2\times\frac{3.14\times20^2}{4}\times140\times10^{-3}=87.96(\text{kN})\text{。}$$

② 一个螺栓的承压承载力设计值：

$$N_c^b=d\sum t\cdot f_c^b=20\times14\times305\times10^{-3}=85.4\text{kN}\text{。}$$

[因为 $t=14\text{mm}<2t_1=2\times10=20(\text{mm})$，故公式中取 $\sum t=14$]

③ 最大承载力：

$$N=nN_{\min}^b=8\times85.4=683.2(\text{kN})\text{。}$$

④ 净截面强度验算:

$$\sigma = \frac{N}{A_n} = \frac{683.2\times10^3}{(310-4\times21.5)\times14} = \frac{683.2\times10^3}{3136} = 217.9(\text{N}/\text{mm}^2) > f = 215\text{N}/\text{mm}^2$$

不满足要求。最大承载力由净截面强度控制:

$N = A_n f = 3136\times215\times10^{-3} = 674.24(\text{kN})$。

变化:上题条件如改为已知 $N=600\text{kN}$,试验算该连接是否安全。

(7) 钢板截面为 310mm×20mm,盖板截面为 310mm×12mm,钢材为 Q235,$f = 215\text{N}/\text{mm}^2$ ($t\leqslant16$),$f = 205\text{N}/\text{mm}^2$ ($t>16$)。8.8 级高强度螺栓摩擦型连接 M20,孔径 22mm,接触面喷砂,$\mu = 0.45$,预拉力 $P = 125\text{kN}$,如图 12.8 所示。试求该连接的最大承载力 N。

解:① 一个高强度螺栓的抗剪承载力设计值:

$N_v^b = 0.9n_f\mu P = 0.9\times2\times0.45\times125 = 101.25(\text{kN})$。

② 最大承载力:

$N = nN_v^b = 8\times101.25 = 810(\text{kN})$。

③ 净截面强度验算:

$$\sigma = \left(1-0.5\frac{n_1}{n}\right)\frac{N}{A_n} = \left(1-0.5\times\frac{4}{8}\right)\times\frac{810\times10^3}{(310-4\times22)\times20} = 136.8(\text{N}/\text{mm}^2) < f$$

$= 205\text{N}/\text{mm}^2$,

④ 毛截面强度验算:

$$\sigma = \frac{N}{A} = \frac{810\times10^3}{310\times20} = 130.6(\text{N}/\text{mm}^2) < f = 205\text{N}/\text{mm}^2 。$$

变化:上题条件如改为已知 $N=800\text{kN}$,试验算该连接是否安全。

(8) 拉力 F 与 4 个螺栓轴线的夹角为 45°,柱翼缘厚度为 24mm,连接钢板厚度 16mm。钢材为 Q235,$f = 215\text{N}/\text{mm}^2$ ($t\leqslant16$),$f = 205\text{N}/\text{mm}^2$ ($t>16$)。8.8 级高强度螺栓摩擦型连接 M20,孔径 22mm,接触面喷砂,$\mu = 0.45$,预拉力 $P = 125\text{kN}$,如图 12.9 所示。求该连接的最大承载力 F。

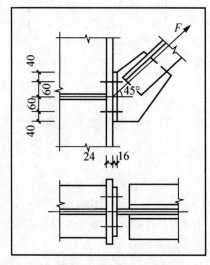

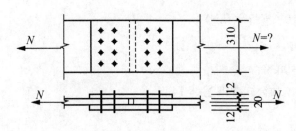

图 12.8　应用案例题(7)图　　　　图 12.9　应用案例题(8)图

解： 斜拉力 F 的两个分力为：$V = N = F\sin 45^\circ$。

每个螺栓同时承受的剪力和拉力为：

$$N_v = N_t = \frac{F\sin 45^\circ}{4} = \frac{\sqrt{2}}{8}F$$

螺栓同时承受的剪力和拉力，用规范相关公式求解：

$$\frac{N_v}{N_v^b} + \frac{N_t}{N_t^b} \leqslant 1$$

一个高强度螺栓的抗剪承载力设计值：

$N_v^b = 0.9 n_f \mu P = 0.9 \times 1 \times 0.45 \times 125 = 50.625 (\text{kN})$；

一个高强度螺栓的抗拉承载力设计值：

$N_t^b = 0.8P = 0.8 \times 125 = 100 (\text{kN})$；

代入规范公式：$\dfrac{N_v}{N_v^b} + \dfrac{N_t}{N_t^b} \leqslant 1$，即 $\dfrac{\sqrt{2}F}{8 \times 50.625} + \dfrac{\sqrt{2}F}{8 \times 100} \leqslant 1$。

可以解得：$F \leqslant 190.13 (\text{kN})$。

变化：上题条件如改为已知 $N=190\text{kN}$，试验算该连接是否安全。

(9) 钢材为 Q235，$f = 215\text{N}/\text{mm}^2$（$t \leqslant 16$）。C 级螺栓 M22，有效直径为 $d_e = 19.65\text{mm}$，孔径 $d_0 = 24\text{mm}$，$f_v^b = 140\text{N}/\text{mm}^2$，$f_c^b = 305\text{N}/\text{mm}^2$，$f_t^b = 170\text{N}/\text{mm}^2$，如图 12.10 所示，求该连接的最大承载力 F。

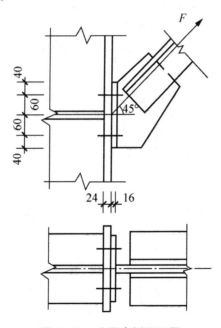

图 12.10   应用案例题(9)图

解：斜拉力 F 的两个分力为：$V = N = F\sin 45^\circ$。

每个螺栓同时承受的剪力和拉力为：

$$N_v = N_t = \frac{F\sin 45^\circ}{4} = \frac{\sqrt{2}}{8}F。$$

螺栓同时承受剪力和拉力，应根据相关公式验算：

$$\sqrt{\left(\frac{N_v}{N_v^b}\right)^2 + \left(\frac{N_l}{N_l^b}\right)^2} \leqslant 1 \qquad 及 \quad N_v \leqslant N_c^b。$$

一个螺栓的抗剪承载力设计值：

$$N_v^b = n_v \frac{\pi d^2}{4} f_v^b = 1 \times \frac{3.14 \times 22^2}{4} \times 140 \times 10^{-3} = 53.2(kN)；$$

一个螺栓的承压承载力设计值：

$$N_c^b = d \sum t f_c^b = 22 \times 16 \times 305 \times 10^{-3} = 107.36(kN)；$$

一个螺栓的抗拉承载力设计值：

$$N_t^b = \frac{\pi d_e^2}{4} f_t^b = \frac{3.14 \times 19.65^2}{4} \times 170 \times 10^{-3} = 51.6(kN)。$$

代入公式得：

$$\sqrt{\left(\frac{N_v}{N_v^b}\right)^2 + \left(\frac{N_l}{N_l^b}\right)^2} = \sqrt{\left(\frac{\sqrt{2}F}{8 \times 53.2}\right)^2 + \left(\frac{\sqrt{2}F}{8 \times 51.6}\right)^2} \leqslant 1$$

可以解得：$F \leqslant 209.5kN$。

再验算：$N_v = \dfrac{\sqrt{2} \times 209.5}{8} = 37.03(kN) < N_c^b = 107.36kN$，满足条件。

变化：上题条件如改为已知 $N=200kN$，试验算该连接是否安全。

(10) 验算图 12.11 所示轴心受压的整体稳定性。柱两端为铰接，柱长为 5m，焊接工字形截面，火焰切割边翼缘，承受轴心压力设计值 $N=1200kN$，采用 Q235 钢材，在柱中央有一个侧向(x 轴方向)支承。

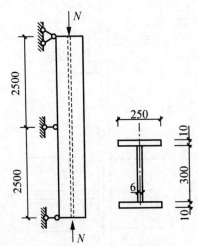

图 12.11 应用案例题(10)图

解：①计算截面几何特性。

$$A = 2 \times 25 \times 1.0 + 0.6 \times 30 = 68(cm^2)，$$

$$I_x = \frac{1}{12} \times 0.6 \times 30^3 + 2 \times 1 \times 25 \times 15.5^2 = 13362.5(cm^4)，$$

$$I_y = 2 \times \frac{1}{12} \times 1 \times 25^3 = 2604.2 (\text{cm}^4),$$

$$i_x = \sqrt{\frac{I_x}{A}} = \sqrt{\frac{13362.5}{68}} = 14.0 (\text{cm}),$$

$$i_y = \sqrt{\frac{I_y}{A}} = \sqrt{\frac{2604.2}{68}} = 6.2 (\text{cm}),$$

$$\lambda_x = \frac{l_{ox}}{i_x} = \frac{500}{14} = 35.7,$$

$$\lambda_y = \frac{l_{oy}}{i_y} = \frac{250}{6.2} = 40.3 \text{。}$$

翼缘厚度为 10mm，按第一组钢材查附录表查得 $f = 215\text{N/mm}^2$。

根据主教材附录表 E-1 确定截面对 x、y 轴都属于 b 类截面，用公式 $\lambda_v = \lambda \sqrt{f_y / 235}$，查主教材附录表 G-2，得 $\varphi = 0.898$。

② 验算整体稳定性。

$$\frac{N}{\varphi \cdot A} = \frac{1200 \times 10^3}{0.898 \times 68 \times 10^2} = 196.5 (\text{N/mm}^2) < f = 215\text{N/mm}^2$$

③ 验算局部稳定性。

翼缘外伸部分：

$$\frac{b}{t} = \frac{12.5}{1} = 12.5 < (10 + 0.1\lambda) \sqrt{\frac{235}{f_y}} = 14.95 \text{。}$$

腹板的局部稳定：

$$\frac{h_0}{t_w} = \frac{25}{0.6} = 41.7 < (25 + 0.5\lambda) \sqrt{\frac{235}{f_y}} = 49.75 \text{。}$$

满足要求。

(11) 已知某轴心受压实腹柱 AB，AB 长 $L = 5$m，中点 $L/2$ 处有侧向支撑。采用 3 块钢板焊成的工字形柱截面，翼缘尺寸为 300mm×12mm，腹板尺寸为 200mm×6mm，如图 12.12 所示。钢材为 Q235，$f = 215\text{N/mm}^2$。求最大承载力 N。

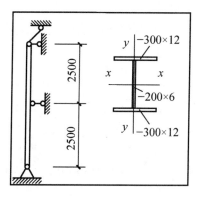

图 12.12　应用案例题(11)图

解：按题意得：$l_{ox} = 5m$，$l_{oy} = 2.5m$。

① 解题思路：轴心受压柱整体稳定的验算公式为：

$$\frac{N}{\varphi A} \leqslant f$$

式中 φ 要由 λ_x 或 λ_y 查出。

上式中：$\lambda_x = \dfrac{l_{ox}}{i_x}$，$\lambda_y = \dfrac{l_{oy}}{i_y}$。

其中：$i_x = \sqrt{\dfrac{I_x}{A}}$，$i_y = \sqrt{\dfrac{I_y}{A}}$，$I_x = \dfrac{bh^3}{12} + \sum A_i a^2$

A 为柱的截面积(按实计算)，l_{0x}、l_{0y} 为柱在 x、y 方向的计算长度。

② 验算时将上述过程倒过来即可。为方便计算，单位采用 cm。

a. 截面积：$A = 2 \times 30 \times 1.2 + 20 \times 0.6 = 84 (cm^2)$。

b. 惯性矩：$I_x = \dfrac{30 \times 22.4^3}{12} - \dfrac{29.4 \times 20^3}{12} = 8498.56 (cm^4)$。

$$I_y = 2 \times \frac{1.2 \times 30^3}{12} = 5400 (cm^4)$$。

c. 回转半径：$i_x = \sqrt{\dfrac{I_x}{A}} = \sqrt{\dfrac{8498.56}{84}} = 10.06 (cm)$，

$$i_y = \sqrt{\frac{I_y}{A}} = \sqrt{\frac{5400}{84}} = 8.02 (cm)$$。

d. 长细比：$\lambda_x = \dfrac{l_{ox}}{i_x} = \dfrac{500}{10.05} = 49.70 < [\lambda] = 150$，

$$\lambda_y = \frac{l_{oy}}{i_y} = \frac{250}{8.02} = 31.17 < [\lambda] = 150$$。

e. 稳定系数：b 类截面，由最大长细比 $\lambda_x = 49.70$ 查主教材附录表 G-2 得：

$$\varphi_x = 0.861 + \frac{49.7 - 49}{50 - 49} \times (0.856 - 0.861) = 0.8575$$。

f. 整体稳定性验算：

$N = \varphi A f = 0.8575 \times 84 \times 10^2 \times 215 = 1548645 (N) = 1548.6kN$。

g. 局部稳定性验算。

腹板的高厚比：

$$\frac{h_0}{t_w} = \frac{20}{0.6} = 33.3 < (25 + 0.5\lambda)\sqrt{\frac{235}{f_y}} = (25 + 0.5 \times 49.7)\sqrt{\frac{235}{235}} = 49.85 (可以)$$。

翼缘的宽厚比：

$$\frac{b}{t} = \frac{14.7}{1.2} = 12.25 < (10 + 0.1\lambda)\sqrt{\frac{235}{f_y}} = (10 + 0.1 \times 49.7)\sqrt{\frac{235}{235}} = 14.97 (可以)$$。

变化：已知柱承受轴心压力 $N = 1500kN$，试验算该柱。

四、技能训练

1. 填空题

(1) 焊缝主要包括_____和_____两种类型。

(2) 在静力或间接动力荷载作用下，正面角焊缝的强度设计增大系数 $\beta_f =$____；但对直接承受动力荷载的结构，应取 $\beta_f =$_____。

(3) 工字形或 T 形牛腿的对接焊缝连接中，一般假定剪力由_____的焊缝承受，剪应力均匀分布。

(4) 凡能通过一、二级检验标准的对接焊缝，其抗拉设计强度与母材的抗拉设计强度_____。

(5) 承受静力荷载时，如果焊件的宽度不同或厚度相差 4mm 以上，在对接焊缝的拼接处，应分别在焊缝的宽度方向或厚度方向做成坡度不大于_____的斜角。

(6) 当对接焊缝的焊件厚度很小(≤10mm)时，可采用_____坡口形式。

(7) 轴心受力的两块板通过对接斜焊缝连接时，只要使焊缝轴线与 N 之间的夹角 θ 满足_____条件时，对接斜焊缝的强度就不会低于母材的强度，因而也就不必再进行计算。

(8) 焊缝按施焊位置分_____、_____、_____和_____，其中____的操作条件最差，焊缝质量不易保证，应尽量避免。

(9) 普通螺栓按制造精度分_____和_____两类；按受力分析分_____和_____两类。

(10) 螺栓连接中，规定螺栓最小容许距离的理由是：_____；规定螺栓最大容许距离的理由是：_____。

(11) 采用螺栓连接时，栓杆发生剪断破坏，是因为_____。

(12) 普通螺栓连接受剪时，限制端距 $e \geq 2d_0$，是为了避免钢板被_____破坏。

(13) 单个普通螺栓承受剪力时，螺栓承载力应取_____的较小值。

(14) 普通螺栓群承受弯矩作用时，螺栓群绕_____旋转，高强螺栓群承受弯矩作用时，螺栓群绕_____旋转。

(15) 高强度螺栓根据螺栓受力性能分_____和_____。

(16) 轴心受拉构件的承载力极限状态是以_____为极限状态的。

(17) 焊接工字形梁腹板高厚比 $\dfrac{h_0}{t_w} > 170\sqrt{\dfrac{235}{f_y}}$ 时，为保证腹板不发生局部失稳，应设置_____和_____。

(18) 对于缀条式格构柱，单肢不失稳的条件是_____。

(19) 组合梁的局部稳定性公式是按_____和_____原则确定的。

(20) 设计梁时，应进行_____、_____、_____和_____，计算。

(21) 在工字形梁弯矩剪力都比较大的截面中，除了要验算正应力和剪应力外，还要在_____处验算折算应力。

(22) 单向受弯梁从_____变形状态转变为_____变形状态时的现象称为整体失稳。

(23) 梁整体稳定判别式 l_1/b_1, l_1 是_____, b_1 是_____。

(24) 梁腹板中，设置_____加劲肋对防止_____引起的局部失稳有效，设置_____加劲肋对防止_____引起的局部失稳有效。

(25) 按构造要求，组合梁腹板横向加劲肋间距不得小于_____。

(26) 对于直接承受动力荷载作用的实腹式偏心受力构件，其强度承载能力不考虑截面_____，计算强度的公式是 $\sigma = \dfrac{N}{A_n} \pm \dfrac{M_x}{W_{nx}} \leqslant f$。

(27) 实腹式偏心受压构件的整体稳定，包括弯矩_____的稳定和弯矩_____的稳定。

(28) 格构式压弯构件绕虚轴受弯时，以截面_____屈服为设计准则。

(29) 保证拉弯、压弯的刚度是验算其_____。

(30) 采用剪力螺栓连接时，为避免连接板冲剪破坏，构造上采取_____措施，为避免栓杆受弯破坏，构造上采取_____措施。

(31) 普通螺栓群承受弯矩作用时，螺栓群绕_____旋转。高强螺栓群承受弯矩作用时，螺栓群绕_____旋转。

(32) 柱脚中靴梁的主要作用是_____。

(33) 当工字形截面轴心受压柱的腹板高厚比 $h_0/t_w > (25+0.5\lambda)\sqrt{235/f_y}$ 时，可能_____。

(34) 格构式压弯构件绕虚轴弯曲时，除了计算平面内整体稳定外，还要对缀条式压弯构件的单肢按_____计算稳定性。

(35) 工字形截面的钢梁翼缘的宽厚比限值是根据_____而确定的，腹板的局部失稳准则是根据_____而确定的。

(36) 双肢缀条格构式压杆绕虚轴的换算长细比 $\lambda_{ox} = \sqrt{\lambda_x^2 + 27 A/A_1}$，其中 A_1 代表_____。

(37) 当对接焊缝无法采用引弧板施焊时，每条焊缝的长度计算时应减去_____。

(38) 直角角焊缝可分为垂直于构件受力方向的_____和平行于构件受力方向的_____。前者较后者的强度_____、塑性_____。

(39) 角焊缝的焊脚尺寸不宜大于较薄焊件厚度的_____倍(钢管结构除外)，但板件(厚度为 t)边缘的角焊缝最大焊脚尺寸，尚应符合下列要求：当 $t \leqslant 6mm$ 时，$h_{f,max}$ _____；当 $t > 6mm$ 时，$h_{f,max}$ _____。

2. 选择题

(1) 焊缝连接计算方法分为两类，它们是(　　)。

    A. 手工焊缝和自动焊缝　　　　　　B. 仰焊缝和俯焊缝

    C. 对接焊缝和角焊缝　　　　　　　D. 连续焊缝和断续焊缝

(2) 在图 12.13 所示的连接中，角钢肢尖上的角焊缝的焊脚尺寸 h_f 应满足(　　)。

    A. $h_{f\cdot min} = 1.5\sqrt{10} \leqslant h_f \leqslant h_{f\cdot max} = 1.2 \times 10$

B. $h_{f \cdot min} = 1.5\sqrt{12} \leq h_f \leq h_{f \cdot max} = 10 - (1 \sim 2)$

C. $h_{f \cdot min} = 1.5\sqrt{10} \leq h_f \leq h_{f \cdot max} = 1.2 \times 12$

D. $h_{f \cdot min} = 1.5\sqrt{12} \leq h_f \leq h_{f \cdot max} = 1.2 \times 10$

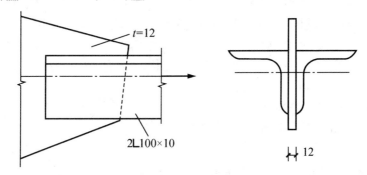

图 12.13　选择题(2)图

(3) 在弹性阶段，侧面角焊缝应力沿长度方向的分别为(　　)。

　　A. 均分分布　　　　　　　　　　B. 一端大、一端小

　　C. 两端大、中间小　　　　　　　D. 两端小、中间大

(4) 斜角焊缝主要用于(　　)。

　　A. 钢板梁　　　　B. 角钢桁架　　　　C. 钢管结构　　　　D. 薄壁型钢结构

(5) 未焊透的对接焊缝计算应按(　　)计算。

　　A. 焊透的坡口焊缝　　　　　　　B. 角焊缝

　　C. 断续焊缝　　　　　　　　　　D. 斜焊缝

(6) 钢结构连接中所使用的焊条应与被连接构件的强度相匹配，通常在被连接构件选用 Q345 时，焊条选用(　　)。

　　A. E55　　　　　　B. E50　　　　　　C. E43　　　　　　D. 前三种均可

(7) 产生焊接残余应力的主要因素之一是(　　)。

　　A. 钢材的塑性太低　　　　　　　B. 钢材的弹性模量太高

　　C. 焊接时热量分别不均　　　　　D. 焊缝的厚度太小

(8) 承受静力荷载的构件，当所用钢材具有良好的塑性时，焊接残余应力并不影响构件的(　　)。

　　A. 静力强度　　　B. 刚度　　　　　　C. 稳定承载力　　D. 疲劳强度

(9) 角焊缝的最小焊脚尺寸 $h_f = 1.5\sqrt{t}$，式中t表示(　　)。

　　A. 较薄板厚度　　　B. 较厚板厚度　　　C. 任意板厚

(10) 不需要验算对接焊缝强度的条件是斜焊缝的轴线和外力 N 之间的夹角 θ 满足(　　)。

　　A. $\tan\theta \leq 1.5$　　　B. $\tan\theta > 1.5$　　　C. $\theta \geq 70°$　　　D. $\theta < 70°$

(11) 角钢和钢板间用侧焊搭接连接。当角钢肢背与肢尖焊缝的焊脚尺寸和焊缝的长度都等同时，(　　)。

　　A. 角钢肢背的侧焊缝与角钢肢尖的侧焊缝受力相等

　　B. 角钢肢尖侧焊缝受力大于角钢胶背的侧焊缝

C. 角钢胶背的侧焊缝受力大于角钢股尖的侧焊缝

D. 由于角钢肢背和肢尖的侧焊缝受力不相等，因而连接受有弯矩的作用

(12) 在动荷载作用下，侧焊缝的计算长度不宜大于( )。

A. $60h_f$ B. $40h_f$ C. $80h_f$ D. $120h_f$

(13) 等肢角钢与钢板相连接时，胶背焊缝的内力分配系数为( )。

A. 0.7   B. 0.75   C. 0.65   D. 0.35

(14) 对于直接承受动力荷载的结构，计算正面直角焊缝时( )。

A. 要考虑正面角焊缝强度的提高

B. 要考虑焊缝刚度影响

C. 与侧面角焊缝的计算式相同

D. 取 $\beta_f = 1.22$

(15) 摩擦型高强度螺栓抗剪能力是依靠( )。

A. 栓杆的预拉力   B. 栓杆的抗剪能力

C. 被连接板件间的摩擦力   D. 栓杆被连接板件间的挤压力

(16) 承压型螺栓连接比摩擦型螺栓连接( )。

A. 承载力低，变形大   B. 承载力高，变形大

C. 承载力低，变形小   D. 承载力高，变形小

(17) 下列螺栓破坏属于构造破坏的是( )。

A. 钢板被拉坏   B. 钢板被剪坏   C. 螺栓被剪坏   D. 螺栓被拉坏

(18) 某角焊缝 T 形连接的两块钢板厚度分别为 8mm 和 10mm，合适的焊角尺寸为( )。

A. 4mm   B. 6 mm   C. 10mm   D. 12mm

(19) 排列螺栓时，若螺栓孔直径为 d_0，螺栓的最小端距应为( )。

A. $1.5d_0$ B. $2d_0$ C. $3d_0$ D. $8d_0$

(20) 采用手工电弧焊焊接 Q235 钢材时应采用( )焊条。

A. E43 型   B. E50 型   C. E55 型   D. 无正确答案

(21) 在承担静力荷载时，正面角焊缝强度比侧面角焊缝强度( )。

A. 高   B. 低   C. 相等   D. 无法判断

(22) 可不进行验算的对接焊缝是( )。

A. I 级焊缝   B. 当焊缝与作用力间的夹角 θ 满足 $\tan\theta \leq 1.5$ 时的焊缝

C. II 级焊缝   D. A、B、C 都正确

(23) 角焊缝的焊脚尺寸为 8mm，该焊缝的最小长度应为下列哪项数值？( )

A. 40mm   B. 64mm   C. 80mm   D. 90mm

(24) 某侧面角焊缝长度为 600 mm，焊脚为 8 mm，该焊缝的计算长度应为下列哪项？( )

A. 600mm   B. 584mm   C. 496mm   D. 480mm

(25) 下列哪项属于螺栓连接的受力破坏？( )

A. 钢板被剪断   B. 螺栓杆弯曲

C. 螺栓杆被拉   D. C 级螺栓连接滑移

(26) 对于高强度螺栓摩擦型连接，由于栓杆中有较大的预应力，所以高强度螺栓摩擦型连接(　　)。

　　A. 不能再承担外应力，以免栓杆被拉断

　　B. 不能再承担外拉力，以免降低连接的抗剪承载力

　　C. 可以承载外应力，因为栓杆中的拉力并未增加

　　D. 可以承担外应力，但需限制栓杆拉力的增加值

(27) 某承受轴向力的侧面角焊缝的焊缝长度为 300mm，焊脚尺寸为 6mm，$f_f^w = 160\text{N/mm}^2$，该焊缝能承受的最大动荷载为(　　)。

　　A. 100.8kN　　　　B. 151.2kN　　　　C. 201.6kN　　　　D. 245.9kN

(28) 普通螺栓抗剪工作时，要求被连接构件的总厚度小于螺栓直径的 5 倍是防止(　　)。

　　A. 螺栓杆剪切破坏　　　　　　　　B. 钢板被切坏

　　C. 板件挤压破坏　　　　　　　　　D. 栓杆弯曲破坏

(29) 单个螺栓的承压承载力中 $[N_c^b] = d\sum t \cdot f_c^b$，其中 $\sum t$ 为 (　　)。

　　A. $a+b+c$　　　　　　　　　　　B. $b+d$

　　C. $\max(a+c+e, b+d)$　　　　　D. $\min(a+c+e, b+d)$

(30) 每个受剪拉作用的摩擦型高强度螺栓所受的拉力应低于其预拉力的(　　)。

　　A. 1.0 倍　　　　B. 0.5 倍　　　　C. 0.8 倍　　　　D. 0.7 倍

(31) 摩擦型高强度螺栓连接与承压型高强度螺栓连接的主要区别是(　　)。

　　A. 摩擦面处理不同　　　　　　　　B. 材料不同

　　C. 预拉力不同　　　　　　　　　　D. 设计计算不同

(32) 承压型高强度螺栓可用于(　　)。

　　A. 直接承受动力荷载

　　B. 承受反复荷载作用的结构的连接

　　C. 冷弯薄壁型钢结构的连接

　　D. 承受静力荷载或间接承受动力荷载结构的连接

(33) 一个普通剪力螺栓在抗剪连接中的承载力是(　　)。

　　A. 螺杆的抗剪承载力　　　　　　　B. 被连接构件(板)的承压承载力

　　C. 前两者中的较大值　　　　　　　D. A、B 中的较小值

(34) 摩擦型高强度螺栓在杆轴方向受拉的连接计算时，(　　)。

　　A. 与摩擦面处理方法有关　　　　　B. 与摩擦面的数量有关

　　C. 与螺栓直径有关　　　　　　　　D. 与螺栓性能等级无关

(35) 图 12.14 所示为粗制螺栓连接，螺栓和钢板均为 Q235 钢，则该连接中螺栓的受剪面有(　　)。

　　A. 1 个　　　　B. 2 个　　　　C. 3 个　　　　D. 不能确定

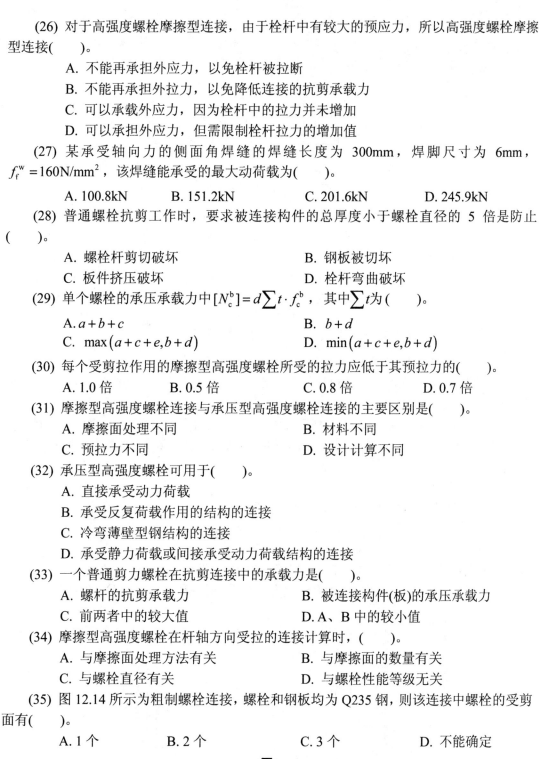

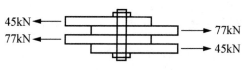

图 12.14　选择题(35)图

建筑结构学习指导与技能训练
(下册)

(36) 粗制螺栓连接，螺栓和钢板均为 Q235 钢，连接板厚度如图 12.15 所示，则该连接中承压板厚度为(　　)mm。

A. 10　　　　　　B. 20　　　　　　C. 30　　　　　　D. 40

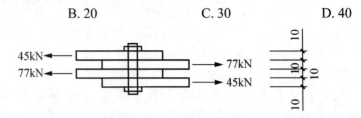

图 12.15　选择题(36)图

(37) 普通螺栓和承压型高强螺栓受剪连接的五种可能破坏形式是: Ⅰ.螺栓剪断；Ⅱ.孔壁承压破坏；Ⅲ.板件端部剪坏；Ⅳ.板件拉断；Ⅴ.螺栓弯曲变形。其中(　　)形式是通过计算来保证的。

A. Ⅰ，Ⅱ，Ⅲ　　B. Ⅰ，Ⅱ，Ⅳ　　　C. Ⅰ，Ⅱ，Ⅴ　　　D. Ⅱ，Ⅲ，Ⅳ

(38) 一宽度为 b、厚度为 t 的钢板上有一直径为 d_0 的孔,则钢板的净截面面积为(　　)。

A. $A_n = b \times t - \dfrac{d_0}{2} \times t$　　　　　　　B. $A_n = b \times t - \dfrac{\pi d_0^2}{4} \times t$

C. $A_n = b \times t - d_0 \times t$　　　　　　　　D. $A_n = b \times t - \pi d_0 \times t$

(39) 剪力螺栓在破坏时，若栓杆细而连接板较厚，易发生(　　)破坏；若栓杆粗而连接板较薄，易发生(　　)破坏。

A. 栓杆受弯破坏　B. 构件挤压破坏　　　C. 构件受拉破坏　　D. 构件冲剪破坏

(40) 如图 12.16 所示，在正常情况下，根据普通螺栓群连接设计的假定，在 $M \neq 0$ 时，构件(　　)。

A. 必绕形心 d 转动

B. 绕哪根轴转动与 N 无关，仅取决于 M 的大小

C. 绕哪根轴转动与 M 无关，仅取决于 N 的大小

D. 当 $N = 0$ 时，必绕 c 转动

(41) 高强螺栓连接受一外力 T 作用时(图 121.17)，螺栓受力为(　　)。

A. $P_f = P + T$　　B. $P_f = P + 0.8T$　　C. $P_f = P + 0.09T$　　D. $P_f = P$

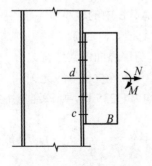

图 12.16　选择题(40)图

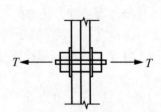

图 12.17　选择题(41)图

(42) 轴压柱在两个主轴方向等稳定的条件是(　　)。

A. 杆长相等　　　　　　　　　　　　B. 计算长度相等

C. 长细比相等   D. 截面几何尺寸相等

(43) 实腹式组合工字形截面柱翼缘的宽厚比限值是(　　)。

A. $(10+0.1\lambda)\sqrt{\dfrac{235}{f_y}}$　　　　B. $(25+0.5\lambda)\sqrt{\dfrac{235}{f_y}}$

C. $15\sqrt{\dfrac{235}{f_y}}$　　　　D. $80\sqrt{\dfrac{235}{f_y}}$

(44) 为保证格构式构件单肢的稳定承载力,应(　　)。

A. 控制肢间距   B. 控制截面换算长细比

C. 控制单肢长细比   D. 控制构件计算长度

(45) 验算工字形组合截面轴心受压构件翼缘和腹板的局部稳定时,计算公式中的长细比为(　　)。

A. 绕强轴的长细比   B. 绕弱轴的长细比

C. 两方向长细比的较大值   D. 两方向长细比的较小值

(46) 格构柱设置横隔的目的是(　　)。

A. 保证柱截面几何形状不变   B. 提高柱抗扭刚度

C. 传递必要的剪力   D. 上述三种都是

(47) 计算长度一定的轴心压杆回转半径增大,其稳定承载力(　　)。

A. 提高   B. 降低   C. 不变   D. 不能确定

(48) 轴压柱脚设计中采用锚栓的目的是(　　)。

A. 承受柱底的弯矩   B. 承受柱底的剪力

C. 承受柱底的轴力   D. 便于柱子安装定位

(49) 实腹式组合工字形截面轴压柱腹板的宽厚比限值是(　　)。

A. $(10+0.1\lambda)\sqrt{\dfrac{235}{f_y}}$　　　　B. $(25+0.5\lambda)\sqrt{\dfrac{235}{f_y}}$

C. $15\sqrt{\dfrac{235}{f_y}}$　　　　D. $40\sqrt{\dfrac{235}{f_y}}$

(50) 轴心受压柱的柱脚,底板厚度的计算依据是底板的(　　)。

A. 抗压工作   B. 抗拉工作   C. 抗弯工作   D. 抗剪工作

(51) 格构式轴压构件绕虚轴的稳定计算采用了大于λ_x的换算长细比λ_{ox}是考虑(　　)。

A. 格构构件的整体稳定承载力高于同截面的实腹构件

B. 强度降低的影响

C. 单肢失稳对构件承载力的影响

D. 剪切变形的影响

(52) 为保证格构式构件单肢的稳定承载力,应(　　)。

A. 控制肢间距   B. 控制截面换算长细比

C. 控制单肢长细比   D. 控制构件计算长度

(53) 实腹式轴心受拉构件计算的内容有(　　)。

A. 强度   B. 强度和整体稳定性

C. 强度、局部稳定和整体稳定   D. 强度、刚度(长细比)

(54) 为防止钢构件中的板件失稳采取加劲措施,这一做法是为了(   )。

    A. 改变板件的宽厚比   B. 增大截面面积

    C. 改变截面上的应力分布状态   D. 增加截面的惯性矩

(55) 轴心压杆构件采用冷弯薄壁型钢或普通型钢,其稳定性计算(   )。

    A. 完全相同   B. 仅稳定系数取值不同

    C. 仅面积取值不同   D. 完全不同

(56) 格构式轴心受压柱缀材的计算内力随(   )的变化而变化。

    A. 缀材的横截面积   B. 柱的计算长度

    C. 缀材的种类   D. 柱的横截面面积

(57) 工字形截面受压构件的腹板高度与厚度之比不能满足按全腹板进行计算的要求时,(   )。

    A. 可在计算时仅考虑腹板两边缘各 $20t_w\sqrt{\dfrac{235}{f_y}}$ 的部分截面参加承受荷载

    B. 必须加厚腹板

    C. 必须设置纵向加劲肋

    D. 必须设置横向加劲肋

(58) 实腹式轴压杆绕 x, y 轴的长细比分别为 λ_x, λ_y,对应的稳定的系数分别为 f_x, f_y,若 $\lambda_x = \lambda_y$,则(   )。

    A. $f_x > f_y$ B. $f_x = f_y$

    C. $f_x < f_y$ D. 需要根据稳定性分类判别

(59) 在下列因素中,(   )对压杆的弹性屈曲承载力影响不大。

    A. 压杆的残余应力分布   B. 构件的初始几何形状偏差

    C. 材料的屈服点变   D. 荷载的偏心大小

(60) 长细比较小的十字形轴压构件易发生的屈曲形式是(   )。

    A. 弯曲   B. 扭曲   C. 弯扭屈曲   D. 斜平面屈曲

(61) 与轴压杆稳定承载力无关的因素是(   )。

    A. 杆端的约束状况   B. 残余应力

    C. 构件的初始偏心   D. 钢材中有益金属元素的含量

(62) 轴压构件丧失整体稳定是由(   )。

    A. 个别截面的承载力不足造成的   B. 个别截面的刚度不足造成的

    C. 整个构件承载力不足造成的   D. 整个构件刚度不足造成的

(63) 单轴对称的轴心受压拄,绕对称轴发生屈曲的形式是(   )。

    A. 弯曲屈曲   B. 扭转屈曲   C. 弯扭屈曲   D. 三种屈曲均可能

(64) 与轴心受压构件的稳定系数 ϕ 有关的因素是(   )。

    A. 截面类别、钢号、长细比   B. 截面类别、计算长度系数、长细比

    C. 截面类别、两端连接构造、长细比   D. 截面类别、两个方向的长度、长细比

(65) 由两槽钢组成的格构式轴压缀条柱，为提高虚轴方向的稳定承载力应(　　)。

  A. 加大槽钢强度   B. 加大槽钢间距

  C. 减小缀条截面积   D. 增大缀条与分肢的夹角

(66) 以下截面中抗扭性能较好的是(　　)。

  A. 槽钢截面   B. 工字形截面   C. T 形截面   D. 箱形截面

(67) 某轴心受拉构件，截面积为 $1400\,mm^2$，承受轴拉力 $N=300kN$，该杆截面上的应力是(　　)。

  A. $120\,N/mm^2$ B. $200.2\,N/mm^2$ C. $214.3\,N/mm^2$ D. $215\,N/mm^2$

(68) $N/\varphi A \leqslant f$ 的物理意义是(　　)。

  A. 构件截面平均应力不超过钢材抗压强度设计值

  B. 构件截面最大应力不超过构件欧拉临界应力设计值

  C. 构件截面平均应力不超过构件欧拉临界应力设计值

  D. 轴心压力设计值不超过构件稳定极限承载力设计值

(69) 格构式轴压柱等稳定的条件是(　　)。

  A. 实轴计算长度等于虚轴计算长度

  B. 实轴计算长度等于虚轴计算长度的 2 倍

  C. 实轴长细比等于虚轴长细比

  D. 实轴长细比等于虚轴换算长细比

(70) 格构式柱中缀材的主要作用是(　　)。

  A. 保证单肢的稳定   B. 承担杆件虚轴弯曲时产生的剪力

  C. 连接肢件   D. 保证构件虚轴方向的稳定

(71) 某承受轴拉力的钢板，宽250mm，厚 10mm，钢板沿宽度方向有两个直径为 21.5mm 的螺栓孔，钢板承受的拉力设计值为 400kN，钢板截面上的拉应力最接近下列哪项？(　　)

  A. $160N/mm^2$ B. $193N/mm^2$ C. $215N/mm^2$ D. $254N/mm^2$

(72) 下列关于稳定的说法哪种正确？(　　)

  A. 压杆失稳是因为杆中部的应力超过了钢材的强度

  B. 压杆失稳是压力使刚度减小并消失的过程

  C. 压杆失稳是因为杆件有缺陷

  D. 压杆失稳时屈曲的形式是弯曲

(73) 受拉构件按强度计算极限状态是(　　)。

  A. 净截面的平均应力达到钢材的抗拉强度 f_u

  B. 毛截面的平均应力达到钢材的抗拉强度 f_u

  C. 净截面的平均应力达到钢材的屈服强度 f_y

  D. 毛截面的平均应力达到钢材的屈服强度 f_y

(74) 设轴心受压柱 a、b、c 三类截面的稳定系数分别为 φ_a、φ_b、φ_c，则在长细比相同的情况下，它们的关系为(　　)。

  A. $\phi_a \leqslant \phi_b \leqslant \phi_c$ B. $\phi_b \leqslant \phi_c \leqslant \phi_a$

  C. $\phi_c \leqslant \phi_b \leqslant \phi_a$

(75) 梁整体失稳的方式是(　　)。

    A. 弯曲失稳   B. 扭转失稳   C. 剪切失稳   D. 弯扭失稳

(76) 计算直接承受动力荷载的工字形截面梁抗弯强度时，γ_x 取值为(   )。

    A. 1.0   B. 1.05   C. 1.15   D. 1.2

(77) 支承加劲肋进行稳定计算时，计算面积应包括加劲肋两端一定范围内的腹板面积，该范围是(   )。

    A. $15t_w\sqrt{\dfrac{235}{f_y}}$ B. $13t_w\sqrt{\dfrac{235}{f_y}}$ C. $13t_w\sqrt{\dfrac{f_y}{235}}$ D. $15t_w\sqrt{\dfrac{f_y}{235}}$

(78) 焊接组合梁腹板中，布置横向加劲肋可防止(   )引起的局部失稳；布置纵向加劲肋可防止(   )引起的局部失稳。

    A. 剪应力   B. 弯曲应力   C. 复合应力   D. 局部压应力

(79) 计算梁的抗弯强度 $M_x/(\gamma_x W_{nx})\leqslant f\ (\gamma_x>1.0)$，与此相应的翼缘外伸肢宽厚比不应超过(   )。

    A. $15\sqrt{235/f_y}$ B. $13\sqrt{235/f_y}$

    C. $(10+0.1\lambda)\sqrt{235/f_y}$ D. $(25+0.5)\sqrt{235/f_y}$

(80) 焊接工字形截面梁腹板上配置横向加劲肋的目的是(   )。

    A. 提高梁的抗剪强度   B. 提高梁的抗弯强度

    C. 提高梁的整体稳定性   D. 提高梁的局部稳定性

(81) 计算梁的(   )时，应用净截面的几何参数。

    A. 正应力   B. 剪应力   C. 整体稳定   D. 局部稳定

(82) 梁腹板的高厚比 $80<\dfrac{h_0}{t_w}<170$ 时，应设置(   )。

    A. 横向加劲肋   B. 纵向加劲肋   C. 纵横向加劲肋   D. 短加劲肋

(83) 下列梁不必验算整体稳定性的是(   )。

    A. 焊接工字形截面   B. 箱形截面梁

    C. 型钢梁   D. 有刚性铺板的梁

(84) 下列哪项措施对提高梁的稳定承载力有效？(   )

    A. 加大梁侧向支撑点间距   B. 减小梁翼缘板的宽度

    C. 提高钢材的强度   D. 提高梁截面的抗扭刚度

(85) 对直接承受动荷载的钢梁，其工作阶段为(   )。

    A. 弹性阶段   B. 弹塑性阶段   C. 塑性阶段   D. 强化阶段

(86) 整体失稳的方式是(   )。

    A. 弯曲失稳   B. 扭转失稳   C. 剪切失稳   D. 弯扭失稳

(87) 梁的刚度不足产生的后果为(   )。

    A. 不满足承载力的要求   B. 不满足使用要求

    C. 耐久性较差   D. 易脆性破坏

(88) 配置加劲肋是提高梁腹板局部稳定的有效措施，当 $\dfrac{h_0}{t_w}>170\sqrt{\dfrac{235}{f_y}}$ 时，(   )。

    A. 只可能发生剪切失稳，应配置横向加劲肋

B. 只可能发生弯曲失稳，应配置纵向加劲肋

C. 剪切失稳与弯曲失稳均可能发生，应同时配置纵向加劲肋与横向加劲肋

D. 不会失稳，不必配置加劲肋

(89) 梁的支承加劲肋应设在(　　　)。

A. 弯矩较大的区段　　　　　　　　B. 剪力较大的区段

C. 有固定集中荷载的部位　　　　　D. 有吊车轮压的部位

(90) 钢结构梁计算公式 $\sigma = \dfrac{M_x}{\gamma_x W_{nx}}$ 中 γ_x (　　　)。

A. 与材料强度有关　　　　　　　　B. 是极限弯矩与边缘屈服弯矩之比

C. 表示截面部分进入塑性　　　　　D. 与梁所受荷载有关

(91) 工字形或箱形截面梁、柱的局部稳定是通过(　　　)实现的。

A. 控制板件的边长比和加大板件的宽(厚)度

B. 控制板件的应力值和减小板件的厚度

C. 控制板件的宽(高)厚比和增设板件的加劲肋

D. 控制板件的宽(高)厚比和加大板件的厚度

(92) 为了提高梁的整体稳定性，(　　　)是最经济有效的办法。

A. 增大截面　　　　　　　　　　　B. 增加侧向支撑点，减少 l_1

C. 设置横向加劲肋　　　　　　　　D. 改变荷载作用的位置

(93) 当梁上有固定较大集中荷载作用时，其作用点处应(　　　)。

A. 设置支承加劲肋　　　　　　　　B. 设置横向加劲肋

C. 减少腹板宽度　　　　　　　　　D. 增加翼缘的厚度

(94) 钢梁腹板局部稳定采用(　　　)准则。

A. 腹板局部屈曲应力与构件整体屈曲应力相等

B. 腹板实际应力不超过腹板屈曲应力

C. 腹板实际应力不小于板的屈服应力

D. 腹板局部临界应力不小于钢材屈服应力

(95) 如图 12.18 所示钢梁，因整体稳定要求，需在跨中设侧向支点，其位置以(　　　)为最佳方案。

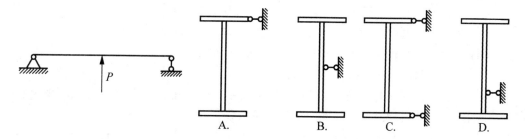

图 12.18　选择题(95)图

(96) 简支组合梁的截面改变处需要验算折算应力是因为该处(　　)。

    A. 截面有削弱   B. 有焊缝存在

    C. 有应力集中   D. 弯曲正应力和剪应力较大

(97) 分析焊接工字形钢梁腹板局部稳定时，腹板与翼缘相接处可简化为(　　)。

    A. 自由边   B. 简支边

    C. 固定边   D. 有转动约束的支承边

(98) (　　)对提高工字形截面的整体稳定性作用最小。

    A. 增加腹板厚度   B. 约束梁端扭转

    C. 设置平面外支承   D. 加宽梁翼缘

(99) 双轴对称截面梁，其强度刚好满足要求，而腹板在弯曲应力下有发生局部失稳的可能，下列方案比较，应采用(　　)。

    A. 在梁腹板处设置纵、横向加劲肋

    B. 在梁腹板处设置横向加劲肋

    C. 在梁腹板处设置纵向加劲肋

    D. 沿梁长度方向在腹板处设置横向水平支撑

(100) 一焊接工字形截面简支梁，材料为 Q235，f_y =235N/mm^2 梁上为均布荷载作用，并在支座处已设置支承加劲肋，梁的腹板高度和厚度分别为 900mm 和 12mm，若考虑腹板稳定性，则(　　)。

    A. 布置纵向和横向加劲肋

    B. 无须布置加劲肋

    C. 按构造要求布置加劲肋

    D. 按计算布置横向加劲肋

(101) 梁的横向加劲肋应设置在(　　)。

    A. 弯曲应力较大的区段   B. 剪应力较大的区段

    C. 有较大固定集中力的部位   D. 有吊车轮压的部位

(102) 支撑加劲肋应验算的内容是(　　)。

    A. 抗拉强度   B. 抗剪强度   C. 稳定承载力   D. 挠度

(103) 某焊接工字形截面梁，翼缘板宽 250mm，厚 18 mm，腹板高 600 mm，厚 10 mm，钢材 Q235，进行受弯计算时钢材的强度应为(　　)。

    A. $f = 235kN/mm^2$ B. $f = 215kN/mm^2$

    C. $f = 205kN/mm^2$ D. $f = 125kN/mm^2$

(104) 某教学楼屋面梁，其工作应处于下列哪个工作阶段？(　　)

    A. 弹性阶段   B. 弹塑性阶段   C. 塑性阶段   D. 强化阶段

(105) 某焊接工字形截面梁，翼缘板宽 250 mm，厚 10 mm，腹板高 200 mm，厚 6 mm，该梁承受静荷载，钢材 Q345，其截面塑性发展系数 γ_x 为(　　)。

    A. 1.05   B. 1.0   C. 1.2   D. 1.17

(106) 钢结构压弯构件的设计一般应进行哪几项内容的计算？(　　)

    A. 强度、弯矩作用平面内的整体稳定性、局部稳定、变形

    B. 弯矩作用平面内的整体稳定性、局部稳定、变形、长细比

C. 强度、弯矩作用平面内及平面外的整体稳定性、局部稳定、变形

D. 强度、弯矩作用平面内及平面外的整体稳定性、局部稳定、长细比

(107) 实腹式压弯构件在弯矩作用平面外屈曲形式是(　　)。

　　A. 弯曲变形　　　　　　　　　　　　　B. 扭转变形

　　C. 弯扭变形　　　　　　　　　　　　　D. 三种变形均有可能

(108) 两端铰接、单轴对称的 T 形截面压弯构件，弯矩作用在截面对称轴平面并使翼缘受压。可用(　　)等公式进行计算。

I. $\dfrac{N}{\varphi_x A}+\dfrac{\beta_{mx}M_x}{\gamma_x W_{1x}(1-0.8N/N'_{Ex})}\le f$　　II. $\dfrac{N}{\varphi_y A}+\eta\dfrac{\beta_{tx}M_x}{\varphi_b W_{1x}}\le f$

III. $\left|\dfrac{N}{A}+\dfrac{\beta_{mx}M_x}{\gamma_{2x}W_{2x}(1-1.25N/N'_{Ex})}\right|\le f$　　IV. $\dfrac{N}{\varphi_x A}+\dfrac{\beta_{mx}M_x}{W_{1x}(1-\varphi_x N/N'_{Ex})}\le f$

A. I、II、III　　　　B. II、III、IV　　　　C. I、II、IV　　　　D. I、III、IV

(109) 单轴对称实腹式压弯构件整体稳定计算公式 $\dfrac{N}{\varphi_x A}+\dfrac{\beta_{mx}M_x}{\gamma_x W_{1x}(1-0.8N/N'_{Ex})}\le f$ 和

$\left|\dfrac{N}{A}+\dfrac{\beta_{mx}M_x}{\gamma_{2x}W_{2x}(1-1.25N/N'_{Ex})}\right|\le f$ 中的 g_x、W_{1x}、W_{2x} 取值为(　　)。

　　A. W_{1x} 和 W_{2x} 为单轴对称截面绕非对称轴较大和较小翼缘最外纤维的毛截面抵抗矩，g_x 值也不同

　　B. W_{1x} 和 W_{2x} 为较大和较小翼缘最外纤维的毛截面抵抗矩，g_x 值也不同

　　C. W_{1x} 和 W_{2x} 为较大和较小翼缘最外纤维的毛截面抵抗矩，g_x 值相同

　　D. W_{1x} 和 W_{2x} 为单轴对称截面绕非对称轴较大和较小翼缘最外纤维的毛截面抵抗矩，g_x 值相同

(110) 设计采用大型屋面板的梯形钢屋架下弦杆截面时，如节间距为 l，其屋架平面内的计算长度应取(　　)。

　　A. $0.8l$　　　　　　　　　　　　　　　B. l

　　C. 侧向支撑点间距　　　　　　　　　　D. 屋面板宽度的两倍

(111) 如轻型钢屋架上弦杆的节间距为 l，其平面外长细比应取(　　)。

　　A. l　　　　　　B. $0.8l$　　　　　　C. $0.9l$　　　　　　D. 侧向支撑点间距

(112) 梯形屋架的端斜杆和受较大节间荷载作用的屋架上弦杆的合理截面形式是两个(　　)。

　　A. 等肢角钢相连　　　　　　　　　　　B. 不等肢角钢相连

　　C. 不等肢角钢长肢相连　　　　　　　　D. 等肢角钢十字相连

(113) 梯形屋架下弦杆常用截面形式是两个(　　)。

　　A. 不等边角钢短边相连，短边尖向下

　　B. 不等边角钢短边相连，短边尖向上

　　C. 不等边角钢长边相连，长边尖向下

　　D. 等边角钢相连

(114) 十字交叉形柱间支撑，采用单角钢且两杆在交叉点不中断，支撑节点中心间距离(交叉点不作为节点)为 l，按拉杆设计时，支撑平面外的计算长度应为下列何项？(　　)

  A. 0.5l B. 0.7 l C. 0.9 l D. l

(115) 钢屋架节点板厚度一般根据所连接的杆件内力的大小确定，但不得小于(　　)mm。

  A. 2   B. 3   C. 4   D. 6

(116) 当桁架杆件用节点板连接并承受静力荷载时，弦杆与腹杆、腹杆与腹杆之间的间隙不宜小于(　　)mm。

  A. 10   B. 20   C. 30   D. 40

(117) 两端简支且跨度(　　)的三角形屋架，当下弦无曲折时宜起拱，起拱高度一般为跨度的1/500。

  A. ≥15m   B. ≥24m   C. >15m   D. >24m

(118) 屋架设计中，积灰荷载应与(　　)同时考虑。

  A. 屋面活荷载

  B. 雪荷载

  C. 屋面活荷载和雪荷载两者中的较大值

  D. 屋面活荷载和雪荷载

(119) 屋架中，双角钢十字形截面端竖杆的斜平面计算长度为(　　)(设杆件几何长度为 l)。

  A. l B. 0.8l C. 0.9l D. 2l

(120) 梯形屋架端斜杆最合理的截面形式是(　　)。

  A. 两不等边角钢长边相连的 T 形截面

  B. 两不等边角钢短边相连的 T 形截面

  C. 两等边角钢相连的 T 形截面

  D. 两等边角钢相连的十字形截面

3. 判断题

(1) 组合工字形梁翼缘与腹板的焊缝按构造确定。 (　　)

(2) 在固定集中处，钢梁设置横向加劲肋后，不需要验算局部承压。 (　　)

(3) 承受均布荷载的钢梁除支座处外，不需要考虑局部承压问题。 (　　)

(4) 承受均布荷载的钢梁，在验算腹板局部稳定时 $\sigma_c = 0$。 (　　)

(5) 组合工字形等截面简支梁，如按公式计算得 $\varphi_b \geq 1.0$，则该梁整体稳定得到保证。

  (　　)

(6) 在集中荷载处设置横向加劲肋的一般焊接组合梁，在验算腹板局部稳定时取 $\sigma_c = 0$。 (　　)

(7) 某轧制工字形截面简支梁，查表得 $\varphi_b \geq 1.0$，则该梁整体稳定得到保证。

  (　　)

(8) 轧制工字形钢梁不需要验算折算应力。 (　　)

(9) 轧制 H 型钢梁不需要验算局部承压。 (　　)

(10) 验算折算应力时强度设计值增大系数 β_1 的取值与验算点的应力状态有关。( )

(11) 验算折算应力时强度设计值增大系数 β_1，当 σ 与 σ_c 同号时取 1.1，当 $\sigma_c=0$ 时也取 1.1。

( )

(12) 剪切中心的位置仅与截面形式和尺寸有关，与外荷载无关。 ( )

(13) 只要工字形梁截面的翼缘自由长度 l_1 与其宽度 b_1 之比不超过规范规定的限值，就能保证梁的整体稳定性。 ( )

(14) 加强工字形截面的受压翼缘有利于提高梁的整体稳定性。 ( )

(15) 轧制型钢梁因板件宽厚比较小，不必计算局部稳定。 ( )

(16) 只要梁的翼缘上密铺刚性板并与其牢固连接，就能保证梁的整体稳定性。 ( )

(17) 采用引弧板可使角焊缝的计算长度等于焊缝的几何长度。 ( )

(18) 当两构件搭接连接时可采用对接焊缝连接。 ( )

(19) 对接焊缝的计算长度就是焊缝的几何长度。 ( )

(20) 板件(厚度为 t)边缘角焊缝的最大焊脚尺寸为 1.2t。 ( )

(21) 焊接连接是当前钢结构最主要的连接方式。 ( )

(22) 手工电弧焊和自动或半自动电弧焊采用的焊接材料都是焊条。 ( )

(23) 当构件仅用两边侧缝连接时，每条侧缝长度不宜小于两侧缝之间的距离。 ( )

(24) 采用引弧板可使角焊缝连接达到与被连接构件等强度。 ( )

(25) 对接焊缝的计算长度总是等于焊缝几何长度减去 10 mm。 ( )

(26) 对接焊缝和角焊缝都可用于 T 形连接中。 ( )

(27) 对接焊缝的计算长度应满足规形规定的最大和最小计算长度。 ( )

(28) 对接焊缝和角焊缝的截面型式不同。 ( )

(29) 手工电弧焊的角焊缝焊脚尺寸 h_f 应满足 $h_f \geqslant 1.5\sqrt{t}$，$h_f \leqslant 1.2t$。 ( )

(30) 端焊缝受力情况较复杂，因此端焊缝的强度小于侧焊缝强度。 ( )

(31) 高强螺栓摩擦型连接的承载力与螺栓孔壁的承压强度有关。 ( )

(32) 普通螺栓的抗拉设计强度就是螺栓材料的抗拉设计强度。 ( )

(33) 螺栓连接一般需要拼接构件或被连接构件需要搭接，所以构件上螺栓孔不会降低构件的承载力。 ( )

(34) 承压型高强螺栓连接同普通螺栓连接一样，依靠螺杆抗剪及螺杆和螺孔之间的承压来受力。 ( )

(35) 高强螺栓连接受剪时，承压型比摩擦型变形大。 ( )

(36) 普通螺栓群受弯矩和轴心力共同作用时，假定中和轴在受拉最小一排螺栓处。

( )

(37) 高强螺栓群受弯矩和轴心力共同作用时，假定中和轴在螺栓形心处。 ( )

(38) 普通螺栓群受弯矩作用时，假定中和轴在拉力最小一排螺栓处。 ( )

(39) 受剪螺栓群在扭矩和轴心力共同作用下，高强螺栓的受力计算与普通螺栓相同。

( )

(40) 对同一条角焊缝，当静力荷载作用方向不同时，其焊缝强度可能不同。 ( )

4. 简答题

(1) 轴心受压构件设计中的等稳定性原则指什么？

(2) 影响梁整体稳定的主要因素有哪些？

(3) 哪些情况才需要验算梁的折算应力？验算点在梁的截面上何处？

(4) 试说明什么情况下需设置何种间隔加劲肋，并说明其主要作用。

(5) 在何种情况下，等截面 H 型钢或工字形截面简支梁不用计算就能保证梁的整体稳定性？

(6) 螺栓在钢板上应怎样排列合理？

(7) 轴心受压构件的稳定承载力与哪些因素有关？

(8) 格构式和实腹式轴心受压构件临界力的确定有什么不同？双肢缀条式和双肢缀板式柱的换算长细比的计算公式是什么？为什么对虚轴用换算长细比？

(9) 钢结构的连接方式有几种？各有何特点？

(10) 钢梁的工厂拼接与工地拼接各有什么要求？

(11) 轴心受压构件整体失稳的形式是怎样的？与哪些因素有关？

(12) 高强螺栓连接有几种类型？其性能等级分哪几级？并解释符号的含义。

(13) 螺栓在构件上的排列有几种形式？应满足什么要求？最小的栓距和端距分别是多少？

(14) 选择轴心受压实腹柱的截面时应考虑哪些原则？

(15) 格构式轴压柱应满足哪些要求，才能保证单肢不先于整体失稳？

(16) 为保证梁腹板的局部稳定，应按哪些规定配置加劲肋？

(17) 角焊缝的最大焊脚尺寸、最小焊脚尺寸、最大计算长度及最小计算长度有那些规定？

(18) 普通螺栓和摩擦型高强度螺栓在承受轴心剪力时主要区别是什么？

(19) 在受剪连接验算开孔对构件截面的削弱影响时，摩擦型高强螺栓与普通螺栓比较哪个影响小？为什么？

(20) 普通螺栓受剪时，有哪几种破坏形式？设计上是如何考虑的？

5. 计算题

(1) 试验算图 12.19 所示钢板的对接焊缝的强度。图中 $b = 540\text{mm}$，$t = 22\text{mm}$，轴心力的设计值为 $N = 2150\text{kN}$。钢材为 Q235-B，手工焊，焊条为 E43 型，三级检验标准的焊缝，施焊时加引弧板。

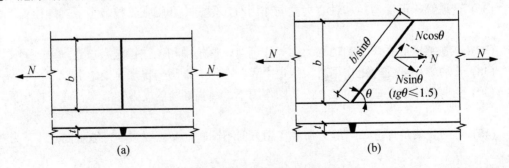

图 12.19　计算题(1)图

(2) 图 12.20 所示角焊缝连接，承受外力 $N = 500\text{kN}$ 的静载，$h_f = 8\text{mm}$，$f_f^w = 160\text{N/mm}^2$，没有采用引弧板，验算该连接的承载力。

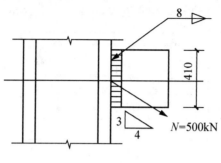

图 12.20　计算题(2)图

(3) 计算图 12.21 所示角焊缝连接中的 h_f。已知承受动荷载，钢材为 Q235-BF，焊条为 E43 型，$f_f^w = 160\text{N/mm}^2$，偏离焊缝形心的两个力 $F_1 = 180\text{kN}$，$F_2 = 240\text{kN}$，图中尺寸单位为 mm，有引弧板。

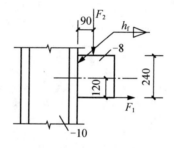

图 12.21　计算题(3)图

(4) 计算图 12.22 所示连接的焊缝长度。已知 $N=900\text{kN}$(静力荷载设计值)，手工焊，焊条为 E43 型，$h_f = 10\text{mm}$，$f_f^w = 160\text{N/mm}^2$。

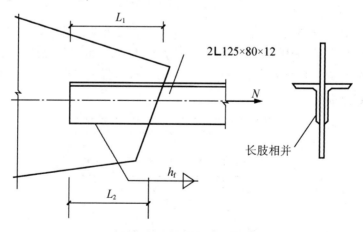

图 12.22　计算题(4)图

(5) 图 12.23 所示为一螺栓连接，钢材为 Q235-BF，普通粗制螺栓(C 级)直径 $d = 24\text{mm}$，孔径 $d_0 = 24.5\text{mm}$，轴心力设计值 $F = 650\text{kN}$，螺栓抗剪强度设计值 $f_v^b = 140\text{N/mm}^2$，承压强度设计值 $f_c^b = 305\text{N/mm}^2$，钢板抗拉强度设计值 $f = 215\text{N/mm}^2$。问该连接是否安全。

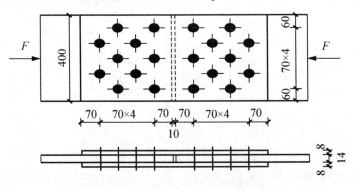

图 12.23　计算题(5)图

(6) 图 12.24 所示螺栓连接，钢材为 Q235-BF，普通粗制螺栓直径 $d = 20\text{mm}$，孔径 $d_0 = 21.5\text{mm}$，螺栓抗剪强度设计值 $f_v^b = 140\text{N/mm}^2$，承压强度设计值 $f_c^b = 305\text{N/mm}^2$，钢板抗拉强度设计值 $f = 215\text{N/mm}^2$，求此连接的最大轴心承载力 F_{max}。

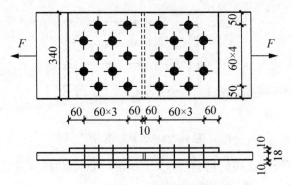

图 12.24　计算题(6)图

(7) 图 12.25 所示拼接连接一侧采用 2 行 3 列 6 个普通粗制螺栓承受轴心力，其设计值 $F = 570\text{kN}$，钢材为 Q235-BF，抗拉强度设计值 $f = 215\text{N/mm}^2$，螺栓孔径 d_0 比螺栓直径 d 大 1.5mm，螺栓抗剪强度设计值 $f_v^b = 170\text{N/mm}^2$，承压强度设计值 $f_c^b = 400\text{N/mm}^2$。求该连接的最小螺栓直径 d。

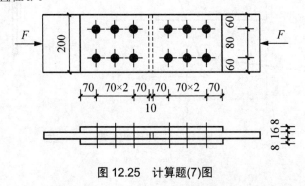

图 12.25　计算题(7)图

(8) 验算图 12.26 所示普通螺栓连接时的强度，已知螺栓直径 $d=20\text{mm}$，C 级螺栓，螺栓和构件材料为 Q235，外力设计值 $F=100\text{kN}$，$f_v^b=140\text{N}/\text{mm}^2$，$f_t^b=170\text{N}/\text{mm}^2$，$f_c^b=305\text{N}/\text{mm}^2$，$A_e=2.45\text{cm}^2$。

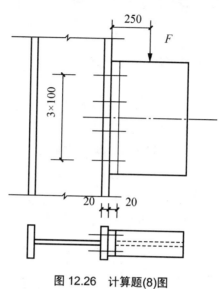

图 12.26　计算题(8)图

(9) 试验算图 12.27 所示高强度螺栓连接的强度。采用 8.8 级 M20 摩擦型螺栓，P=125kN，$\mu=0.45$，$F=300\text{kN}$。

(10) 图 12.28 所示牛腿采用摩擦型高强度螺栓连接，$\mu=0.45$，$P=125\text{kN}$，$N=20\text{kN}$，$F=280\text{kN}$，验算螺栓的连接强度。

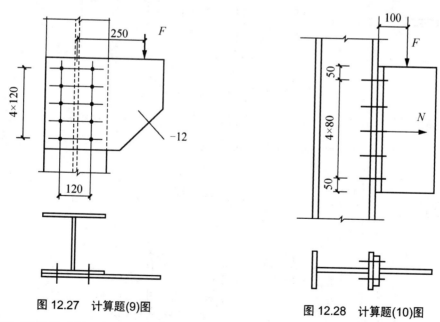

图 12.27　计算题(9)图　　　　图 12.28　计算题(10)图

(11) 某缀板式轴压柱由 2[28a 组成，如图 12.29 所示，钢材为 Q235-AF，$L_{ox}=L_{oy}=8.4\text{m}$，外压力 $N=100\text{kN}$，验算该柱虚轴稳定承载力。已知：$A=40\times2=80(\text{cm}^2)$，

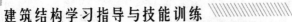

$I_1 = 218\text{cm}^4$ ，$Z_0 = 21\text{mm}$ ，$\lambda_1 = 24$ ，$f = 215\text{N/mm}^2$ 。

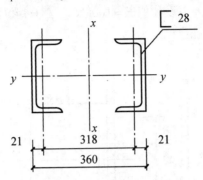

图 12.29 计算题(11)图

(12) 图 12.30 所示焊接工字形截面轴压柱，在柱 1/3 处有两个 M20 的 C 级螺栓孔，并在跨中有一侧向支撑，试验算该柱的强度、整体稳定性。已知：钢材为 Q235-AF，$A = 6500\text{mm}^2$ ，$i_x = 119.2\text{mm}$ ，$i_y = 63.3\text{mm}$ ，$f_y = 215\text{N/mm}^2$ ，$F = 1000\text{kN}$ 。

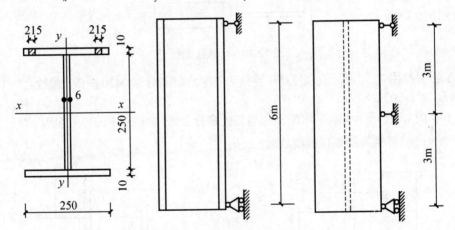

图 12.30 计算题(12)图

(13) 图 12.31 所示焊接工字形钢梁，均布荷载作用在上翼缘，Q235 钢，验算该梁的整体稳定性。已知：$A = 13200\text{mm}^2$ ，$W_x = 5016.4\text{cm}^3$ ，$I_y = 45019392\text{mm}^4$ ，$\varphi_b = \beta_b \dfrac{4320}{\lambda_y^2} \times$

$\dfrac{Ah}{w_x}\left[\sqrt{1+\left(\dfrac{\lambda_y t_1}{4.4h}\right)^2}+\eta_b\right]\dfrac{235}{f_y}$ ，$\beta_b = 0.71$ ，$\varphi_b' = 1.07 - \dfrac{0.282}{\varphi_b} \leqslant 1.0$ ，$f = 215\text{N/mm}^2$ 。

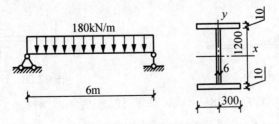

图 12.31 计算题(13)图

(14) 试验算图 12.32 所示简支梁的整体稳定性。已知作用在梁跨中的荷载设计值 $F=300$kN，忽略梁自重产生的内力，采用 Q235 钢材，$f_y=235$N/mm²，$f=215$N/mm²，

$$\varphi_b = \beta_b \frac{4320}{\lambda_y^2} \frac{Ah}{W_x} \left[\sqrt{1 + \left(\frac{\lambda_y t_1}{4.4h}\right)^2} + \eta_b \right] \frac{235}{f_y}，$$ 跨中有两等距离侧向支撑，$\beta_b = 1.20$，

$\varphi_b' = 1.07 - \dfrac{0.282}{\varphi_b} \leqslant 1.0$。截面几何特性：$A=158.4$cm²，$I_x=268206$cm⁴，$I_y=5122$cm⁴。

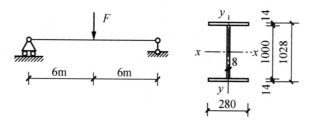

图 12.32　计算题(14)图

(15) 已知一楼面次梁 A 采用 I28b，有刚性密布楼板与其连接，楼面恒载标准值(包括自重)为 5.8kN／m²，活载 4kN／m²。已知：$I_x = 7480$cm⁴，$I_x / S_x = 24.2$cm，腹板厚度 $t_w = 10.5$mm，圆角半径 $R = 10.5$mm，翼缘均厚 $t = 13.7$mm，支承宽度为 $a = 80$mm，钢材为 Q235-A，$f = 215$N／mm²，$f_v = 125$N／mm²，$f_c = 320$N／mm²，$E = 2.06 \times 10^5$ N／mm²，容许挠度 $[w] = l / 250$。该梁能否安全承载？

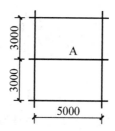

图 12.33　计算题(15)图

(16) 试验算某轧制工字钢简支梁截面是否满足要求。已知：梁截面采用 I22a，跨度 $l = 4$m，跨中无侧向支撑点，作用于上翼缘的均布荷载(包括梁自重)设计值为 $q = 22.56$kN／m，钢材为 Q235-B，抗拉、抗压强度设计值 $f = 215$N／mm²，抗剪强度设计值 $f_v = 125$N／mm²，钢材弹性模量 $E = 206000$N/mm²，截面塑性发展系数 $\gamma_x = 1.05$，容许挠度为 $l / 250$，支座处没有支承加劲肋，支承长度 $a = 80$mm。

I 22a 截面特性：$A = 42.0$cm²，$I_x = 3400$cm⁴，$I_y = 225$cm⁴，$W_x = 309$cm³，$S_x = 178$cm³，$i_x = 8.99$cm，$i_y = 2.31$cm，$t_w = 7.5$mm，$t_f = 12.3$mm，$r = 9.5$mm。

轧制普通工字钢简支梁的 φ_b 见表 12-2，$\varphi_b' = 1.07 - 0.282 / \varphi_b$。

表 12-2　轧制普通工字钢简支梁的 φ_b

荷载情况		工字钢型号	自由长度 l_1/m				
			2	3	4	5	6
上翼缘		10～20	1.70	1.12	0.84	0.68	0.57
		22～40	2.10	1.30	0.93	0.73	0.60
下翼缘		10～20	2.50	1.55	1.08	0.83	0.68
		22～40	4.00	2.20	1.15	1.10	0.85

（17）一简支梁，跨度为12m，截面为单轴对称工字形，如图12.34所示，钢材为Q235-BF，$f=215\text{N}/\text{mm}^2$，$f_v=125\text{N}/\text{mm}^2$，梁的跨中和两端均有侧向支撑。跨中作用集中荷载（含自重）$F=160\text{kN}$（设计值），试验算梁能否满足强度的要求，集中荷载及支座处设有支承加劲肋。

（18）试验算图 12.35 所示压弯构件平面外的稳定性，钢材为 Q235，$F=100\text{kN}$，$N=900\text{kN}$，$\beta_{tx}=0.65+0.35\dfrac{M_2}{M_1}$，$\varphi_b=1.07-\dfrac{\lambda_y^2}{44000}\times\dfrac{f_y}{235}$，跨中有一侧向支撑，$f=215\text{N}/\text{mm}^2$，$A=16700\text{mm}^2$，$I_x=792.4\times10^6\text{mm}^4$，$I_y=160\times10^6\text{mm}^4$。

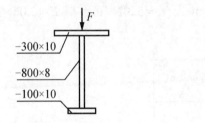

图 12.34　计算题(17)图

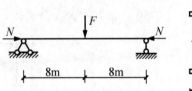

图 12.35　计算题(18)图

（19）某缀板式轴压柱由两槽钢 2[20a 组成，钢材为 Q235-AF，柱高为 7m，两端铰接，在柱中间设有一侧向支撑，$i_y=7.86\text{cm}$，$f=215\text{N}/\text{mm}^2$，试确定其最大承载力设计值（已知单个槽钢[20a 的几何特性：$A=28.84\text{cm}^2$，$I_1=128\text{cm}^4$，$\lambda_1=35$，φ 值见主教材附录 G）。

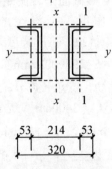

图 12.36　计算题(19)图

(20) 试验算图 12.37 所示压弯构件弯矩作用平面内的整体稳定性，钢材为 Q235，$F = 900\text{kN}$（设计值），偏心距 $e_1 = 150\text{mm}$，$e_2 = 100\text{mm}$，$\beta_{\text{mx}} = 0.65 + 0.35\dfrac{M_2}{M_1}$，

$\varphi_{\text{b}} = 1.07 - \dfrac{\lambda_y^2}{44000} \times \dfrac{f_y}{235} \leqslant 1.0$，跨中有一侧向支撑，$E = 206 \times 10^3 \, \text{N/mm}^2$，$f = 215 \, \text{N/mm}^2$，对 x 轴和 y 轴均为 b 类截面。

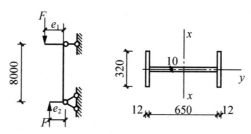

图 12.37   计算题(20)图

五、参考答案

1. 填空题

(1) 对接焊缝、角焊缝；(2) 1.22、1；(3) 竖向焊缝；(4) 相等；(5) 1:2.5；(6) I 形(垂直坡口)；(7) $\tan\theta \leqslant 1.5$；(8) 仰焊、平焊、立焊、横焊、仰焊；(9) 粗制螺栓、精制螺栓、抗剪螺栓、抗拉螺栓；(10) 为了保证一定的施工空间便于转动螺栓扳手，避免螺栓间钢板失稳；(11) 栓杆直径较小；(12) 冲剪；(13) 受剪和承压承载力设计值；(14) 最下一排、形心；(15) 抗剪螺栓、抗拉螺栓；(16) 净截面平均应力达到屈服强度；(17) 横向加劲肋、纵向加劲肋；(18) 单肢稳定承载力不小于整体稳定承载力；(19) 限制受压翼缘板的宽厚比、腹板的高厚比；(20) 强度、刚度、整体稳定、局部稳定；(21) 腹板计算高度边缘；(22) 弯曲、弯扭；(23) 工字形截面简支梁受压翼缘的自由长度、受压翼缘宽度；(24) 横向、剪应力、纵向、弯曲正应力；(25) 0.5h；(26) 塑性发展；(27) 作用平面内、作用平面外；(28) 边缘；(29) 长细比；(30) 端矩不应小于 $2d_0$、栓杆长度应不大于 $5d$；(31) 过外排螺栓形心的轴、过螺栓群形心的轴；(32) 增加底板的刚度降低底板的弯矩；(33) 使腹板失稳；(34) 轴心受压构件；(35) 翼缘板的稳定承载力不低于梁的强度、腹板的稳定承载力不低于梁的强度；(36) 2 个缀条的面积和；(37) $2t$(t 为较薄板件厚度)；(38) 正面角焊缝、侧面角焊缝、高、低；(39) 1.2t、$\leqslant t$、$\leqslant t$ -(1~2)mm。

2. 选择题

(1) C；(2) B；(3) C；(4) C；(5) B；(6) B；(7) C；(8) A；(9) B；(10) A；(11) C；(12) B；(13) A；(14) C；(15) C；(16) B；(17) B；(18) B；(19) B；(20) A；(21) A；(22) D；(23) A；(24) B；(25) A；(26) C；(27) A；(28) C；(29) D；(30) C；(31) D；(32) D；(33) D；(34) C；(35) C；(36) B；(37) B；(38) C；(39) AB；(40) D；(41) C；(42) C；(43) C；(44) B；(45) C；(46) A；(47) A；(48) D；(49) B；(50) C；(51) D；(52) B；(53) C；(54) B；(55) B；(56) D；(57) A；(58) D；(59) B；(60) B；(61) A；(62) A；(63) C；(64) A；(65) B；(66) D；(67) C；(68) A；(69) D；(70) B；(71) C；(72) D；(73) A；(74) C；(75) D；(76) A；(77) A；(78) AB；

 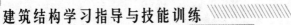

(79) A；(80) A；(81) A；(82) A；(83) D；(84) A；(85) C；(86) D；(87) B；(88) C；(89) C；
(90) C；(91) C；(92) C；(93) A；(94) B；(95) C；(96) D；(97) B；(98) A；(99) C；(100) B；
(101) C；(102) C；(103) C；(104) B；(105) A；(106) C；(107) C；(108) A；(109) B；(110) B；
(111) D；(112) B；(113) B；(114) B；(115) D；(116) D；(117) B；(118) A；(119) A；(120) A。

3. 判断题

(1) ×；(2) √；(3) √；(4) √；(5) ×；(6) √；(7) ×；(8) √；(9) ×；(10) √；(11) √；
(12) √；(13) ×；(14) √；(15) √；(16) ×；(17) ×；(18) √；(19) ×；(20) √；(21) √；
(22) ×；(23) √；(24) √；(25) √；(26) √；(27) ×；(28) √；(29) √；(30) ×；(31) ×；
(32) ×；(33) ×；(34) √；(35) √；(36) ×；(37) √；(38) √；(39) √；(40) √。

4. 简答题

(1) 答：等稳定性原则是指杆件在两个方向的稳定承载力相同，以充分发挥其承载能力。两个方向的稳定系数或长细比应尽可能相等，即 $\varphi_x = \varphi_y$ 或 $\mu\lambda_x = \lambda_y$。对两个方向不属同一类的截面，稳定系数在长细比相同时也不相同，但一般相差不大，仍可采用 $\lambda_x \approx \lambda_y$ 或作适当调整。

(2) 答：①梁的侧向抗弯刚度 EI_y、抗扭刚度 GI_t 和抗翘曲刚度 EI_w；②梁的跨度 l 或侧向支承点间的距离；③截面形式；④作用的荷载性质；⑤荷载作用点位置；⑥支承约束情况。

(3) 答：①在梁的弯曲正应力和剪应力均较大处，如连续梁中间支座或梁的截面改变处等；②应验算腹板设计高度边缘的折算应力。

(4) 答：①$\dfrac{h_0}{t_w} > 80\sqrt{\dfrac{235}{f_y}}$ 时，应设置横向加劲肋，防止纯剪屈曲；②当 $\dfrac{h_0}{t_w} > 170\sqrt{\dfrac{235}{f_y}}$（受压翼缘扭转受到约束，如连有刚性铺板、制动板或焊有钢轨时），或 $\dfrac{h_0}{t_w} > 150\sqrt{\dfrac{235}{f_y}}$（受压翼缘扭转未受到约束时），或按计算需要，除设横向加劲肋外，应在弯曲压应力较大区格的受压区增加配置纵向加劲肋。纵向加劲肋主要防止腹板弯曲屈曲。

(5) 答：①有刚性铺板密铺在梁受压翼缘并有可靠连接能阻止受压翼缘侧向位移时；②截面的受压翼缘自由长度 l_1 与其宽度 b_1 之比不超过规范规定的限值时。

(6) 答：螺栓在钢板上的排列有两种形式：并列和错列。并列布置紧凑，整齐简单，所用连接板尺寸小，但螺栓对构件截面削弱较大；错列布置松散，连接板尺寸较大，但可减少螺栓孔对截面的削弱。螺栓在钢板上的排列应满足三方面要求：①受力要求；②施工要求；③构造要求，并且应满足规范规定的最大最小容许距离：最小的栓距为 $3d_0$，最小的端距为 $2d_0$。

(7) 答：构件的几何形状与尺寸；杆端约束程度；钢材的强度；焊接残余应力；初弯曲；初偏心。

(8) 答：格构式轴心受压构件临界力的确定依据边缘屈服准则，并考虑剪切变形的影响；实腹式轴心受压构件临界力的确定依据最大强度准则，不考虑剪切变形的影响。双肢缀条式柱的换算长细比的计算公式：$\lambda_{0x} = \sqrt{\lambda_x^2 + 27\dfrac{A}{A_1}}$，双肢缀板式柱的换算长细比的计算公式：$\lambda_{0x} = \sqrt{\lambda_x^2 + \lambda_1^2}$。格构式轴心受压柱当绕虚轴失稳时，柱的剪切变形较大，剪力造成的附加挠曲影响不能忽略，故对虚轴的失稳计算，常以加大长细比的办法来考虑剪切变形的影响，加大后的长细比称为换算长细比。

(9) 钢结构的连接方法及优缺点见表 12-3。

表 12-3　钢结构的连接方法及优缺点

连接方法	优　　点	缺　　点
焊接	对几何形体适应性强，构造简单，省材省工，易于自动化，工效高	对材质要求高，焊接程序严格，质量检验工作量大
铆接	传力可靠，韧性和塑性好，质量易于检查，抗动力荷载好	费钢、费工
普通螺栓连接	装卸便利，设备简单	螺栓精度低时不宜受剪，螺栓精度高时加工和安装难度较大
高强螺栓连接	加工方便，对结构削弱少，可拆换，能承受动力荷载，耐疲劳，塑性、韧性好	摩擦面处理，安装工艺略为复杂，造价略高
射钉、自攻螺栓连接	灵活，安装方便，构件无须预先处理，适用于轻钢、薄板结构	不能受较大集中力

(10) 答：梁的拼接分为工厂拼接和工地拼接两种。

① 工厂拼接：由于梁的长度、高度大于钢材的尺寸，常需要先将腹板和翼缘用几段钢材拼接起来，然后再焊接成梁，这些工作在工厂进行，故称为工厂拼接。拼接位置：腹板和翼缘的拼接位置最好错开，同时要与加劲肋和次梁连接位置错开，错开距离不小于 $10\,t_w$，以便各种焊缝布置分散，减小焊接应力及变形。当采用三级焊缝时，应将拼接布置在梁弯矩较小的位置，或采用斜焊缝。当采用一、二级焊缝时，拼接可以设在梁的任何位置。

② 工地拼接：跨度大的梁，由于受运输和吊装条件限制，需将梁分成几段运至工地或吊至高空就位后再拼接起来，这种拼接在工地进行，因此称为工地拼接。拼接位置：工地拼接位置一般布置在梁弯矩较小的地方，且常常将腹板和翼缘在同一截面断开。工地拼接的梁也可以将翼缘和腹板拼接位置略微错开，以改善拼接处受力情况。有时也可采用摩擦型高强螺栓作梁的拼接。

(11) 答：整体失稳破坏是轴心受压构件的主要破坏形式。轴心受压构件在轴心压力较小时处于稳定平衡状态，如有微小干扰力使其偏离平衡位置，则在干扰力除去后，仍能回复到原先的平衡状态。随着轴心压力的增加，轴心受压构件会由稳定平衡状态逐步过渡到随遇平衡状态，这时如有微小干扰力使其偏离平衡位置，则在干扰力除去后，将停留在新的位置而不能回复到原先的平衡位置。随遇平衡状态也称为临界状态，这时的轴心压力称为临界压力。当轴心压力超过临界压力后，构件就不能维持平衡而失稳破坏。轴心受压构件整体失稳的破坏形式与截面形式有密切关系，与构件的细长程度有时也有关系。一般情况下，双轴对称截面如工字形截面、H 形截面在失稳时只出现弯曲变形，称为弯曲失稳。单轴对称截面如不对称工字形截面、[形截面、T 形截面等，在绕非对称轴失稳时也是弯曲失稳；而绕对称轴失稳时，不仅出现弯曲变形还有扭转变形，称为弯扭失稳。无对称轴的截面如不等肢 L 形截面，在失稳时均为弯扭失稳。对于十字形截面和工字形截面，除出现

 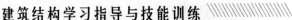
弯曲失稳外，还可能出现只有扭转变形的扭转失稳。

(12) 答：高强螺栓连接有两种类型，即摩擦型连接和承压型连接。高强螺栓性能等级分8.8级和10.9级。8.8级和10.9级：小数点前数字代表螺栓抗拉强度分别不低于800N/mm^2和1000N/mm^2，小数点后数字表示屈强比。

(13) 答：螺栓在构件上的排列有两种形式：并列和错列。应满足三方面要求：①受力要求；②施工要求；③构造要求。最小的栓距为$3d_0$，最小的端距为$2d_0$。

(14) 答：①面积的分布应尽量开展，以增加截面的惯性矩和回转半径，提高柱的整体稳定性和刚度；②使两个主轴方向等稳定性，以达到经济效果；③便于与其他构件连接；④尽可能构造简单，制造省工，取材方便。

(15)答：①柱对实轴的长细比λ_y和对虚轴的换算长细比λ_{ox}均不得超过容许长细比$[\lambda]$；②缀条柱的分肢长细比$\lambda_1 \leqslant 0.7\lambda_{max}$；③缀板柱的分肢长细比$\lambda_1 \leqslant 0.5\lambda_{max}$且不应大于40。

(16) 答：①当$\dfrac{h_0}{t_w} \leqslant 80\sqrt{\dfrac{235}{f_y}}$时，应按构造配置横向加劲肋；②当$80\sqrt{\dfrac{235}{f_y}} < \dfrac{h_0}{t_w}$

$\leqslant 170\sqrt{\dfrac{235}{f_y}}$时，应按计算配置横向加劲肋；③当$\dfrac{h_0}{t_w} > 170\sqrt{\dfrac{235}{f_y}}$时，应配置横向加劲肋和纵

向加劲肋；④梁的支座处和上翼缘受有较大固定集中荷载处设支承加劲肋。

(17) 答：$h_{f\,max} = 1.2t_{min}$；$h_{f\,min} = 1.5\sqrt{t_{max}}$；

$$L_{w\,max}\begin{cases}承受静载 \leqslant 60h_f \\ 承受动载 \leqslant 40h_f\end{cases}，\quad L_{wmin} \geqslant 8h_f和40\text{mm}。$$

(18) 答：主要区别是传力途径不同：普通螺栓靠栓杆受剪和板件的挤压来传递荷载；摩擦型高强度螺栓是靠板件间摩擦力来传递荷载的。

(19) 答：由于在受剪连接中，摩擦型高强螺栓是靠被连接板接触面间的摩擦力传力。而一般认为该摩擦力均匀分于螺栓孔四周，孔前传力一半，故构件(包括连接盖板)开孔截面(螺栓直径所在截面)的受力小于构件轴心力，其净截的强度计算式为：

$$\sigma = \left(1 - 0.5\frac{n_1}{n}\right)\frac{N}{A_n} \leqslant f \tag{a}$$

而受剪连接中的普通螺栓是靠螺杆抗剪和孔壁承压传力，因此构件开孔截面的受力与构件轴力相等，其净截面强度计算式为：

$$\sigma = \frac{N}{A_n} \leqslant f \tag{b}$$

由于(a)式中括号内数值小于1，因此，比较(a)、(b)两式知：在受剪连接中，摩擦型高螺开孔对构件截面的削弱影响较普通螺栓小。

(20) 答：普通螺栓受剪时破坏形式有：①螺杆被剪断；②孔壁挤压破坏；③板被拉断；④板被剪坏；⑤螺杆弯曲破坏。设计时，①、②、③种破坏形式进行必要计算来控制；第④种破坏形式通过限制端距$e \geqslant 2d_0$来控制；第⑤种破坏形式通过限制螺杆长度(板叠厚度)$\leqslant 5d_0$来控制。

5. 计算题

(1) 解：采用直缝，其计算长度l_w=540mm。焊缝正应力为：

$$\sigma = \frac{N}{l_\mathrm{w}t} = \frac{2150\times10^3}{540\times22} = 181(\mathrm{N/mm^2}) > f_\mathrm{t}^\mathrm{w} = 175\mathrm{N/mm^2},$$

不满足要求，改用斜对接焊缝，取截割斜度为 1.5：1，即 $\theta = 56°$，焊缝长度为：

$$l_\mathrm{w} = \frac{b}{\sin\theta} = \frac{540}{\sin56°} = 650(\mathrm{cm})。$$

焊缝的正应力为：

$$\sigma = \frac{N\sin\theta}{l_\mathrm{w}t} = \frac{2150\times10^3\times\sin56°}{650\times22} = 125(\mathrm{N/mm^2}) < f_\mathrm{t}^\mathrm{w} = 175\mathrm{N/mm^2}。$$

剪应力为：

$$\tau = \frac{N\cos\theta}{l_\mathrm{w}t} = \frac{2150\times10^3\times\cos56°}{650\times22} = 84(\mathrm{N/mm^2}) < f_\mathrm{v}^\mathrm{w} = 120\mathrm{N/mm^2}。$$

这就说明当 $\tan\theta \leq 1.5$ 时，焊缝强度能够得到保证，可不必计算。

(2) 解：$N_\mathrm{x} = 400\mathrm{kN}$，$N_\mathrm{y} = 300\mathrm{kN}$。

$$\sigma_\mathrm{f} = \frac{N_\mathrm{x}}{\sum h_\mathrm{e}l_\mathrm{w}} = \frac{400\times10^3}{2\times0.7\times8\times(410-2\times8)} = 90.65(\mathrm{N/mm^2}),$$

$$\tau_\mathrm{f} = \frac{N_\mathrm{y}}{\sum h_\mathrm{e}l_\mathrm{w}} = \frac{300\times10^3}{2\times0.7\times8\times(410-2\times8)} = 67.98(\mathrm{N/mm^2}),$$

$$\sqrt{\left(\frac{\sigma_\mathrm{f}}{\beta_\mathrm{f}}\right)^2 + \tau_\mathrm{f}^2} = \sqrt{\left(\frac{90.65}{1.22}\right)^2 + 67.98^2} = 100.7(\mathrm{N/mm^2}) < f_\mathrm{f}^\mathrm{w}$$

(3) 解：①计算焊脚 h_f。

将外力 F_1，F_2 移向焊缝形心 O，得：

$N = F_1 = 180\mathrm{kN}$，

$V = F_2 = 240\mathrm{kN}$。

$M = F_1\times120 - F_2\times90 = 180\times120 - 240\times90 = 0(\mathrm{kN})$，

$$\sigma_\mathrm{f} = \frac{N}{\sum h_\mathrm{e}l_\mathrm{w}} = \frac{180\times10^3}{2\times0.7\times h_\mathrm{f}\times240} = \frac{536}{h_\mathrm{f}},$$

$$\tau_\mathrm{f} = \frac{V}{\sum h_\mathrm{e}l_\mathrm{w}} = \frac{240\times10^3}{2\times0.7\times h_\mathrm{f}\times240} = \frac{714}{h_\mathrm{f}},$$

$\beta_\mathrm{f} = 1.0$，则：

$$\sqrt{\left(\frac{\sigma_\mathrm{f}}{\beta_\mathrm{f}}\right)^2 + \tau_\mathrm{f}^2} = \sqrt{\left(\frac{536}{h_\mathrm{f}}\right)^2 + \left(\frac{714}{h_\mathrm{f}}\right)^2} \leq f_\mathrm{f}^\mathrm{w} = 160\mathrm{N/mm^2},$$

解得 $h_\mathrm{f} > 5.58\mathrm{mm}$，取 $h_\mathrm{f} = 6\mathrm{mm}$。

② 验算是否满足构造要求。

$h_\mathrm{f\,max} = 1.2t_\mathrm{min} = 1.2\times8 = 9.6(\mathrm{mm})$，

$h_\mathrm{f\,min} = 1.5\sqrt{t_\mathrm{max}} = 1.5\sqrt{10} = 4.74(\mathrm{mm})$，

$h_\mathrm{f\,min} < h_\mathrm{f} = 6\mathrm{mm} < h_\mathrm{f\,max}$，满足要求。

(4) 解：$N_1 = \alpha_1 N = \dfrac{2}{3} \times 900 = 600 (\text{kN})$，

$N_2 = \alpha_2 N = \dfrac{1}{3} \times 900 = 300 (\text{kN})$，

$l_{\text{w}1} = \dfrac{N_1}{2 \times 0.7 h_{\text{f}} f_{\text{f}}^{\text{w}}} = \dfrac{600 \times 10^3}{2 \times 0.7 \times 10 \times 160} = 268 (\text{mm})$，

$l_{\text{w}2} = \dfrac{N_2}{2 \times 0.7 h_{\text{f}} f_{\text{f}}^{\text{w}}} = \dfrac{300 \times 10^3}{2 \times 0.7 \times 10 \times 160} = 134 (\text{mm})$，

$l_1 = l_{\text{w}1} + 2h_{\text{f}} = 268 + 2 \times 10 = 288 (\text{mm})$，取 $l_1 = 290\text{mm}$。

$l_2 = l_{\text{w}2} + 2h_{\text{f}} = 134 + 2 \times 10 = 154 (\text{mm})$，取 $l_2 = 155\text{mm}$。

(5) 解：$N_{\text{v}}^{\text{b}} = n_{\text{v}} \dfrac{1}{4} \pi d^2 f_{\text{v}}^{\text{b}} = 2 \times \dfrac{1}{4} \times \pi \times 24^2 \times 140 = 126.7 (\text{kN})$，

$N_{\text{c}}^{\text{b}} = d \Sigma t f_{\text{c}}^{\text{b}} = 24 \times 14 \times 305 = 102.4 (\text{kN})$

$N_{\text{i}} = \dfrac{F}{n} = \dfrac{650}{13} = 50 (\text{kN}) < N_{\text{min}}^{\text{b}} (N_{\text{v}}^{\text{b}}, N_{\text{c}}^{\text{b}}) = 102.4\text{kN}$。

$A_{\text{I}} = (400 - 24.5 \times 3) \times 14 = 45.71 (\text{cm}^2)$，

$A_{\text{II}} = (2 \times 60 + 4 \times \sqrt{70^2 + 70^2} - 24.5 \times 5) \times 14 = 55.09 (\text{cm}^2)$，

$\sigma = \dfrac{N}{A_{\text{min}}} = \dfrac{650 \times 10^3}{45.71 \times 10^2} = 142 (\text{N/mm}^2) < f = 215\text{N/mm}^2$，

故连接安全。

(6) 解：$N_{\text{v}}^{\text{b}} = 2 \times \dfrac{1}{4} \times 3.14 \times 20^2 \times 140 = 88.0 (\text{kN})$，

$N_{\text{c}}^{\text{b}} = d \sum t f_{\text{c}}^{\text{b}} = 20 \times 18 \times 305 = 109.8 (\text{kN})$，

$N_1 \leqslant N_{\text{min}}^{\text{b}} (N_{\text{v}}^{\text{b}}, N_{\text{c}}^{\text{b}}) n = 88.0 \times 10 = 880 (\text{kN})$，

$A_{\text{I}} = (340 - 2 \times 21.5) \times 18 = 5346 (\text{mm}^2)$，

$A_{\text{II}} = (50 \times 2 + \sqrt{60^2 + 60^2} \times 4) \times 18 - 5 \times 18 \times 21.5 = 5974 (\text{mm}^2)$，

$N_2 \leqslant A_{\text{min}} (A_{\text{I}}, A_{\text{II}}) f = 5346 \times 215 = 1149.4 (\text{kN})$，

故 $F_{\text{max}} = 880\text{kN}$。

(7) 解：每个螺栓受力 $N_{\text{i}} = \dfrac{F}{n} = \dfrac{570}{6} = 95 (\text{kN})$，

由 $N_{\text{v}}^{\text{b}} = n_{\text{v}} \dfrac{1}{4} \pi d^2 f_{\text{v}}^{\text{b}} = 2 \times \dfrac{1}{4} \times \pi \times d^2 \times 170 \geqslant N_{\text{i}} = 95 \times 10^3 \text{N}$，

得 $d \geqslant \sqrt{\dfrac{2 \times 95 \times 10^3}{\pi \times 170}} = 18.9 (\text{mm})$。

由 $N_{\text{c}}^{\text{b}} = d \Sigma t f_{\text{c}}^{\text{b}} = d \times 16 \times 400 \geqslant 95 \times 10^3$，

得 $d \geqslant \dfrac{95000}{16 \times 400} = 14.8 (\text{mm})$。

由钢板净截面承载力 $A_{\text{n}} f = [200 - (d + 1.5) \times 2] \times 16 \times 215 \geqslant 95 \times 10^3$，

得 $2d \leqslant 200 - 3 - \dfrac{95000}{16 \times 215} = 169.4 (\text{mm})$，$d \leqslant 84.5\text{mm}$，

因此连接的最小螺栓直径 $d = 20\text{mm}$ 。

(8) 解：$N_t^b = A_e f_t^b = 2.45 \times 170 \times 10^2 = 41.65(\text{kN})$ ，

$$N_v^b = n_v \frac{\pi d^2}{4} f_v^b = 1 \times \frac{3.14 \times 2^2}{4} \times 140 \times 10^{-1} = 44(\text{kN}) ,$$

$$N_c^b = d \sum t f_c^b = 2 \times 2 \times 305 \times 10^{-1} = 122(\text{kN}) 。$$

受力最大的 1 号螺栓所受的剪力和拉力分别是：

$$N_v = \frac{N}{n} = \frac{100}{8} = 12.5(\text{kN}) ,$$

$$N_t = \frac{My_1}{m\sum y_i^2} = \frac{100 \times 250 \times 300}{2 \times (300^2 + 200^2 + 100^2)} = 26.78(\text{kN}) ,$$

$$\sqrt{\left(\frac{N_v}{N_v^b}\right)^2 + \left(\frac{N_t}{N_t^b}\right)^2} = \sqrt{\left(\frac{12.5}{44}\right)^2 + \left(\frac{26.78}{41.65}\right)^2} = 0.703 < 1 ,$$

$N_v = 12.5\text{kN} < N_c^b = 122\text{kN}$ ，

螺栓连接强度满足要求。

(9) 解：$V = 300$ kN， $T = 300 \times 0.25 = 75(\text{kN·m})$ 。

$$N_v^b = 0.9 n_f \mu p = 0.9 \times 1 \times 0.45 \times 125 = 50.625(\text{kN}) ,$$

$$N_{1Tx} = \frac{Ty_1}{\Sigma x_i^2 + \Sigma y_i^2} = \frac{75 \times 10^6 \times 240}{10 \times 60^2 + 4 \times 120^2 + 4 \times 240^2} = 55.56(\text{kN}) ,$$

$$N_{1Ty} = \frac{Tx_1}{\Sigma x_i^2 + \Sigma y_i^2} = \frac{75 \times 10^6 \times 60}{324000} = 13.89(\text{kN}) ,$$

$$N_{1F} = \frac{V}{n} = \frac{300}{10} = 30(\text{kN}) ,$$

$$N_1 = \sqrt{(N_{1Tx})^2 + (N_{1Ty} + N_{1F})^2} = \sqrt{55.56^2 + (13.89 + 30)^2} = 70.8(\text{kN})$$

$> N_v^b = 50.625\text{kN}$，

该螺栓连接的强度不满足要求。

(10) 解：方法 1：$N_{t1} = \frac{N}{n} + \frac{My_1}{m\sum y_i^2} = \frac{20}{10} + \frac{280 \times 100 \times 160}{2 \times 2 \times (160^2 + 80^2)} = 37(\text{kN})$ ，

$$N_{t2} = \frac{N}{n} + 35 \times \frac{80}{160} = \frac{20}{2} + 35 \times \frac{80}{160} = 19.5(\text{kN}) ,$$

$N_{t3} = 2\text{kN}$ ，

$$\sum N_{ti} = (N_{t1} + N_{t2} + N_{t3}) \times 2 = 58.5 \times 2 = 117(\text{kN}) ,$$

$$\sum N_v^b = 0.9 n_f \mu (nP - 1.25 \sum N_{ti})$$

$$= 0.9 \times 1 \times 0.45 \times (10 \times 125 - 1.25 \times 117) = 447(\text{kN}) > V = 280\text{kN} 。$$

方法 2：$N_t^b = 0.8P = 100\text{kN}$

$N_{t1} = 37\text{kN} < N_t^b = 100\text{kN}$ ，

$$N_v = \frac{280}{10} = 28(\text{kN}) < N_v^b = 0.9 n_f \mu (P - 1.25 N_{t1}) = 31.89\text{kN} ,$$

$N_{t1} < N_t^b$ ， $N_v < N_v^b$ ，满足要求。

(11) 解：$I_x = 2(I_1 + Aa^2) = 2 \times (218 + 40 \times 15.9^2) = 20660.8 (\text{cm}^4)$，

$i_x = \sqrt{\dfrac{I_x}{A}} = \sqrt{\dfrac{20660.8}{80}} = 16.07 (\text{cm})$，

$\lambda_x = \dfrac{L_{ox}}{i_x} = \dfrac{840}{16.07} = 52.3$；$\lambda_{ox} = \sqrt{\lambda_x^2 + \lambda_1^2} = \sqrt{52.3^2 + 24^2} = 57.5$，查表得 $\varphi_x = 0.82$，

$N = \varphi_x A f = 0.82 \times 8000 \times 215 = 1410.4 (\text{kN}) > 1000\text{kN}$，满足要求。

(12) 解：$\lambda_x = \dfrac{L_{ox}}{i_x} = \dfrac{6000}{119.2} = 50.34$，查表得 $\varphi_x = 0.855$。

$\lambda_y = \dfrac{L_{oy}}{i_y} = \dfrac{3000}{63.3} = 47.39$，

$A_n = 6500 - 21.5 \times 10 \times 2 = 6070 (\text{mm}^2)$，

$\dfrac{N}{\varphi_x A} = \dfrac{1000 \times 10^3}{0.855 \times 6500} = 180 (\text{N/mm}^2) < f = 215\text{N/mm}^2$，

$\dfrac{N}{A_n} = \dfrac{1000 \times 10^3}{6070} = 165 (\text{N/mm}^2) < f = 215\text{N/mm}^2$。

(13) 解：$i_y = \sqrt{\dfrac{I_y}{A}} = \sqrt{\dfrac{45019392}{13200}} = 58.4 (\text{mm})$，

$\lambda_y = \dfrac{L_{oy}}{i_y} = \dfrac{6000}{58.4} = 102.74$，$M_x = \dfrac{ql^2}{8} = \dfrac{180 \times 6^2}{8} = 810 (\text{kN} \cdot \text{m})$，

$\varphi_b = \beta_b \dfrac{4320}{\lambda_y^2} \times \dfrac{Ah}{w_x} \left[\sqrt{1 + \left(\dfrac{\lambda_y t_1}{4.4h} \right)^2} + \eta_b \right] \dfrac{235}{f_y}$

$= 0.71 \times \dfrac{4320}{102.74^2} \times \dfrac{13200 \times 1220}{5016.4 \times 10^3} \times \left[\sqrt{1 + \left(\dfrac{102.74 \times 10}{4.4 \times 1220} \right)^2} + 0 \right] \times \dfrac{235}{235} = 0.95 > 0.6$，

$\varphi_b' = 1.07 - \dfrac{0.282}{0.95} = 0.773$

$\dfrac{M_x}{\varphi_b' W_x} = \dfrac{810 \times 10^6}{0.773 \times 5016.4 \times 10^3} = 209 (\text{N/mm}^2) < f = 215\text{N/mm}^2$

该梁的整体稳定性满足要求。

(14) 解：① 截面几何特性：

$W_x = \dfrac{I_x}{h/2} = \dfrac{2 \times 268206}{102.8} = 5218 (\text{cm}^3)$，$i_y = \sqrt{\dfrac{I_y}{A}} = \sqrt{\dfrac{5122}{158.4}} = 5.69 (\text{cm})$。

② 内力计算：$M_x = \dfrac{Fl}{4} = \dfrac{300 \times 12}{4} = 900 (\text{kN} \cdot \text{m})$。

③ 整体稳定计算：$\lambda_y = \dfrac{l_{0y}}{i_y} = \dfrac{400}{5.69} = 70.3$。

$$\varphi_b = \beta_b \frac{4320}{\lambda_y^2} \frac{Ah}{W_x} \left[\sqrt{1+\left(\frac{\lambda_y t_1}{4.4h}\right)^2} + \eta_b \right] \frac{235}{f_y}$$

$$=1.20 \times \frac{4320}{70.3^2} \times \frac{158.4 \times 102.8}{5218} \sqrt{1+\left(\frac{70.3 \times 1.4}{4.4 \times 102.8}\right)^2} = 3.35 > 0.6,$$

$$\varphi_b' = 1.07 - \frac{0.282}{\varphi_b} = 1.07 - \frac{0.282}{3.35} = 0.986,$$

$$\frac{M_x}{\varphi_b' W_x} = \frac{900 \times 10^6}{0.986 \times 5218 \times 10^3} = 175 \,(\text{N/mm}^2) < f = 215 \text{N/mm}^2, \text{该梁的整体稳定性满足要求。}$$

(15) 解：$q_d = 3 \times 5.8 \times 1.2 + 3 \times 4 \times 1.4 = 37.681(\text{kN/m})$，

$q_k = 3 \times 5.8 + 3 \times 4 = 29.4(\text{kN/m})$，

$V_{max} = \frac{1}{2} \times 37.6 \times 5 = 94.2(\text{kN})$，

$M = \frac{1}{8} \times 37.68 \times 5^2 \times 10^3 = 117.75(\text{kN·m})$，

$W_{nx} = \frac{I_x}{h/2} = \frac{7480}{14} = 534.4(\text{cm}^3)$。

正应力：$\sigma = \frac{M}{\gamma_x W_{nx}} = \frac{1177501 \times 10^3}{1.05 \times 534.3 \times 10^3} = 209.9(\text{N/mm}^2) < f = 215\text{N/mm}^2$。

剪应力：$\tau = \frac{VS}{I_x t_w} = \frac{94200}{24.2 \times 10 \times 10.5} = 37.07(\text{N/mm}^2) < f_v = 125\text{N/mm}^2$。

刚度：$w = \frac{5ql}{384EI} = \frac{5 \times 29.4 \times 5 \times 10^9}{384 \times 206 \times 10^3 \times 7480 \times 10^4} = \frac{93.34375 \times 10^{12}}{5916.9792 \times 10^{12}} = 0.0155(\text{m})$，

$$=15.5\text{mm} < \frac{l}{250} = \frac{5000}{250} = 20(\text{mm}),$$

刚性密铺板保证梁不失稳，整体稳定可不需验算。
$l_y = a + 2.5h_y = 80 + 2.5 \times (10.5+13.7) = 140.5(\text{mm})$。

局部承压 $\sigma_c = \frac{\psi F}{t_w l_z} = \frac{1.0 \times 94.2 \times 10^3}{10.5 \times 140.5} = 63.9(\text{N/mm}^2) < f_c = 320\text{N/mm}^2$，

型钢局部稳定不需验算。该梁能安全承载。

(16) 解：① 内力计算：$M_{max} = \frac{1}{8} \times 22.56 \times 4^2 = 45.12(\text{kN·m})$，

$V_{max} = \frac{1}{2} \times 22.56 \times 4 = 45.12(\text{kN})$。

② 截面验算：截面无削弱，抗弯强度可以不验算。

抗剪强度：$\tau_{max} = \frac{V_{max}S_x}{I_x t_w} = \frac{45.12 \times 178 \times 10^3}{3400 \times 10^4 \times 7.5} = 31.5(\text{N/mm}^2) < f = 215\text{N/mm}^2$。

局部承压：$l_z = a + 2.5h_y = 80 + 2.5 \times (12.3+9.5) = 134.5(\text{mm})$，

$$\sigma_c = \frac{1.0 \times 45.12 \times 10^3}{134.5 \times 7.5} = 44.7(\text{N/mm}^2) < f = 215\text{N/mm}^2。$$

整体稳定：$\varphi_b = 0.93 > 0.6$ ，

$$\varphi_b' = 1.07 - \frac{0.282}{0.93} = 0.77 ,$$

$$\sigma = \frac{M_{max}}{\varphi_b' W_x} = \frac{45.12 \times 10^6}{0.77 \times 309 \times 10^3} = 189.6(N/mm^2) < f = 215 N/mm^2 .$$

刚度：$\dfrac{v}{l} = \dfrac{5ql^3}{384EI} = \dfrac{5 \times 18.8 \times 4000^3}{384 \times 206000 \times 3400 \times 10^4} = \dfrac{1}{447} < \dfrac{1}{250}$ 。

由以上验算可知，该梁满足设计要求。

(17) 解：$M_{max} = \dfrac{Pl}{4} = \dfrac{160 \times 12}{4} = 480(kN \cdot m)$ ，

$$V = \frac{1}{2}P = \frac{1}{2} \times 160 = 80(kN) 。$$

中心轴位置：对上翼缘形心取矩得

$$y_0 = \frac{80 \times 0.8 \times 40.5 + 10 \times 1 \times 81}{104} = 33.2(cm) 。$$

$$I_x = 2.5 \times 0.8 \times 80^3 / 12 + 80 \times 0.8 \times 7.8^2 + 30 \times 1 \times 33.22 + 10 \times 1 \times 47.8^2$$
$$= 94423(cm) ,$$

$$S = 30 \times 1 \times 33.2 + 0.8 \times \frac{(33.2 - 0.5)^2}{2} = 1423.72(cm^3) 。$$

抗弯强度计算。

$y_2 = 81 - 33.2 + 0.5 = 48.3(cm)$ ，

$W_2 = 94423/48.3 = 1955(cm^3)$ ，

$$\sigma_{max} = \frac{M}{\gamma_x W_2} = \frac{480 \times 10^6}{1.05 \times 1955 \times 10^3} = 233.8 N/mm^2 > 215 N/mm^2 。$$

抗剪验算

$$\tau = \frac{VS}{I_x t_w} = \frac{80 \times 10^3 \times 1423.72 \times 10^3}{94423 \times 8 \times 10^4} = 15.0(N/mm^2) < f_v ,$$

因此该梁不满足抗弯强度要求。

(18) 解：$W_x = \dfrac{I_x}{h/2} = \dfrac{792.4 \times 10^6 \times 2}{500} = 3.17 \times 10^6 (mm^3)$ ，

$$i_x = \sqrt{\frac{I_x}{A}} = \sqrt{\frac{792.4 \times 10^6}{16700}} = 217.8(mm) ,$$

$$\lambda_x = \frac{L_{ox}}{i_x} = \frac{16000}{217.8} = 73.5 ,$$

$$i_y = \sqrt{\frac{I_y}{A}} = \sqrt{\frac{160 \times 10^6}{16700}} = 97.9(mm) ,$$

$$\lambda_y = \frac{L_{oy}}{i_y} = \frac{8000}{97.9} = 81.7 , \quad 查表 \varphi_y = 0.677 ,$$

$$\varphi_b = 1.07 - \frac{\lambda_y^2}{44000} \times \frac{f_y}{235} = 1.07 - \frac{81.7^2}{44000} \times \frac{f_y}{235} = 0.918 ,$$

$$\beta_{tx} = 0.65 + 0.35\frac{M_2}{M_1} = 0.65 ,$$

$$\frac{N}{\phi_y A} + \frac{\eta\beta_{tx}M_x}{\phi_b W_x} = \frac{900\times10^3}{0.677\times16700} + \frac{0.65\times400\times10^6}{0.918\times3.17\times10^6} = 168.9(\text{N/mm}^2) < f = 215\text{N/mm}^2 。$$

该压弯构件平面外的稳定性满足要求。

(19) 解：$I_x = 2(I_1 + Aa^2) = 2\times(128 + 28.84\times10.7^2) = 6860(\text{cm}^4)$ ，

$$i_x = \sqrt{\frac{I_x}{A}} = \sqrt{\frac{6860}{2\times28.84}} = 10.9(\text{cm}) ,$$

$$\lambda_x = \frac{L_{ox}}{i_x} = \frac{700}{10.9} = 64.2 ,$$

$$\lambda_{ox} = \sqrt{\lambda_x^2 + \lambda_1^2} = \sqrt{64.2^2 + 35^2} = 73.1 ,$$

$$\lambda_y = \frac{L_{oy}}{i_y} = \frac{350}{7.86} = 44.5 < \lambda_{ox} , \quad \text{查表得 } \varphi_x = 0.732 。$$

$$N = \varphi_x A f = 0.732\times2\times28.84\times10^2\times215 = 907.8(\text{kN}) 。$$

(20) 解：$M_x = Fe_1 = 900\times0.15 = 135(\text{kN·m})$ ，

$$A = 65\times1 + 32\times1.2\times2 = 141.8(\text{cm}^2) ,$$

$$I_x = \frac{1}{12}\times(32\times67.4^3 - 31\times65^3) = 107037(\text{cm}^3) ,$$

$$I_y = \frac{1}{12}\times1.2\times32^3\times2 = 6554(\text{cm}^3) ,$$

$$W_{1x} = \frac{I_x}{h/2} = \frac{107037\times2}{67.4} = 3176.17(\text{cm}^3) ,$$

$$i_x = \sqrt{\frac{I_x}{A}} = \sqrt{\frac{107037}{141.8}} = 27.47(\text{cm}) ,$$

$$\lambda_x = \frac{L_{ox}}{i_x} = \frac{800}{27.47} = 29.12 , \quad \text{查表得 } \varphi_x = 0.9386 。$$

$$\beta_{mx} = 0.65 + 0.35\frac{M_2}{M_1} = 0.65 + 0.35\times\frac{90}{135} = 0.883 ,$$

$$N'_{Ex} = \frac{\pi^2 EA}{1.1\lambda_x^2} = \frac{\pi^2\times206000\times141.8\times10^2}{1.1\times29.12^2} = 30876.45(\text{kN}) ,$$

$$\frac{N}{\phi_x A} + \frac{\beta_{mx}M_x}{\gamma_x W_{1x}\left(1 - 0.8\dfrac{N}{N'_{Ex}}\right)}$$

$$= \frac{900\times10^3}{0.9386\times141.8\times10^2} + \frac{0.883\times135\times10^6}{1.05\times3176.17\times10^3\times\left(1 - 0.8\times\dfrac{900}{30876.45}\right)}$$

$$= 104.2(\text{N/mm}^2) < f = 215\text{N/mm}^2 。$$

该压弯构件弯矩作用平面内的整体稳定性满足要求。

阶段性技能测试（八）

一、单项选择题(本大题共 15 小题，每小题 2 分，共 30 分。在每小题列出的四个备选项中只有一个是符合题目要求的，请将其代码填写在题中的括号内。错选、多选或未选均无分)

1. 摩擦型高强度螺栓抗拉连接，其承载力(　　)。
　　A. 比承压型高强螺栓连接小　　　　　　B. 比承压型高强螺栓连接大
　　C. 与承压型高强螺栓连接相同　　　　　D. 比普通螺栓连接小

2. 梁整体失稳的方式是(　　)。
　　A. 弯曲失稳　　　　B. 扭转失稳　　　　C. 剪切失稳　　　　D. 弯扭失稳

3. 某角焊缝 T 形连接的两块钢板厚度分别为 8mm 和 10mm，合适的焊角尺寸为(　　)mm。
　　A. 4　　　　　　　B. 6　　　　　　　C. 10　　　　　　　D. 12

4. 计算直接承受动力荷载的工字形截面梁抗弯强度时，γ_x 取值为(　　)。
　　A. 1.0　　　　　　B. 1.05　　　　　　C. 1.15　　　　　　D. 1.2

5. 下列螺栓破坏属于构造破坏的是(　　)。
　　A. 钢板被拉坏　　　B. 钢板被剪坏　　　C. 螺栓被剪坏　　　D. 螺栓被拉坏

6. 支承加劲肋进行稳定计算时，计算面积应包括加劲肋两端一定范围内的腹板面积，该范围是(　　)。
　　A. $15 t_w \sqrt{\dfrac{235}{f_y}}$　　　　B. $13 t_w \sqrt{\dfrac{235}{f_y}}$　　　　C. $13 t_w \sqrt{\dfrac{f_y}{235}}$　　　　D. $15 t_w \sqrt{\dfrac{f_y}{235}}$

7. 为保证格构式构件单肢的稳定承载力，应(　　)。
　　A. 控制肢间距　　　　　　　　　　　　B. 控制截面换算长细比
　　C. 控制单肢长细比　　　　　　　　　　D. 控制构件计算长度

8. 排列螺栓时，若螺栓孔直径为 d_0，螺栓的最小端距应为(　　)。
　　A. $1.5 d_0$　　　　B. $2 d_0$　　　　C. $3 d_0$　　　　D. $8 d_0$

9. 钢结构具有良好的抗震性能是因为(　　)。
　　A. 钢材的强度高　　　　　　　　　　　B. 钢结构的质量轻
　　C. 钢材良好的吸能能力和延性　　　　　D. 钢结构的材质均匀

10. 焊接组合梁腹板中，布置横向加劲肋的目的是防止(　　)引起的局部失稳。
　　A. 剪应力　　　　B. 弯曲应力　　　　C. 复合应力　　　　D. 局部压应力

11. 轴压柱在两个主轴方向等稳定的条件是(　　)。
　　A. 杆长相等　　　　　　　　　　　　　B. 计算长度相等
　　C. 长细比相等　　　　　　　　　　　　D. 截面几何尺寸相等

12. 实腹式组合工字形截面柱翼缘的宽厚比限值是(　　)。
　　A. $(10 + 0.1\lambda) \sqrt{\dfrac{235}{f_y}}$　　　　　　　　B. $(25 + 0.5\lambda) \sqrt{\dfrac{235}{f_y}}$

C. $15\sqrt{\dfrac{235}{f_y}}$ D. $80\sqrt{\dfrac{235}{f_y}}$

13. 格构式轴压构件绕虚轴的稳定计算采用了大于 λ_x 的换算长细比 λ_{ox} 是考虑(   )。

    A. 格构构件的整体稳定承载力高于同截面的实腹构件

    B. 考虑强度降低的影响

    C. 考虑单肢失稳对构件承载力的影响

    D. 考虑剪切变形的影响

14. 下列措施中，(   )对提高梁的稳定承载力有效。

    A. 加大梁侧向支撑点间距   B. 减小梁翼缘板的宽度

    C. 提高钢材的强度   D. 提高梁截面的抗扭刚度

15. 钢材为 Q235-B 的一般梁，如果腹板的高厚比 $\dfrac{h_0}{t_w}=100$，应(   )。

    A. 设置横向加劲肋   B. 同时设置横向与纵向加劲肋

    C. 不设加劲肋   D. 设纵向加劲肋

二、填空题(本大题共 10 小题，每小题 2 分，共 20 分。请在每小题的空格中填上正确答案。错填、不填均无分)

1. 单个普通螺栓承压承载力设计值 $N_c^b=d\times\sum t\times f_c^b$，式中 $\sum t$ 表示_____

_____。

2. 普通螺栓连接靠_____传递剪力；摩擦型高强度螺栓连接靠_____传递剪力。

3. 侧面角焊缝连接或正面角焊缝的计算长度不宜_____。

4. 承压型高强度螺栓仅用于_____结构的连接中。

5. 钢结构的焊接方法最常用的有_____、电阻焊和气焊 3 种。

6. 格构式轴心受压构件的等稳定性的条件是_____。

7. 在轴心压力一定的前提下，轴压柱脚底板的面积是由_____决定的。

8. 为保证组合梁腹板的局部稳定性，当满足 $80<h_0/t_w\leqslant170$ 时，应_____。

9. 组合梁的局稳公式按_____原则确定。

10. 工字形截面组合梁的抗弯强度计算考虑部分截面发展塑性时，其受压件翼缘板的外伸宽度应满足_____。

11. 组合梁腹板与翼缘间的连接焊缝受_____；当该焊缝为角焊缝时，最大计算长度_____。

12. 按正常使用极限状态计算时，受弯构件要限制_____，拉、压构件要限制_____。

13. 承压型高强度螺栓仅用于_____结构的连接中。

14. 采用手工电弧焊焊接 Q345 钢材时应采用_____焊条。

15. 焊缝中可能存在_____、_____烧穿、_____夹渣、咬边、焊瘤等缺陷。

 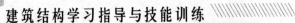

三、简答题(每题 5 分，6 小题，共 30 分)

1. 常用的对接焊缝坡口形式有哪几种？如何选择坡口形式？

2. 在受剪连接验算开孔对构件截面的削弱影响时，摩擦型高强螺栓与普通螺栓相比哪个影响小？为什么？

3. 普通螺栓受剪时，有哪几种破坏形式？设计上是如何考虑的？

4. 双肢缀条式和双肢缀板式柱的换算长细比的计算公式是什么？为什么对虚轴用换算长细比？

5. 螺栓在钢板上应怎样排列合理？

6. 如何保证梁腹板的局部稳定？

四、计算题(本大题共 3 小题，第 1、2 题各 5 分，第 3 题 10 分，共 20 分)

1. 下图所示角钢 2∟140×10 构件的节点角焊缝连接，构件重心至角钢肢背距离 $e_1 = 38.2\text{mm}$，钢材为 Q235-BF，手工焊 E43 型焊条，$f_f^w = 160\text{N/mm}^2$，构件承受静力荷载产生的轴心拉力设计值为 $N = 1100\text{kN}$，若采用三面围焊，试设计此焊缝连接。

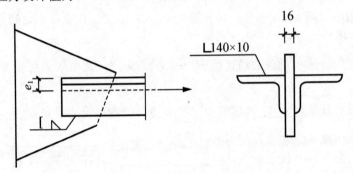

2. 下图所示为一螺栓连接，钢材为 Q235-BF，普通粗制螺栓(C 级)直径 $d = 24\text{mm}$，孔径 $d_0 = 24.5\text{mm}$，轴心力设计值 $F = 650\text{kN}$，螺栓抗剪强度设计值 $f_v^b = 140\text{N/mm}^2$，承压强度设计值 $f_c^b = 305\text{N/mm}^2$，钢板抗拉强度设计值 $f = 215\text{N/mm}^2$，问该连接是否安全。

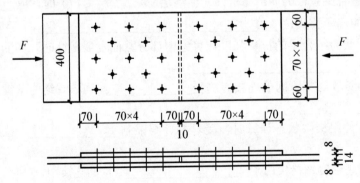

3. 验算下图所示截面的轴心受压柱能否安全工作。已知，柱的计算长度 $L_{ox}=6m$，$L_{oy}=3m$，受轴心压力设计值 $N=1500kN$。钢材为 Q235-BF，截面无削弱。截面几何特性：$A=8400mm^2$，$i_x=133.3\ mm$，$i_y=72.3mm$。翼缘为火焰切割边。

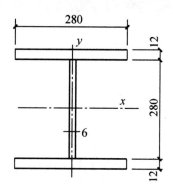

模块 13

结构设计软件
应用能力训练

一、学习目标与要求

1. 学习目标

能力目标：熟悉结构设计软件(PKPM 系列)的主要功能及其使用方法，具备简单结构的设计能力。

知识目标：掌握一般砌体结构、框架结构、钢结构的结构软件辅助设计知识。

态度养成目标：利用实际的结构设计软件进行训练，培养学生对设计图样的进一步认识，为学生毕业后进行工程施工和监理工作奠定良好的基础。

2. 学习要求

知识要点	能力要求	相关知识	所占分值 (100 分)
PKPM 结构设计软件简介	了解 PKPM 系列 CAD 平台软件的发展；熟知 PKPM 结构设计软件各模块的功能；掌握 PKPM 结构设计软件各模块的操作	PKPM 设计软件的发展；PKPM 结构设计软件的主要功能	10
钢筋混凝土多层框架结构设计	学会对简单的多层框架结构的设计；熟知多层框架结构设计过程中的重要事项	简单的多层框架结构的设计软件运用	30
砌体结构设计	学会对简单的砌体结构的设计；熟知砌体结构设计过程中的重要事项	简单的砌体结构的设计软件运用	30
门式刚架设计	学会对简单的工业厂房的设计能力；熟知工业厂房设计过程中的重要事项	简单的工业厂房的设计软件运用	30

二、重点难点分析

1. 主要内容及相互关系框图

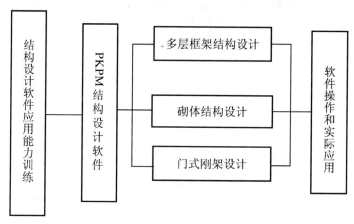

2. 重点与难点

本模块的重点是对以下知识点的理解：PKPM 软件系列、PKPM 软件绘图范围、PKPM 软件功能、PMCAD、楼层组装、结构形式、工具箱、PMSAP、TAT、JCCAD、活荷载、结构施工图、PK 恒荷载、SATWE、打印及转换、图形编辑、地震烈度、平面图、施工图、取数选择方式、PKPM 软件模块、框架结构设计方法、砌体结构设计方法、门式钢架结构设计方法。

本模块的难点是通过教师的引导，学生能初步进行钢筋混凝土多层框架结构设计、砌体结构设计门式钢架结构设计。

以下是对主要知识点的进一步解释。

(1) 学习 PKPM 结构系列软件应具备的知识有哪些？

答：主要有建筑结构荷载规范、抗震规范、混凝土结构设计规范等。并应考虑当地地方性的建筑法规。设计人员应熟悉当地的建筑材料的构成、货源情况、大致造价及当地的习惯做法，设计出经济合理的结构体系。

(2) PKPM 结构系列软件的组成？

答：主要有 PMCAD、SATWE、墙梁柱施工图、JCCAD、LTCAD、TAT、PMSAP 和 PK 8 个模块。本教材主要介绍和应用前 5 个，如图 13.1 所示。

同时还要注意各模块之间的关系，在设计的时候遵循怎样的顺序，也可以根据 PKPM 软件本身的顺序进行设计，不过有些模块会较少用到。

(3) 如何利用 PKCAD 建立模型？

答：建立模型的顺序主要有 7 步。

① 输入绘制结构需要的轴网。

② 生成网格，轴线命名或对网点进行编辑。

③ 定义楼层，布置本层信息和材料强度。

④ 荷载输入，荷载定义并通过人机交互输入工程各恒、活荷载。

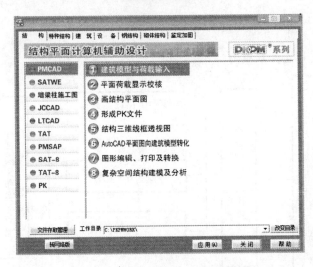

图 13.1　PKPM 结构软件模块组成

⑤ 输入相应的设计参数。

⑥ 楼层组装。

⑦ 保存退出。

注意事项：

① 弧轴网的建立。主要利用辐射角度和偏移距离。

② 错层和次梁。把有错层的部分按两个楼层设置即可，只是局部洞口较多的时候板按"刚性楼板"计算；次梁布置可直接按主梁布置，次梁里的错层选项可不设置。

③ 荷载输入问题。注意，此处的荷载指的是建筑物所承受的外部荷载，至于结构内部的荷载需要通过软件进行计算，因此荷载主要输入风荷、雪荷、楼面荷载、屋面荷载、设备荷载等。软件里设置了线荷载、面荷载和点荷载等荷载形式，设计者可按实际选择。

(4) PMCAD 模块的绘图范围要求和重要参数设置。

答：PMCAD 模块建模的时候需要对参数进行设置，参数对话框如图 13.2 所示。

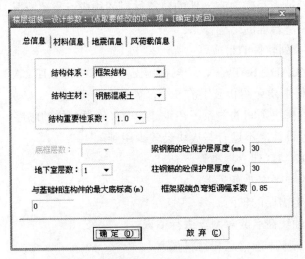

图 13.2　设计参数

本模块的参数主要是总参数信息的设置。

① 结构体系、结构主材：主要是不同的结构体系有不同的调整参数。

地下室层数：必须准确填写，主要有以下几个原因：风荷载、地震作用效应的计算必须要用到这个参数，有了这个参数，地下室以下的风荷载、水平地震效应就没有往下传，但竖向作用效应还是往下传递。地下室侧墙的计算也要用到。底部加强区也要用到这个参数。

与基础相连接的下部楼层数：要说明的是除了 PM 荷载和最下层的荷载能传递到基础外，其他嵌固层的基脚内力现在的程序都不能传递到基础。

② 材料信息。

③ 地震信息：设计地震分组，按抗震规范的附录 A 选择即可。

场地类别：程序是"场地土类型"，按《建筑地基基础设计规范》(GB 50007—2011) 的 3.0.3 条的 4 款，应该是"场地类别"。《建筑抗震设计规范》(GB 50011—2010) 的 3.3.2、3.3.3 条也是提的"建筑场地"，而不是"场地土"。一般的地质勘察报告要提出此参数。

计算震型个数：这个参数需要根据工程的实际情况来选择。对于一般工程，不少于 9 个。但如果是 2 层的结构，最多也就是 6 个，因为每层只有 3 个自由度，两层就是 6 个。对复杂、多塔、平面不规则的就要多选，一般要求"有效质量系数"大于 90% 即可，证明振型数取得足够。

这个"有效质量系数"最先是美国的 Wilson 教授提出来的，并且将它用于著名的 ETABS 程序。

《高层建筑混凝土结构技术规程》(JGJ 3—2010) 的 5.1.13-2 条要求 B 级高度的建筑和复杂的高层建筑"抗震计算时，宜考虑平扭耦连计算结构的扭转效应，振型数应不小于 15，对多塔楼结构的振型数不应少于塔数的 9 倍，且计算振型数应使振型参与质量不少于总质量的 90%"。

周期折减系数：这个参数是根据《高层建筑混凝土结构技术规程》的 3.3.16 条(强条) 要求，按 3.3.17 条进行折减的(框架为 0.6～0.7;框剪为 0.7～0.8；剪力墙为 0.9～1.0)。

④ 风荷载。修正后基本风压：根据《建筑结构荷载规范》(GB 50009—2012) 的 7.1.2 条，对与高层、高耸以及对风荷载比较敏感的其他结构，基本风压应适当提高，并应由有关的结构设计规范具体规定。按《高层建筑混凝土结构技术规程》的 3.2.2 条，对与特别重要或对风荷载比较敏感的高层建筑，其基本风压应按 100 年重现期的风压值采用。按规范的解释，房屋高度大于 60m 的都是对风荷载比较敏感的高层建筑。

(5) PMCAD 的绘图范围是多少？

答：① 层数≤190 层。

② 结构标准层和荷载标准层各≤190。

③ 正交网格时，横向网格、纵向网格各≤100 条；斜交网格时，网格线条数≤5000。

④ 网格节点总数≤8000。

⑤ 标准柱截面数≤300；标准梁截面数≤300。

⑥ 每层柱根数≤300。

⑦ 每层梁根数(不包括次梁)≤8000。

⑧ 每层墙数≤2500。

⑨ 每层房间总数≤3600。

⑩ 每层次梁总根数≤1200。

⑪ 每个房间周围最多可以容纳的梁墙数<150。

⑫ 每个节点周围不重叠的梁墙数≤6。

⑬ 每层房间次梁布置种类数≤40。

⑭ 每层房间顶制板布置种类数≤40。

⑮ 每层房间楼板开洞种类数≤40。

⑯ 每个房间楼板升洞数≤7。

⑰ 每个房间次梁布置数≤16。

(6) SATWE 数据中几个重要的参数如何设置?

① 总信息。

a. 水平力与整体坐标夹角(度):初始值为 0,SATWE 可以自动计算出这个最不利方向角,并在 wzq.out 中输出。可把这个角度作为地震作用的方向角重新进行计算,以体现最不利地震作用的影响。

b. 地震沿着不同的方向作用,结构地震反应的大小一般也不同。结构地震反应是地震作用方向角的函数(逆时针为正)。

c. 混凝土容重:27kN/m²(在自重荷载有利的情况下,要取 25kN/m²)。

d. 钢材容重:78kN/m²。

e. 裙房层数:按实际情况设置。高层建筑规范及抗震设计规范规定:与主楼连为整体的裙楼的抗震等级不应低于主楼的抗震等级,主楼结构在裙房顶部上下各一层应适当加强抗震措施;因此该数必须给定。

f. 转换层所在层号:按实际情况设置。该指定只为程序决定底部加强部位及转换层上下刚度比的计算和内力调整提供信息,同时,当转换层号大于等于 3 层时,程序自动对落地剪力墙、框支柱抗震等级增加一级,对转换层梁、柱及该层的弹性板定义仍要人工指定(层号为计算层号)。

g. 地下室层数:按实际情况设置。

a) 程序据此信息决定底部加强区范围和内力调整。

b) 当地下室局部层数不同时,以主楼地下室层数输入。

c) 地下室一般与上部共同作用分析。

d) 地下室刚度大于上部层刚度的 2 倍时,可不采用共同分析。

e) 地下室与上部共同分析时,程序中相对刚度一般为 3,模拟约束作用。

h. 墙元细分最大控制长度:程序限定 1.0~5.0 之间,隐含值为 2.0,该值对分析精度略有影响,但不敏感,对于一般工程,可取隐含值,对于框支剪力墙结构,可取得略小一些,取 1.5 或 1.0。

i. 对所有楼板采用刚性楼板假定:位移计算(周期计算)必须在刚性楼板假定条件下计算得到,而构件设计应采用弹性楼板计算。

进行高层建筑内力与位移计算时,可假定楼板在其自身平面内为无限刚性,相应的设计时应采取必要的措施保证楼板平面的整体刚度。

条文说明:在楼板有效宽度较窄的环形楼面或其他有大开洞楼面、有狭长外伸段楼面、局部变窄产生薄弱连接的楼面，联体结构的狭长连接体楼面等场合，楼板面内刚度有较大的削弱且不均匀，楼板的面内变形会使楼层内抗侧刚度较小的构件的位移和受力加大(相对刚性楼板假定而言)，计算时应考虑楼板面内变形的影响。

当楼板会产生较明显的面内变形时，计算时应考虑楼板的面内变形或对采用楼板面内无限刚性假定计算方法进行适当的调整。

j. 墙元侧向节点信息：对于多层结构，应选"出口"；对于高层结构，应选"内部"。

这是墙元刚度矩阵凝聚的一个控制参数，若选"出口"，则把墙元因细分而在其内部增加的节点凝聚掉，四边上的节点作为出口节点，墙元的变形协调性好，分析结果符合剪力墙的实际，但计算量较大；若选"内部"，则只把墙元上、下边的节点作为出口节点，墙元的其他节点均作为内部节点而被凝聚掉，墙元的变形协调性较差，精度略差，但效率高，实用性好。

l. 结构材料信息：按实际情况设置。

m. 结构体系：按实际情况设置。

n. 恒活荷载计算信息：一般选择"模拟施工方法 1"。当计算框架剪力墙等柱墙混用的结构的基础时选择"模拟施工方法 2"。如有竖吊构件(如吊柱)，必须选择"一次性加载"。

o. "模拟施工方法 1"加载：就是按一般的模拟施工方法，对于高层结构一般都采用这种方法计算。但这是在"基础嵌固约束"假定前提下的计算结果，未能考虑基础的不均匀沉降对结构构件内力的影响。若结构地基无不均匀沉降，上述分析结果更能较准确地反映结构的实际受力状态，但若结构地基有不均匀沉降，上述分析结果会存在一定的误差，尤其对于框剪结构，外围框架柱受力偏小，而剪力墙核心筒受力偏大，并给基础设计带来一定的困难。

p. "模拟施工方法 2"加载：在模拟施工方法 1 的基础上将竖向构件(墙、柱)的侧向刚度增大 10 倍的情况下，再进行结构计算，采用这种方法计算出的传给基础的力比较均匀合理，可以避免墙的轴力远远大于柱的轴力的不合理情况，由于竖向刚度放大，使水平梁两端的竖向位移差减少，从而使其剪力减少，这样就削弱了楼面荷载因刚度不均而导致的内力重分配，所以这种方法更接近于手算。

q. 风荷载计算信息：选择"计算风荷载"。

r. 地震作用计算信息：一般选择"计算水平地震力"。

程序在考虑竖向地震作用时，应注意以下几点。

a) 当上部结构楼层相对于下部楼层外挑时，用户应设置计算竖向地震作用。

b) 尚不能单独计算转换构件的竖向地震作用。如果用户需要，可整体考虑竖向地震作用。

c) 尚不能单独计算连体结构的连接体的竖向地震作用。如果用户需要，可整体考虑竖向地震作用。

② 风荷载信息。

a. 地面粗糙度类别。

《建筑结构荷载规范》7.2.1 指出，对于平坦或稍有起伏的地形，风压高度变化系数应根据地面粗糙度类别按表 7.2.1 确定。

地面粗糙程度可分为 A、B、C、D 4 类。

A 类指近海海面和海岛、海岸、湖岸及沙漠地区。

B 类指田野、乡村、丛林、丘陵以及房屋比较稀疏的乡镇和城市郊区。

C 类指有密集建筑群的城市市区。

D 类指有密集建筑群且房屋较高的城市市区。

b. 修正后的基本风压如下。

多层建筑:《建筑结构荷载规范》(强规)7.1.2 规定,基本风压应按本规范附录 D.4 中附表 D.4 给出的 50 年一遇的风压采用,但不得小于 0.3kN/m^2。

高层建筑:《高层建筑混凝土结构技术规程》(强规)3.2.2 规定,基本风压应按照国家标准《建筑结构荷载规范》的规定采用。对于特别重要或对风荷载比较敏感的高层建筑,其基本风压应按 100 年重现期的风压值采用。

条文说明:对风荷载是否敏感,主要与高层建筑的自振特性有关,目前尚无使用的划分标准。一般情况下,房屋高度大于 60m 的高层建筑可按 100 年一遇的风压值采用;对于房屋高度不超过 60m 的高层建筑,其基本风压是否提高,可由设计人员根据实际情况确定。

c. 结构基本周期:初始计算时,由程序按近似方法计算,建议计算出结构的基本周期后,再代入重新计算,对于风荷载起控制作用的结构应特别注意。

d. 体型系数:一般矩形民用房屋可按程序默认。但是对于高层建筑结构和形状特殊的结构应该注意根据规范的相关规定对该项进行调整。

e. 地震信息。结构规则性信息:选择"不规则"。当对结构进行第二轮计算时,则应该严格按照结构的实际情况根据规范中的有关规定,来判断结构的规则性。

f. 设计地震分组:上海大部分地区为设计地震第一组。

g. 设防烈度:上海一般选择"7 度(0.10g)"。

上面两个参数的设置应参考《建筑抗震设计规范》附录 A "我国主要城镇抗震设防烈度、设计基本地震加速度和设计地震分组"。但在做金山、崇明和外地工程时应特别注意,对于其抗震设防烈度、设计地震分组等相关参数应查相关资料来确定。另外在收到勘查报告时,一定要仔细查看该项内容,防止勘查单位出错。

h. 场地土类型:上海一般选择"上海地区",该项内容应参考勘查地质报告。

i. 框架抗震等级、剪力墙抗震等级。

j. 考虑偶然偏心、考虑双向地震:一般情况下,质量与刚度分布规则时,选择"考虑偶然偏心"选项;当质量与刚度分布不规则时,选择"考虑双向地震"选项。

k. 计算阵型个数:地震力阵型数至少取 3,由于程序按 3 个阵型一页输出,所以阵型数最好为 3 的倍数。一般计算阵型数应大于 9,多塔结构计算阵型数应取得更多些。但也要注意一点:此处的阵型数不能超过结构的固有阵型的总数,比如说,一个规则的两层结构,采用刚性楼板假定,整个结构共 6 个有效自由度,这时阵型个数最多取 6 个,否则会造成地震力计算异常。对于复杂、多塔以及平面不规则的建筑就要多选,一般要求有效质量数大于 90%即可,证明阵型数取得足够多了。

l. 活荷质量折减系数:指计算重力荷载代表值时的活荷载组合系数,一般取 0.5(对于藏书库、档案库、库房等建筑应特别注意)。调整系数只改变楼层质量,不改变荷载总值,即对竖向荷载作用下的内力计算无影响。

多层建筑:《抗规》5.1.3 规定,计算地震作用时,建筑的重力荷载代表值应取结构和构配件自重标准值和各可变荷载组合值之和。各可变荷载的组合值系数应按表 5.1.3 采用。表 5.1.3 略。

高层建筑：计算地震作用时，建筑结构的重力荷载代表值应取永久荷载标准值和可变荷载组合值之和。

可变荷载的组合值系数应按下列规定采用。

a) 雪荷载取 0.5。

b) 楼面活荷载按实际情况计算时取 1.0；按等效均布荷载计算时，藏书库、档案库、库房取 0.8，一般建筑取 0.5。

m. 周期折减系数：(高层多层相同)。

计算各阵型地震影响系数所采用的结构自振周期应考虑非承重墙体的刚度影响予以折减。当承重墙体为填充砖墙时，高层建筑结构的计算自振周期折减系数可按下列规定取值。

a) 框架结构可取 0.6~0.7。

b) 框架剪力墙结构可取 0.7~0.8。

c) 剪力墙结构可取 0.9~1.0。

n. 结构的阻尼比：对于一些常规结构，程序给出了结构阻尼的隐含值(高层多层相同)。钢筋混凝土高层建筑结构的阻尼比应取 0.05。

o. 特征周期、多遇地震影响系数最大值、罕遇地震影响系数最大值：可通过抗震规范规定，也可根据具体需要来指定。

③ 活荷信息。

a. 柱、墙设计时活荷载，传给基础的活荷载，柱、墙、基础活荷载折减系数：第1(2)-7项中的结构在设计墙、柱和基础时最好不进行折减。对于其他建筑，"柱、墙设计时活荷载"选择不折减；"传给基础的活荷载"选择折减，其折减系数按下面规范规定确定。

b. 考虑活荷不利布置的最高层号：在恒荷载与活荷载分开算的前提下，若将此参数填 0，表示不考虑梁活荷不利布置作用；若填大于零的数 NL，则表示 $1-NL$ 各层考虑梁活荷载的不利布置，而 $NL+1$ 层以上则不考虑活荷不利布置。

④ 调整信息。

a. 梁端负弯矩调幅系数：取 0.85。

b. 设计弯矩放大系数：与活荷载的不利布置不能同时考虑。(建议该项设置为1.0)

c. 梁扭矩折减系数：一般取 0.4。SATWE 软件中受扭折减系数对圆弧梁、定义了弹性楼板的梁均不起作用。

d. 剪力墙加强区起算层：用户可以通过此项人工指定加强区的起算层号的手段来指定地下室为非加强区。

e. 连梁刚度折减系数：一般取 0.7。

通常，设防烈度低时可少折减一些(6、7 度时可取 0.7)，设防烈度高时可多折减一些(8、9 度时可取 0.5)。折减系数不宜小于 0.5，以保证连梁承受竖向荷载的能力。

对框架剪力墙结构中一端与柱连接、一端与墙连接的梁以及剪力墙结构中的某些连梁，如果跨高比加大(比如大于 5)、重力作用效应比水平风或水平地震作用效应更为明显，此时应慎重考虑梁刚度的折减问题，必要时可不进行梁刚度的折减，以控制正常使用阶段梁裂缝的发生和发展。

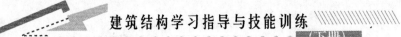

f. 中梁刚度放大系数：在结构内力与位移计算中，现浇楼面和装配整体式楼面中梁的刚度可考虑翼缘的作用予以增大。楼面梁刚度增大系数可根据翼缘的情况取 1.3～2.0。

对于无现浇面层的装配式结构，可不考虑楼面翼缘的作用。

g. 调整与框支柱相连梁的内力：按抗震 5.2.5 调整各楼层地震力；激活该选项。

《建筑抗震设计规范》5.2.5 水平地震作用计算时，结构各楼层对应于地震作用标准值的剪力应符合下式要求：

$$V_{Eki} = \lambda \sum_{j=i}^{n} G_j$$

式中：V_{Eki}——第 i 层对应于水平地震作用标准值的剪力；

λ——水平地震剪力系数，应不小于表 13-1 规定的值，对于竖向不规则结构的薄弱层，还应乘以 1.15 的增大系数；

G_j——第 j 层的重力荷载代表值；

n——结构计算总层数。

表 13-1 楼层最小地震剪力系数

类 别	7 度	8 度	9 度
扭转效应明显或基本周期小于 3.5s 的结构	0.016(0.024)	0.032(0.048)	0.064
基本周期大于 5.0s 的结构	0.012(0.018)	0.024(0.032)	0.040

注：(1) 基本周期介于 3.5s 和 5.0s 之间的结构，应允许线性插入取值。

(2) 7、8 度的括号内的数值分别用于设计基本地震加速度为 0.15g 和 0.30g 的地区。

h. 指定薄弱层个数、各薄弱层层号：强制指定薄弱层时选用。

对于框架结构，底层无填充墙的架空层计算无法反映抗侧刚度较弱的实际情况，底层地震力适当放大。当用户自行确认了某层抗侧力构件的受剪承载力小于其上一层的 80% 时，则应将该层手工设置为薄弱层。计算程序也无法自动判断因抗侧构件竖向布置不连续而造成的薄弱层。对于转换层结构，不管程序按刚度来判断该层是否为薄弱层，用户都应将该层设置为薄弱层。

i. 全楼地震力放大系数：取 1.0。

j. 调整起始层号、终止层号。

⑤ 设计信息。

a. 考虑 $P-\triangle$ 效应：一般不激活该项。

程序自动验算是否需要考虑重力二阶效应，其结果在 WMASS.OUT 中，如果不能满足规范要求，则选择该项，重新进行计算。

b. 梁柱重叠部分简化为刚域：在柱截面较大时，可激活该项。该项针对异型柱而言，对于普通的多层框架，一般都不考虑该选项。

c. 按高规或高钢规进行构件设计：高层结构激活该项。

d. 钢柱计算长度系数按有侧移计算：不激活该项。

混凝土柱的计算长度系数计算执行混凝土规范 7.3.11－3 条：要先人工判断，然后决定是否激活该项。对于一般框架，没有特殊的水平荷载和特殊的框架节点的情况下，不激活该项。对于柱上安装大跨度屋面或者梁柱线刚度相差较大的情况下最好激活该项。

e. 结构重要性系数：《建筑结构可靠度设计统一标准》(GB 50068—2001)7.0.3 规定，结构重要性系数应按下列规定采用。

a) 对安全等级为一级或设计适用年限为 100 年及以上的结构构件，应不小于 1.1。

b) 对于安全等级为二级或设计使用年限为 50 年的结构构件，应不小于 1.0。

c) 对安全等级为三级或设计使用年限为 5 年的结构构件，应不小于 0.9。

f. 梁保护层厚度、柱保护层厚度：纵向受力的普通钢筋及预应力钢筋，其混凝土保护层厚度(钢筋外边缘至混凝土表面的距离)应不小于钢筋的公称直径，且应符合表 13-2 的规定。

表 13-2　纵向受力钢筋的混凝土保护层最小厚度(mm)

环境类别		板墙壳			梁			柱		
		≤C20	C25~C45	≥C50	≤C20	C25~C45	≥C50	≤C20	C25~C45	≥C50
一		20	15	15	30	25	25	30	30	30
二	a	—	20	20	—	30	30	—	30	30
	b	—	25	20	—	35	30	—	35	30
三		—	30	25	—	40	35	—	40	35

注：基础中纵向受力钢筋的混凝土保护层厚度应不小于 40mm；当无垫层时应不小于 70mm。

g. 钢构件截面净毛面积比：不选择该项。

h. 柱配筋计算原则：选择"按单偏压计算"选项；在计算完成后按双偏压对柱进行验算。

⑥ 配筋信息。

a. 梁、柱、墙主筋强度：一般为 300 或 360。

b. 梁、柱箍筋强度：一般为 210；如果在配筋时修改钢筋强度，应进行折算。

c. 墙分布筋强度：一般为 300 或 360；程序默认值为 210，需要修改。如果在配筋时修改钢筋强度，应进行折算。

d. 梁箍筋间距：100；如果在配筋时修改钢筋强度，应进行折算。

e. 柱箍筋间距：100；如果在配筋时修改钢筋强度，应进行折算。

f. 墙水平分布钢筋间距：200；如果在配筋时修改钢筋强度，应进行折算。

g. 墙竖向分布钢筋配筋率：按经验事先选择钢筋组合，计算出各组合的最小配筋率填入。竖向分布钢筋的多少会影响端头暗柱的纵向钢筋。

⑦ 地下室信息。

回填土对地下室约束相对刚度比：3；外墙分布筋保护层厚度：50；回填土容重：18；室外地坪标高：按实际；回填土侧压力系数：按静止土压力系数，0.5；地下水位标高：按实际；室外地面附加荷载：10；人防设计信息：略。

⑧ 吊车荷载，复制前层、层重定义。

(7) 墙梁柱施工图的绘制要点有哪些？

此处的操作非常简单，但是应该注意构件尺寸的选择，熟悉规范要求是设计的重点，不过此处涉及的规范太多，不做介绍。

在软件操作上，注意以下几点。

① 构件类型的选择，如界面类型、材料类型和受力类型等。

② 构件布置的便宜，如左、右、上、下不同方向的设置。

③ 还应注意不要出现背离受力要求的构件。

(8) 基础资料的建立和应用需要注意哪些?

答：基础的基本资料可调用。

设计时还应该注意的知识包括以下方面。

① 在柱下扩展基础宽度较宽(大于 4m)或地基不均匀及地基较软时宜采用柱下条基，并应考虑节点处基础底面积双向重复使用的不利因素，适当加宽基础。

② 混凝土基础下应做垫层。当有防水层时，应考虑防水层厚度。

③ 地下室外墙为混凝土时，相应的楼层处梁和基础梁可取消。

④ 独立基础偏心不能过大，必要时可与相近的柱做柱下条基。柱下条形基础的底板偏心不能过大，必要时可做成三面支承一面自由板(类似筏基中间开洞)。两根柱的柱下条基的荷载重心和基础底版的形心宜重合，基础底板可做成梯形或台阶形，或调整挑梁两端的出挑长度。

⑤ 采用独立柱基时，独立基础受弯配筋不必满足最小配筋率要求，除非此基础非常重要，但配筋也不得过小。独立基础是介于钢筋混凝土和素混凝土之间的结构。面积不大的独立基础宜采用锥型基础，方便施工。

⑥ 独立基础的拉梁宜通长配筋，其下应垫焦碴。拉梁顶标高宜较高，否则底层墙体过高。

⑦ 基础底板混凝土不宜大于 C30，一是没用，二是容易出现裂缝。

⑧ 可用 JCCAD 软件自动生成基础布置和基础详图。生成的基础平面图名为 JCPM.T，生成的基础详图名为 JCXT.T。

(9) 楼梯模块的建立和应用需要注意哪些?

答：楼梯类型的选择、踏步的设置、梯段的高度是这一模块的重点。

① 梯梁至下面的梯板高度是否够，以免碰头，尤其是建筑入口处。

② 楼梯梯段板计算方法：当休息平台板厚为 80~100，梯段板厚 100~130，梯段板跨度小于 4m 时，应采用 1/10 的计算系数，并上下配筋相同；当休息平台板厚为 80~100，梯段板厚 160~200，梯段板跨度约 6m 时，应采用 1/8 的计算系数，板上配筋可取跨中的 1/3~1/4，并且不得过大。此两种计算方法是偏于保守的。任何时候休息平台与梯段板平行方向的上筋均应拉通，并应与梯段板的配筋相应。梯段板板厚一般取 1/25~1/30 跨度。

楼梯的设计可参考规范。

(10) 多层框架结构设计要点有哪些?

答：多层框架结构设计的操作顺序容易掌握，重要的是通过设计进行验算，从而得到合理的结果，而对于初学者来说这一过程则需要反复验算和修改，以下几个是设计时需要注意的地方。

① 柱计算长度系数的选取。

② 梁-柱保护层厚度按规范取。

③ 对于大截面的柱，可考虑梁、柱重叠部分为刚域。

④ 一般可考虑梁刚度放大、扭矩折减，以考虑楼板的影响。

⑤ 梁弹性挠度以主梁为主，次梁的挠度计算仅供参考。

⑥ 恒载一般用"模拟施工一"，也可用"一次性加载"。

(11) 砌体结构设计要点。

答：砌体结构的设计和多层框架结构类似，不过要多注意抗震方面的内容。以下是几个设计者需熟悉的数值。

② 砂浆的抗剪强度上限为 M10。

② 施工质量等级：A、B、C 级。A—1.05，B—1，C—0.89。

③ 在砖混结构中，地震影响系数取了 $\alpha_1 = \alpha_{max}$，因此，场地土类型和地震周期对地震力都没有影响。

③ 地震剪力能考虑 3 种情况：刚性楼板、柔性楼板、刚柔性楼板。

⑤ 默认构造柱钢筋需用户自己按规范确定。

(12) 门式刚架设计要点

答：简单地说，门式刚架的模型的建立主要是通过三维模型数据的输入、单榀刚架的设置和整体结构的稳定验算来完成的。不过设计的时候必须要满足技术先进，经济合理，安全适用的要求，因此需要对模型进行安全和经济方面的处理，主要表现在以下几个方面。

① 技术设计要求。

轴线定位：一般情况下横向边轴线定于边柱外皮，纵向边轴线定于抗风柱外皮。

常用屋面坡度 5%，且门式刚架轻型房屋的屋面坡度宜取 1/8～1/20，在雨水较多的地区宜取其中的较大值。过大会导致女儿墙增加高度，大于 6%不能利用腹板屈曲后抗剪承载力，拉力场影响。过小会影响排水(坡度变化率)、梁的变高度的速度。

屋面应为压型钢板。

合理与最优柱距：应与跨度匹配，大跨度采用大间距，跨度与间距的比一般以 2.5～3.5为宜，常用 7.5～12m，常用最优柱距在 9m。(檩条、吊车梁影响)

常用截面尺寸如下。

单跨：加腋端高 $L/33$ 左右，加腋长度$(0.15～0.25)L$；跨中高$(1/50～1/60)L$；工形截面高宽比 2～5；

多跨：中柱加腋端 $L/28$ 左右，加腋长度$(1/4～1/5)L$；

② 安全方面的要求。

必须进行双向的抗震验算；选材一般选择钢结构；结构由必须的刚度要求；控制轴压比、宽厚比等；墙、屋面檩条进行必要的验算和要求，如图 13.3 所示。

③ 经济方面的要求。

如改变梁柱界面类型对钢用量的节省、改变节点形式对钢用量的节省和根据受力选择合适的跨度等。

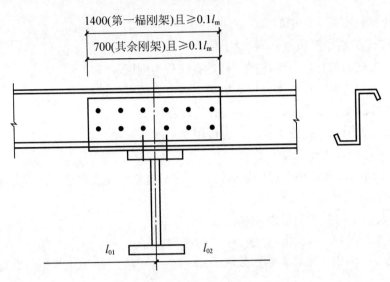

图 13.3   檩条的类型和连接要求

三、典型示例分析

1. 填空题

(1) PMCAD 建立模型时，辅助捕捉方式有____和____两种。

答：角度捕捉和距离捕捉。可以通过两种捕捉方式准确方便的进行定位。

(2) PMCAD 建立模型时，主要有____、____、____和____需要定义。

答：主要有梁、柱、板和墙需要定义。

(3) 程序初始网点间设置距离为____，若不合理可修改。

答：初始为 50mm。

(4) 板厚的尺寸单位为____。

答：米。

(5) 程序出图文件的后缀为____，可以通过软件转成 CAD 格式。

答：.T。

2. 简答题

(1) 偏心对齐的作用是什么？

答：通过偏心对齐可以将梁柱构件准确地布置在合适的位置上，使图形整齐、美观且符合设计的要求。

(2) PMCAD 中输入的荷载将在什么地方起到作用？

答：此处的荷载主要是为了进行 SATWE 模块的结构验算。

(3) 某层平面的某处,楼板厚度输入为 0 与该处作楼板开洞(无楼板)在程序上有什么不同？

答：在楼板厚度上输入 0，软件还会进行相应的荷载计算，但是无楼板软件则不予计算，一般只有在设置楼梯的时候才将按无楼板处理。

(4) 风荷载计算中考虑了哪些修正系数？

答：风荷载计算中考虑了风压沿高度的变化系数，地面粗糙度的影响，风荷载体型系数，风振系数。

(5) 形成的 PK 文件中，梁荷载是否含自重部分？

答：形成的框架或连梁 PK 数据中均不含梁自重，杆件自重在 PK 计算程序中自动考虑。

(6) 砖混底框计算时是否可以不考虑地震作用？

答：当选择生成砖混底框数据后，若设定抗震等级为 5 级，则 PK 不作抗震计算。

3．上机题

(1) 用 PMCAD 绘制图 13.4 所示轴网。

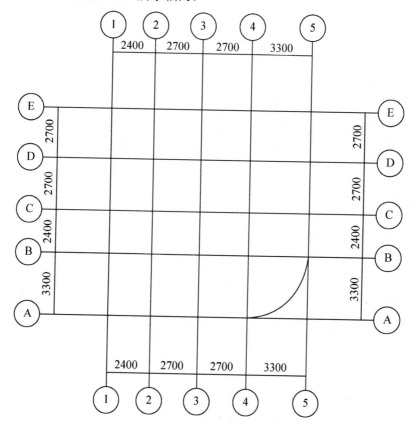

图 13.4　轴网图

(2) 定义一个 600mm×300mm×350mm 的混凝土异形柱。

(3) 跨度为 6m，截面尺寸为 300mm×500mm 的 C20 混凝土梁，若跨中作用一个 80kN 的集中力，构件是否满足？

(4) 某厂房采用单跨双坡门式刚架，厂房跨度 21m，长度 90m，柱距 9m，檐高 7.5m，屋面坡度 1/10。刚架为等截面的梁、柱，柱脚为铰接。

材料：采用 Q235 钢材，焊条采用 E43 型。屋面和墙面采用 75mm 厚 EPS 夹芯板，底面和外面二层采用 0.6mm 厚镀锌彩板，芯板厚度为 275g/m²；檩条采用高强镀锌冷弯薄壁卷边 Z 形钢檩条，屈服强度为 $f_y \geq 450\text{N/mm}^2$，镀锌厚度为 160g/m²。(不考虑墙面自重)

自然条件：基本风压 $W_0=0.5\text{kN/m}^2$，基本雪压 0.3kN/m²，地面粗糙度 B 类。

四、技能训练

1. 填空题

(1) 混凝土在自重荷载有利的情况下，容重取_____。

(2) 地面粗糙程度为 B 类，类指_____的地区。

(3) 基本风压按_____一遇采用。

(4) _____形建筑体形系数最小。

2. 问答题

(1) 在砖混结构中构造柱下生成独立基础如何处理？

(2) 什么叫荷载标准层？

(3) 如何改变墙体的材料？

(4) 如何从 T 图转到 CAD 图？

(5) 哪些构件需要偏心对齐？

(6) 如何输入一些常用的特殊符号，如钢筋直径、一级和二级钢筋、正负号、平方号等？

(7) 打开设计文件的方法是什么？

(8) 楼层组装自动计算底标高的含义是什么？

(9) 如何处理楼梯间的荷载？

五、参考答案

1. 填空题

(1) 25kN/m²；(2) 田野、乡村、丛林、丘陵以及房屋比较稀疏的乡镇和城市郊区；(3) 50；(4) 圆。

2. 问答题

(1) 答：用户采用的是 PM 恒+活荷载，该荷载有节点荷载，程序在进行基础计算时读到构造柱所在节点上的的荷载(一般由构造拄自重产生)，则自动生成独立基础。

处理办法：在"荷载编辑"菜单中，删除构造柱所在节点上的的荷载，并相应增加该节点周围有墙网格上的线荷载。若采用"砖混荷载"则构造柱荷载已转化为均布荷载，也不会产生独立基础。

(2) 答：楼面均布恒载和活载相同的相邻楼层。

(3) 答：这里指定墙体材料是混凝土或是砖的材料。混凝土墙是紫红色显示，砖墙是红色。如本标准层墙体材料不同于一开始输入的材料，单击此菜单作个别墙体修改，移动光标点取需修改的墙体即可。

(4) 打开 TCAD 软件，打开所需图形，在菜单工具栏选择"T 转 CAD"选项即可。

(5) 需要偏心对齐的构件主要有梁、柱。

(6) 可以通过%%+P、C、D 的方式输入。

(7) 打开软件，修改工作目录。

(8) 一般默认为 0.000，不选择时可以自己设定，主要应用于不同结构的拼装，可参考广义层的应用。

(9) 运行"输入次梁楼板"之后，执行"输入荷载信息"命令。经过人机交互方式输入各楼层楼面、梁间、柱间、墙间、节点、次梁等补充荷载信息，自动把楼面荷载向次梁、主梁等杆件导算，完成各房间内次梁交叉杆系的计算，求出次梁传到主梁的剪力，完成楼层内主梁杆系的计算，求出各主梁两端的剪力，从而完成楼层间自上而下竖向力的传递计算。

综合技能测试（一）

一、填空题(本大题共 10 小题，每小题 1 分，共 10 分。请在每小题的空格中填上正确答案。错填、不填均无分)

1. 钢筋混凝土结构设计中与适用性、耐久性对应的极限状态称为____极限状态。

2. 当结构丧失稳定时，则认为该结构超过了____极限状态。

3. 没有明显屈服点钢筋的条件屈服强度取残余应变为____时所对应的应力。

4. 混凝土在荷载长期作用下，即使应力维持不变，它的应变也会随时间继续增长，这种现象称为混凝土的____。

5. 钢材标号 Q235BF 中的 235 表示材料的____为 235 MPa。

6. 砌体的弯曲受拉破坏形式根据块材强度、砂浆强度的高低及破坏部位的不同，分为沿齿缝破坏、沿直缝破坏和沿____破坏。

7. 根据配筋率的不同，可将梁分为____、超筋梁、少筋梁三种类型。

8. 钢结构中轴心受力构件的刚度是用它的____来衡量的。

9. ____指其承重构件的材料是由块材和砂浆砌筑而成的结构。

10. 圈梁被洞口截断时，按构造要求在洞口上部设附加圈梁，圈梁的搭接长度 L 至少应为____。

二、单项选择题(本大题共 10 小题，每小题 2 分，共 20 分。在每小题列出的四个备选项中只有一个是符合题目要求的，请将其代码填写在题中的括号内。错选、多选或未选均无分)

1. 以下受弯构件正截面承载力计算中基本假设中，(　　)是错的。

　A. 截面应变保持平面

　B. 考虑混凝土抗拉强度

　C. 混凝土受压应力-应变关系采用简化形式

　D. 钢筋应力-应变关系

2. 钢筋混凝柱纵向钢筋距离取(　　)。

　A. 净距≥50mm，中距≤350mm　　　　B. 净距≥25mm，中距≤300mm

　C. 净距≥50mm，中距≤250mm　　　　D. 净距≥60mm，中距≤350mm

3. 钢筋混凝土对称配筋小偏心受压构件破坏时，远离轴向力一侧的钢筋(　　)。

　A. 一定受拉　　　B. 一定受压　　　C. 屈服　　　　　D. 不屈服

4. 10.9 级高强度螺栓表示(　　)。

　A. 螺栓抗拉强度为 10.9MPa

　B. 螺栓直径为 10.9mm

　C. 螺栓抗剪强度为 10.9 MPa

　D.螺栓成品的抗拉强度不低于 1000 MPa 和屈强比为 0.9

5. 用水泥沙浆砌体时，砌体抗压强度设计值应乘以调整系数 γ =(　　)。

A. 0.85　　　　　B. 1.0　　　　　C. 1.1　　　　　D. 1.5

6. 砖混结构房屋的静力计算方案取决于(　　)。
　　A. 板(屋盖)种类及横墙间距　　　　B. 层高
　　C. 开间及进深尺寸　　　　　　　　D. 结构荷载

7. 挑梁埋入砌体的长度与挑出长度之比应为(　　)。
　　A. 上部有砌体时 1∶1，无砌体时 1∶2
　　B. 上部有砌体时 1∶1.5，无砌体时 1∶2
　　C. 上部有砌体时 1∶1，无砌体时 1∶1.5
　　D. 需计算

8. 墙体的高厚比验算与(　　)无关。
　　A. 稳定性　　　　　　　　　　　　B. 承载力大小
　　C. 开洞及洞口大小　　　　　　　　D. 是否承重

9. 在用分层法计算多层框架内力时，中间层某柱的柱端弯矩(　　)。
　　A. 只与该柱所属的一个开口框架计算单元有关
　　B. 只与该柱所属的两个开口框架计算单元有关
　　C. 与所有开口框架计算单元有关
　　D. 与所有开口框架计算单元无关

10. 现浇钢筋混凝土单向板肋梁楼盖的主次梁相交处，在主梁中设置附加横向钢筋的目的是(　　)。
　　A. 承担剪力
　　B. 防止主梁发生弯破坏
　　C. 防止主梁产生过大的挠度
　　D. 防止主梁由于斜裂缝引起的局部破坏

三、多项选择题(本大题共 5 小题，每小题 2 分，共 10 分。在每小题列出的四个备选项中有两个或两个以上是符合题目要求的，请将其代码填写在题中的括号内。错选、多选均无分，少选选一个的 0.5 分，最高不超过 2 分)

1. 影响斜截面破坏形态的因素有(　　)。
　　A. 剪跨比　　　B. 荷载大小　　　C. 截面尺寸大小　　D. 箍筋含量

2. 高层建筑不设伸缩缝应采取的措施是(　　)。
　　A. 设后浇带　　　　　　　　　　B. 屋面设隔热层、保温层
　　C. 加大顶层结构的刚度　　　　　D. 加大温度敏感处的结构配筋

3. 铺板式楼盖的结构布置常见方案有(　　)。
　　A. 横墙承重　　　　　　　　　　B. 纵墙承重
　　C. 纵横墙混合承重　　　　　　　D. 框架承重

4. 根据配筋率的不同，可以将梁分为(　　)。
　　A. 适筋梁　　　B. 多筋梁　　　C. 少筋梁　　　D. 超筋梁

5. 房屋的静力计算方案有(　　)。
　　A. 刚性方案　　　B. 柔性方案　　　C. 刚弹性方案　　　D. 弹性方案

四、判断题(本大题共 10 小题，每小题 1 分，共 10 分)

1. 钢结构中，高强度螺栓连接是靠构件之间的摩擦阻力来传递内力的。 （   ）
2. 砖砌体房屋，梁跨大于等于 8m，其支承处应设置混凝土或钢筋混凝土垫块。 （   ）
3. 框架结构设计时，应满足"强柱弱梁"的要求。 （   ）
4. 四边支承的现浇板，当长短边之比≥3(塑性方法)时为单向板。 （   ）
5. 当长细比 $10/b ≤ 8$ 时，柱子稳定系数取 1。 （   ）
6. 钢筋混凝柱短边尺寸>400 应设置复合箍筋。 （   ）
7. 梁端下可设刚性垫块。 （   ）
8. 钢屋盖由钢屋架、钢屋板和支撑 3 部分组成。 （   ）
9. 过梁是受弯构件。 （   ）
10. 加劲肋能提高腹板的局部稳定性。 （   ）

五、名词解释题(本大题共 3 小题，每小题 2 分，共 6 分)

1. 双向板。
2. 组合砌体。
3. 荷载效应。

六、简答题(本大题共 4 小题，每小题 3 分，共 12 分)

1. 斜截面受剪承载力计算截面位置有哪些？
2. 适筋梁正截面受力全过程划分为几阶段？各阶段主要特点是什么？
3. 混合结构房屋的静力计算方案有哪几种？如何划分？
4. 箍筋的作用有哪些？

七、计算题(本大题共 4 小题，每小题 8 分，共 32 分)

1. 某轴心受压柱，截面尺寸为 $b×h$ =300mm×300mm，配有 $4\underline{\Phi}20(A_s=1256 \text{ mm}^2)$ 的纵向受压钢筋，箍筋$\Phi6@300$，计算长度 $l_0 = 4m$，混凝土采用 C20(f_c=10N/ mm^2)，柱承受轴向压力设计值 N=1100kN，试校验此柱是否安全。

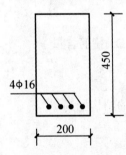

图 13.5　计算题 3 图

2. 砖柱截面为 490mm×370mm，采用强度等级为 MU10 的黏土砖与 M5 的混合砂浆，砖砌体自重 19kN/m^3，柱顶承受轴心压力设计值为 150kN，柱计算高度 H_0=5m，试验算柱底截面是否安全。

3. 某大梁截面尺寸及配筋如图 13.5 所示，弯矩设计值 M=80kN·m，混凝土强度等级为 C20，HRB335 级钢筋。验算此梁是否安全。

4. 矩形截面偏心受拉构件，截面为 b=300mm，h=400mm，承受的轴向拉力设计值 N=700kN，弯矩设计值 M=40kN·m，采用 C20 混凝土，HRB335 级钢筋，$a_s = a'_s = 35$mm。求构件的配筋 A_s 及 A'_s。

综合技能测试(二)

一、填空题(本大题共 9 小题，每空 1 分，共 10 分。请在每小题的空格中填上正确答案。错填、不填均无分)

1. 碳在钢中是除铁以外(低合金钢除外)含量极多的元素，它对钢材性能的影响很大，随着含碳量的提高，钢材的强度逐渐____。

2. 冷拉是将钢筋拉至超过____，即强化阶段中的某一应力值验算确定。

3. 砌体抗拉、抗弯、抗剪强度大大低于其____。

4. 建筑结构应具备的功能要求是安全性、适用性、____、稳固性和耐火性。

5. 格构式构件一般由两个或多个型钢肢件组成，肢件间以缀材相连，缀材有缀条和____两种形式。

6. 配置____可使梁的受剪承载力有较大提高。

7. 内力重分布的方法是以形成____为前提。

8. ____是防止梁端在延性的弯曲破坏前出现脆性的剪切破坏。

9. 焊接按受力不同可分为____和____两类。

二、单项选择题(本大题共 10 小题，每小题 2 分，共 20 分。在每小题列出的四个备选项中只有一个是符合题目要求的，请将其代码填写在题中的括号内。错选、多选或未选均无分)

1. 严格要求不允许出现裂缝的构件，裂缝控制等级为( )。
   A. 一级　　　　　B. 二级　　　　　C. 三级　　　　　D. 四级

2. 在以下 4 种状态中，结构或构件超过承载能力极限状态的是( )。
   A. 构件受拉区混凝土出现裂缝　　　B. 结构转变机动体系
   C. 结构发生影响正常使用的振动　　D. 结构发生影响耐久性的局部损坏

3. 主次梁相交处，主梁上设附加横向钢筋布置在长度为( )范围内。
   A. 2 倍主梁高　　B. $2h_1+3b$(h_1 为主梁与次梁的高度差，b 为次梁宽)
   C. 1m　　　　　D. 1.5m

4. 砖砌围墙在风荷载作用下的破坏为砌体弯曲受拉沿( )破坏。
   A. 齿缝破坏　　B. 直缝破坏　　C. 通缝截面破坏　　D. 斜缝破坏

5. 柱基础中最常用的类型是( )。
   A. 柱下单独基础　　　　　　　B. 条形基础
   C. 十字交叉条形基础　　　　　D. 片筏基础

6. 预制板在梁上及墙上的支承长度分别为( )。
   A. ≥80mm，≥100mm　　　　　B. ≥100mm，≥80mm
   C. ≥120mm，≥80mm　　　　　D. ≥100mm，≥60mm

7. 施工质量等级为 C 级时，砌体强度设计值调整系数 γ_a =( )。
   A. 0.9　　　　　B. 0.89　　　　　C. 1.1　　　　　D. 0.8

8. 砌体局部受压强度(　　)砌体轴心抗压强度。

    A. 大于　　　　　　　B. 小于　　　　　　　C. 等于　　　　　　　D. 不能判断

9. 计算结构长期荷载效应组合值时，对活荷载的处理方法是(　　)。

    A. 不考虑活荷载作用　　　　　　　B. 考虑部分活荷载的设计值

    C. 计入活荷载的标准值　　　　　　D. 计入活荷载的准永久值

10. 多层框架结构，在水平荷载作用下的侧移主要是由(　　)。

    A. 梁剪切变形引起的侧移　　　　　B. 柱剪切变形引起的侧移

    C. 梁、柱弯曲剪切变形引起的侧移　D. 柱轴向变形引起的侧移

三、多项选择题(本大题共 5 小题，每小题 2 分，共 10 分。在每小题列出的四个备选项中有两个或两个以上是符合题目要求的，请将其代码填写在题中的括号内。错选、多选均无分，少选选一个的 0.5 分，最高不超过 2 分)

1. 在砖混结构房屋中所采用的抗震措施有(　　)。

    A. 设置过梁　　　B. 设置圈梁　　　C. 设隔墙　　　D. 设构造柱

2. 徐变与(　　)有关。

    A. 水灰比　　　　　　　　　　　B. 骨料弹性模量

    C. 养护条件　　　　　　　　　　D. 构件截面中的应力

3. 关于圈梁说法正确的是(　　)。

    A. 圈梁宜连续地设在同一水平面上并形成封闭状

    B. 圈梁可以增加房屋结构的整体性

    C. 必须与墙体同厚

    D. 可增大墙体承载力

4. 高层建筑不设伸缩缝应采取的措施是(　　)。

    A. 屋面设隔热层、保温层　　　B. 加大顶层结构的刚度

    C. 加大温度敏感处的结构配筋　D. 设后浇带

5. 混凝土与钢筋之间的黏结力的组成有(　　)。

    A. 摩擦力　　　B. 机械咬合力　　　C. 张拉力　　　D. 胶合力

四、判断题(本大题共 10 小题，每小题 1 分，共 10 分)

1. 砖混结构墙柱高厚比验算与砂浆等级有关。　　　　　　　　　　　(　　)

2. 现浇楼盖刚度大，整体性好，抗冲击性能差。　　　　　　　　　　(　　)

3. 砌体结构适用于以受压为主的结构。　　　　　　　　　　　　　　(　　)

4. 对于钢筋混凝土现浇柱截面尺寸不宜小于 200mm×200mm。　　　(　　)

5. 钢筋混凝土受弯构件斜截面破坏的正常形式是剪压破坏。　　　　　(　　)

6. 当剪跨比≥1 时，容易发生斜拉破坏。　　　　　　　　　　　　　(　　)

7. 雨篷梁要进行抗扭计算。　　　　　　　　　　　　　　　　　　　(　　)

8. 有檩屋盖一般适于屋面材料较轻的情况。　　　　　　　　　　　　(　　)

9. 砌体抗拉强度大大低于抗压强度。　　　　　　　　　　　　　　　(　　)

10. 螺栓的排列有并列和错列。　　　　　　　　　　　　　　　　　(　　)

五、名词解释题(本大题共 3 小题，每小题 2 分，共 6 分)

1. 预应力混凝土构件。

2. 结构可靠度。

3. 界限相对受压区高度。

六、简答题(本大题共 4 小题，每小题 3 分，共 12 分)

1. 单向板肋梁楼盖的设计步骤是怎样的？

2. 偏心受压构件分几类？怎样划分？

3. 《建筑结构荷载规范》(GB 50009—2012)将结构上的荷载分为哪 3 类？

4. 简述钢筋混凝土大偏心受压构件的破坏形态。

七、计算题(本大题共 3 小题，第 1 题 12 分，第 2、3 题各 10 分，共 32 分)

1. 已知某工字形截面钢梁绕强轴受力，如图 13.6 所示，当梁某截面所受弯矩 $M=400\text{kN}\cdot\text{m}$，剪力 $V=580\text{kN}$ 时，请验算梁在该截面处的强度是否满足要求。已知钢材为 Q235B，$f=215\text{N/mm}^2$，$f_v=125\text{N/mm}^2$。

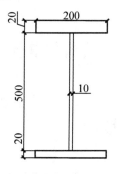

图 13.6　计算题 1 图

2. 截面为 200mm×240mm 的钢筋混凝土柱支承在砖墙上，砖墙用 MU10 黏土砖和 M5 混合砂浆砌筑，墙厚为 240mm，柱底轴向力设计值 $N=90\text{kN}$，如图 13.7 所示。试进行局部受压承载力计算。

3. 已知一单向单跨简支板，计算跨度 $l_0=2.24\text{m}$，混凝土强度等级为 C15，纵向受拉钢筋采用 HPB235 级钢筋，板上承受均布活荷载标准值 $q_k=2\text{kN/m}^2$ 及 20mm 厚水泥砂浆面层，如图 13.8 所示。求板的配筋 A_s。

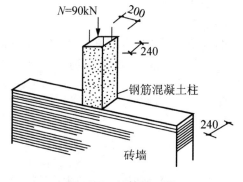

图 13.7　计算题 2 图

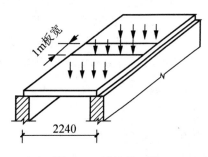

图 13.8　计算题 3 图

附录 I

《建筑结构(第2版)(下册)》习题答案及解析

模块 8 结构抗震能力训练

1. 选择题

(1) D; (2) A; (3) B; (4) D; (5) B。

2. 简答题

(1) 地震烈度指地震时某一地区的地面和各类建筑物遭受一次地震影响的强弱程度。对于一次地震,表示地震大小的震级只有一个,但它对不同的地点影响程度不同。一般来说,震级越大,震中的烈度越高,离震中越远,受地震影响就越小,烈度也就越低。

(2) 不相信。

(3) 略。

第二阶段设计是弹塑性变形验算,对特殊要求的建筑、地震时易倒塌的结构以及有明显薄弱层的不规则结构,除进行第一阶段设计外,还要进行结构薄弱部位的弹塑性层间变形验算并采取相应的抗震构造措施,实现第三水准的设防目标。

(4) 特殊设防类、重点设防类、标准设防类、适度设防类。

(5) 是根据地震反应谱理论,以工程结构底部的总地震剪力与等效单质点的水平地震作用相等来确定结构总地震作用的方法。该方法适用于高度不超过 40m,以剪切变形为主,且质量和刚度沿高度分布比较均匀的结构。

3. 计算题

(1) 解:

① 确定覆盖层厚度。

由题表可知,68m 以下的土层为砾石夹砂,土层剪切波速大于 500/s,覆盖层厚度应为 68m。

② 计算土层等效剪切波速。

土层计算深度 $d_0 = \min(68\text{m}, 20\text{m}) = 20\text{m}$。

剪切波从地表到 20m 深度范围的传播时间

$$t = \sum_{i=1}^{n}(d_i / v_{si}) = \left(\frac{9.5}{170} + \frac{20-9.5}{135}\right)\text{s} = 0.134\text{s},$$

等效剪切波速 $v_{se} = d_0 / t = (20 \div 0.134)\text{m/s} = 149.3\text{m/s}$。

③ 判断场地土类别。

根据土层等效剪切波速 $v_{se} = 149.3\text{m/s} < 150\text{m/s}$ 和覆盖层厚度 68m 在 15~80m 范围内两个条件，查主教材表 8-8 得，该建筑场地类别属 III 类。

(2) 解：

① 基础底面的压力值。

基础自重和基础上土重标准值

$$G = b \times L \times d \times \gamma_m = (3.0 \times 3.2 \times 2.2 \times 20)\text{kN} = 422.4\text{kN},$$

基础底面压力

$$p_k = \frac{F+G}{b \times L} = \left(\frac{820+422.4}{3.0 \times 3.2}\right)\text{kN/m}^2 = 129.4\text{kN/m}^2。$$

② 地基承载力特征值。

查主教材表 8-11，含水比 $\alpha_w > 0.8$ 的红黏土，$\eta_b = 0$，$\eta_d = 1.2$。由题意 $\gamma_m = 20\text{kN/m}^3$。

由于基础宽度 $b = 3\text{m}$，宽度不需修正，深度需修正，修正后的地基承载力特征值

$$f_a = f_{ak} + \eta_d \gamma_m (d - 0.5)$$
$$= [160 + 1.2 \times 20 \times (2.2 - 0.5)]\text{kN/m}^2 = 200.8\text{kN/m}^2。$$

查主教材表 8-10，$150\text{kPa} < f_{ak} = 160\text{kPa} < 300\text{kPa}$ 的黏性土的地基土抗震承载力调整系数 $\zeta_s = 1.3$，则调整后地基抗震承载力特征值

$$f_{aE} = \zeta_s f_a = (1.3 \times 200.8)\text{kN/m}^3 = 261.04\text{kN/m}^3。$$

③ 地基土抗震承载力验算。

$$p_k = 129.4\text{kN/m}^2 < f_{aE} = 261.04\text{kN/m}^3,$$

故满足地基土抗震承载力要求。

(3) 解：

① 结构等效重力荷载代表值

$$G_{eq} = 0.85 \sum_{i=1}^{4} G_i$$
$$= 0.85 \times (10360 + 9330 + 9330 + 6130 + 820)\text{kN} = 30575\text{kN}。$$

② 水平地震影响系数。

查主教材表 8-15 得，II 类场地，第二组，$T_g = 0.40\text{s}$。

查主教材表 8-14 得，8 度设防，$\alpha_{max} = 0.16$。

因为 $T_g = 0.40 < T = 0.6\text{s} < 5T_g = 2.0\text{s}$，得

 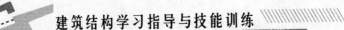
$$\alpha_1 = \left(\frac{T_g}{T}\right)^\gamma \eta_2 \alpha_{max} = \left(\frac{0.40}{0.60}\right)^{0.9} \times 1.0 \times 0.16 = 0.111 。$$

③ 计算水平地震作用。

结构总水平地震作用标准值

$$F_{Ek} = \alpha_1 G_{eq} = (0.111 \times 30575)kN = 3394kN 。$$

(4) 解：

① 结构等效重力荷载代表值

$$G_{eq} = 0.85 \sum_{i=1}^{3} G_i = 0.85 \times (1000 + 1500 + 2000)kN = 3825kN 。$$

② 水平地震影响系数。

查主教材表 8-15 得，I_1 类场地，第二组，$T_g = 0.3s$。

查主教材表 8-14 得，8 度设防，$\alpha_{max} = 0.16$。

因为 $T_g = 0.30 < T = 0.433s < 5T_g = 1.5s$，得

$$\alpha_1 = \left(\frac{T_g}{T}\right)^\gamma \eta_2 \alpha_{max} = \left(\frac{0.3}{0.433}\right)^{0.9} \times 1.0 \times 0.16 = 0.115 。$$

③ 计算水平地震作用。

结构总水平地震作用标准值

$$F_{Ek} = \alpha_1 G_{eq} = (0.115 \times 3825)kN = 439.9kN 。$$

因为 $T = 0.433s > 1.4T_g = 0.42s$，应考虑顶部附加地震作用，查主教材表 8-16 得

$$\delta_n = 0.08T_1 + 0.07 = 0.08 \times 0.433 + 0.07 = 0.105 ，$$

$$\Delta F_n = \delta_n F_{EK} = 0.105 \times 439.9kN = 46.19kN$$

各层水平地震作用标准值和各层地震剪力标准值计算过程及结果见表 I-1。

表 I-1 各层地震作用标准值和地震剪力标准值

楼层	G_i / kN	H_i / m	G_iH_i /(kN·m)	$F_i = \dfrac{G_iH_i}{\sum\limits_{j=1}^{n} G_jH_j} F_{Ek}(1-\delta_n)$ / kN	ΔF_n / kN	$V_{Eki} = \sum\limits_{i=i}^{n} F_i$ / kN
3	1000	11	11000	131.24	46.19	177.43
2	1500	8	12000	143.17		320.6
1	2000	5	10000	119.3		439.9
合计	4500	24	33000	394.71	46.19	

模块 9 钢筋混凝土单层厂房计算能力训练

1. 填空题

(1) 工作频繁程度；(2) 上柱柱跟、下柱柱顶、下柱柱跟；(3) $+M_{max}$ 及相应的 N、V，$-M_{max}$ 及相应的 N、V；N_{max} 及相应的 M、V；N_{min} 及相应的 M、V。

2. 单选题

(1) A；　　(2) C；　　(3) A。

3. 简答题

(1) 简述单层工业厂房排架计算的步骤。

答：

① 确定计算单元及排架的计算简图。

② 计算排架上各种荷载。

③ 分别计算排架单独作用下的排架内力。

④ 确定控制截面，并考虑可能同时出现的荷载，对每一个控制截面进行内力组合，确定最不利内力，作为柱及基础的设计依据。

(2) 简述单层工业厂房排架柱设计的步骤。

答：

① 确定柱的形式及截面尺寸。

② 确定柱的计算长度、计算柱内配筋并进行吊装验算。

③ 牛腿设计，包括确定牛腿尺寸、计算牛腿配筋、验算局部受压承载力。

④ 预埋件设计。

⑤ 绘制柱的施工图。

(3) 单层钢筋混凝土排架结构厂房由哪些构件组成？

答：组成单层钢筋混凝土排架结构厂房的构件有：屋面板、天沟板、天窗架、屋架(屋面梁)、托架、排架柱、吊车梁、连系梁、抗风柱、基础梁、基础、屋盖支撑、柱间支撑等。其中屋面板、天沟板、天窗架、屋架(屋面梁)、托架及屋盖支撑等构成厂房的屋盖结构；排架柱、屋架(屋面梁)、基础组成横向平面排架，是厂房的基本承重体系；排架柱与纵向的连系梁、吊车梁、柱间支撑和基础组成纵向平面排架。

(4) 在确定排架结构计算单元和计算简图时作了哪些假定？

答：确定排架计算简图时作了以下假定。

① 柱上端与屋架(或屋面梁)为铰接。

② 柱下端固接于基础顶面。

③ 排架横梁为无轴向变形刚性杆。

④ 柱高度由固定端算至柱顶面铰接结点处，排架柱的轴线为柱几何中心线。

(5) 排架柱的控制截面如何确定？

答：在一般单阶排架柱中，上柱各截面均相同，其底截面内力最大，为控制截面；下柱各截面也相同，牛腿顶面在吊车竖向荷载作用下弯矩最大，为控制截面，下柱底截面轴力最大，在水平荷载作用下弯矩最大，亦为控制截面。

(6) 排架柱进行最不利内力组合时，应进行哪几种内力组合？内力组合时需注意什么问题？

答：对排架柱各控制截面一般应考虑以下4种内力组合。

① $+M_{max}$ 及相应的 N、V；② $-M_{max}$ 及相应的 N、V；③ N_{max} 及相应的 M、V；④ N_{min} 及相应的 M、V。

在进行内力组合时，还须注意以下问题。

a. 恒载必须参与每一种组合。

b. 吊车竖向荷载 D_{max} 可分别作用于左柱和右柱，只能选择其中一种参与组合。

c. 吊车水平荷载 T_{max} 向右和向左只能选其中一种参与组合。

d. 风荷载向右、向左方向只能选其一参与组合。

e. 组合 N_{max} 或 N_{min} 时，应使弯矩 M 最大，对于轴力为零，而弯矩不为零的荷载(如风荷载)也应考虑组合。

f. 在考虑吊车横向水平荷载 T_{max} 时，必然有 D_{max}(或 D_{min})参与组合，即"有 T 必有 D"；但在考虑吊车荷载 D_{max}(或 D_{min})时，该跨不一定作用有该吊车的横向水平荷载，即"有 D 不一定有 T"。

(7) 排架柱在吊装阶段的受力如何？为什么要对其进行吊装验算？其验算内容有哪些？

答：排架柱在吊装阶段的受力与使用阶段不同，其吊点一般位于牛腿下边缘，荷载是柱自重，力学简图类似于外伸梁，而且此时混凝土强度通常还未达到设计要求，因而需进行施工阶段柱的承载力和裂缝宽度验算。验算时柱自重应考虑施工时振动的影响乘以动力系数 1.5，混凝土强度等级一般按设计规定值的 70%考虑，但安全等级可比使用阶段低一级。

(8) 牛腿的受力特点如何？何谓长牛腿和短牛腿？

答：牛腿在荷载作用下，在牛腿上部产生与牛腿上表面基本平行且比较均匀的主拉应力，而在从加载点到牛腿下部与柱交接点的连线附近则呈主压应力状态(混凝土斜向压力带)。在竖向荷载和水平拉力作用下，牛腿的受力特点可简化三角形桁架，其水平拉杆由牛腿顶部的水平纵向受拉钢筋组成，斜压杆由竖向力作用点与牛腿根部之间的混凝土组成。

(9) 牛腿的截面尺寸如何确定？牛腿顶面的配筋构造有哪些？

答：牛腿截面宽度一般与柱宽相同，牛腿的总高度 h 以使用阶段不出现斜裂缝为控制条件来确定，牛腿的外边缘高度 h_1 不应小于 $h/3$(h 为牛腿总高度)，且不应小于 200mm；底面倾角 α 要求不大于 45°。

模块 10　多高层钢筋混凝土房屋计算能力训练

1. 简答题

(1) 多、高层结构有哪几种主要结构体系？简述各自的特点。

① 框架结构体系。优点是：建筑平面布置灵活，能获得大空间，也可按需要做成小房间；建筑立面容易处理；结构自重较轻；计算理论比较成熟；在一定高度范围内造价较低。缺点是：框架结构的侧向刚度小，水平荷载作用下侧移较大，故需要控制建筑物的高度。

② 剪力墙结构体系。优点是：剪力墙的承载力和侧向刚度均很大，侧向变形较小。缺点是：结构自重较大；建筑平面布置局限性大，较难获得大的建筑空间。

③ 框架-剪力墙结构体系。优点是：框架-剪力墙结构房屋比框架结构房屋的水平承载力和侧向刚度都有所提高。

④ 筒体结构体系。优点是：最主要的优点是它的空间性能好。缺点是：容易有剪力滞后现象。

⑤ 框架-筒体结构体系。优点是：这种结构体系兼有框架体系与筒体体系两者的优点，建筑平面布置灵活便于设置大房间，又具有较大的侧向刚度和水平承载力。

(2) 框架结构由哪几种布置形式？各由何优缺点？

框架结构是由若干平面框架通过连系梁连接而形成的空间结构体系，可将空间框架分解成纵、横两个方向的平面框架，楼盖的荷载可传递到纵、横两个方向的框架上。根据框架楼板布置方案和荷载传递线路的不同，框架布置形式可分为以下3种。

① 横向框架承重布置。主要承重框架由横向主梁(框架梁)与柱构成，楼板纵向布置，支承在主梁上，纵向连系梁将横向框架连成一空间结构体系，如图I.1(a)所示。采用这种布置方案有利于增大房屋的横向刚度，有利于抵抗横向水平荷载。而纵向连系梁截面较小，有利于房屋室内的采光和通风。

② 纵向框架承重布置。主要承重框架由纵向主梁(框架梁)与柱构成，楼板沿横向布置，支承在纵向主梁上，而横向连系梁则将纵向框架连成一空间结构体系，如图I.1(b)所示。由于横向连系梁的高度较小，有利于设备管线的穿行，可获得较高的室内空间，且开间布置灵活，室内空间可以有效利用。但横向刚度差，故只适用于层数较少的房屋。

③ 纵横向框架混合承重布置。沿房屋纵、横两个方向布置的梁均要承担露面荷载，如图I.1(c)所示。当采用现浇双向板或井字梁楼盖时，常采用这种方案。由于纵横向的梁均承担荷载，梁截面均较大，故房屋的双向刚度均较大，具有较好的整体工作性能，目前采用较多。

(a) 横向布置 　　　 (b) 纵向布置 　　　 (c) 纵横向混合布置

图I.1　框架结构布置

(3) 如何确定框架计算简图？

框架结构是由横向框架和纵向框架组成的空间结构。在实际工程中，为了简化计算，忽略它们之间的空间作用，将空间结构简化为若干个横向和纵向平面框架分别进行内力和位移计算，计算单元取相邻两框架柱距的一半，如图I.2所示。

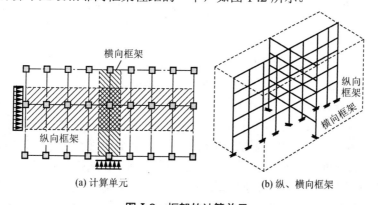

(a) 计算单元 　　　　　 (b) 纵、横向框架

图I.2　框架的计算单元

(4) 框架梁、柱的截面尺寸如何选取？

答：框架结构的主梁截面高度 h_b，可按 $\left(\dfrac{1}{10} \sim \dfrac{1}{18}\right)l_b$ 确定，l_b 为主梁计算跨度；梁净跨与截面高度之比不宜小于 4，梁的截面跨度不宜小于 200mm，梁截面的高宽比不宜大于 4。为了避免框架节点处纵、横钢筋相互干扰，框架梁底部通常较连系梁底部低 50mm 以上。柱截面尺寸宜符合下列要求：①矩形截面柱的边长，非抗震设计时不宜小于 250mm，圆柱截面直径不宜小于 350mm；②柱剪跨比不宜大于 2；③柱截面高宽比不宜大于 3。

(5) 为什么竖向恒荷载作用下可近似采用分层法计算内力？分层法计算有何基本假定？

答：竖向荷载作用下，力法、位移法等精确方法的计算结果表明，如果梁的线刚度大于柱的线刚度，且结构基本对称，在荷载较为均匀的情况下，框架的侧移值很小，而且作用在某层横梁上的荷载对本层横梁及与之相连的柱的弯矩影响较大，而对其他各层横梁和柱的弯矩影响较小。为了简化计算，框架结构竖向荷载作用下采用分层法，并作如下假定。

① 在垂直荷载作用下，多层多跨框架的侧移可忽略不计。

② 每层梁上的荷载对其他各层梁、柱内力的影响可忽略不计，仅考虑对本层梁、柱内力的影响。

(6) 分层法计算时，柱的线刚度为什么要折减？弯矩传递系数为什么取 1/3(除底层外)？

答：分层法计算时，假定柱的远端是固定端，而实际上，除底层柱下端在基础处为嵌固外，其余各层柱的柱端均有转角产生，是弹性嵌固。分层法简化时增大了结构的实际刚度，梁、柱变形减小。为了减小计算误差，进行如下修正。

① 除底层柱外其他各层柱的线刚度均乘以折减系数 0.9。

② 底层柱和各层梁的传递系数按远端为固定支承，均为 1/2，其他各柱的传递系数按远端为弹性支承，为 1/3。

(7) 水平荷载作用下框架内力计算常用的有哪两种方法？它们之间有何区别？

答：主要有反弯点法和 D 值法。

区别：D 值法中对反弯点法中柱的抗侧刚度和反弯点高度提出了修正。

① 修正后柱的抗侧刚度 D 值。

框架节点均有转角，节点的转动会降低柱的抗侧刚度，降低后的抗侧刚度为 $D = \alpha_c \dfrac{12i_c}{h^2}$。

② 柱的反弯点位置取决于该柱上下端转角的比值。

(8) 竖向荷载作用下，梁端负弯矩为何要进行调幅？

答：进行调幅(是人为干预手段)是对框架采取的抗震措施。框架分析结果，梁的跨中弯矩经常可能比按简支梁计算的跨中弯矩小 50%，而支座弯矩很大，这对于边柱、角柱很不利，因为梁柱节点的不平衡弯矩来自梁的固端弯矩，必分配给柱端，这样设计下来，梁的能力有富余而柱不足，呈现"强梁弱柱"之势，不利于结构抗震；竖向荷载作用下，使梁端负弯矩人为调小而跨中弯矩相应调大后，当地震降临时，让梁端抢先开裂，形成塑性铰——则消耗地震能量，二则框架内力自动重分布，再次减小柱端弯矩，减小柱的负担。

抗震概念设计除上述抗震措施外,还有抗震构造措施,抗规 6.3.4 规定梁端配筋率不得大于 2.5%,就是要求设计出的梁刚度要小,配筋也要小,而且还要满足正常使用的极限状态的限制。

(9) 反弯点法的基本假定有哪些?试简述其理由。

答:水平荷载作用下,反弯点法计算的关键是确定各柱间的剪力和各柱的反弯点高度。为了简化计算,作如下假定。

① 在确定各柱间的剪力分配时,认为梁的线刚度与柱的线刚度之比无限大,各柱上下两端都不发生角位移。

② 在确定各柱的反弯点位置时,假定除底层以外的其余各柱受力后,上、下两端的转角相同,反弯点位于层高的中点;对于底层柱,假定其反弯点位于距支座 2/3 层高处。

③ 梁端弯矩可由节点平衡条件求出,并按节点左、右梁的线刚度进行分配。

理由:反弯点法适用于结构比较均匀,层数不多的多层框架。这种框架楼面荷载较大、柱截面尺寸较小,而梁的线刚度较大。梁的线刚度 i_b 比柱的线刚度 i_c 大得多时($i_b/i_c \geqslant 5$),上部各节点转角很小,相邻节点的转角可近似认为相等。采用反弯点法计算内力,可满足工程设计的精度要求。

(10) 框架结构抗侧移刚度如何确定?

答:框架节点均有转角,节点的转动会降低柱的抗侧刚度,降低后的抗侧刚度为

$$D = \alpha_c \frac{12 i_c}{h^2}.$$

(11) D 值法在反弯点法的基础上作了哪些修正?它的主要依据是什么?

答:对反弯点法中柱的抗侧刚度和反弯点高度提出了修正。

(12) D 值法中 D 值的物理意义是什么?

答:修正后柱的抗侧刚度。

(13) 框架结构的侧移变形是怎样形成的?设计中如何对待侧移的各组成部分?

答:引起框架侧移的主要原因是水平荷载作用。在水平荷载作用下,框架的变形由总体剪切变形和总体弯曲变形两部分组成。

(14) 框架梁、柱的纵向钢筋和箍筋应满足哪些构造要求?如何处理框架梁与柱、柱与柱的节点构造?

答:略。

(15) 框架剪力墙结构体系在水平荷载作用下的内力分析中的假定如何?

① 房屋体系规则、剪力墙布置对称均匀,各楼层刚心和质心相重合,楼盖在自身平面内刚度无限大,在同一楼层的标高上,框架与剪力墙的水平位移相等,不考虑扭转的影响。

② 水平荷载由框架与剪力墙共同承担。

③ 剪力墙与框架的刚度沿高度均匀分布。

(16) 框剪剪力墙结构中剪力墙的布置要求有哪些?

① 剪力墙宜均匀布置在建筑物的周边附近、楼梯间、电梯间、平面形状变化及横在较大的部位,剪力墙间距不宜过大。

② 平面形状凹凸较大时,宜在凸出部分的端部附近布置剪力墙。

③ 纵横剪力墙宜组成 L 形、T 形和槽形等形式。

④ 单片剪力墙底部承担的水平剪力不宜超过结构底部总水平剪力的 40%。

⑤ 剪力墙宜贯通建筑物的全高，宜避免刚度突变；剪力墙开洞时，洞口宜上下对齐。

⑥ 楼电梯间等竖井宜尽量与靠近的抗侧力结构结合布置。

⑦ 抗抗震设计时，剪力墙的布置宜使结构各主轴方向的侧向刚度接近。

(17) 什么是框架与剪力墙协同工作？试从变形方面分析框架剪力墙是如何协同工作的。

框架剪力墙是由两种变形性质不同的抗侧力单元通过楼板协调变形而共同抵抗垂直荷载及水平荷载的结构。在垂直荷载作用下，按各自的承载面积计算出每榀框架和每榀剪力墙的垂直荷载，分别计算内力。在水平荷载作用下，因为框架和剪力墙的变形性质不同，不能直接把总水平剪力按抗侧刚度的比例分配到每榀结构上，而是必须采用协同工作方法得到侧移和各自的水平剪力及内力。

① 在水平荷载作用下，框架结构的侧向变形曲线以剪切型为主，而剪力墙的变形则以弯曲型为主。受力性能不同的这两种结构通过楼板互相联系在一起，由于楼板平面内的刚度大，它们在同一层楼板处必须有相同的侧移，形成了弯剪型变形。剪力墙下部变形加大而上部变形减少，框架下不变形减少而上部加大，由此框架剪力墙结构的层间变形趋于均匀。

② 框架剪力墙结构的刚度特征值 λ 的物理意义是总框架抗推刚度和总剪力墙抗弯刚度的相对大小，其值的变化表示了两种不同变形性质的结构的相对数量，对框架剪力墙结构的受力和变形性能有很大的影响。

2. 计算题

(1) 解：

① 分层。将底层以外的各柱线刚度乘以 0.9，得出各层框架的计算简图。

② 计算各个节点的弯矩分配系数。

节点 G：

$$\mu_{GH} = \frac{6}{6+1.2\times0.9} \approx 0.847; \quad \mu_{GD} = 1 - 0.847 \approx 0.153。$$

节点 H：

$$\mu_{HG} = \frac{6}{6+1.4\times0.9+6.0} \approx 0.452; \quad \mu_{HI} = \frac{6.0}{6+1.4\times0.9+6.0} \approx 0.452;$$

$$\mu_{HE} = 1 - 0.452 - 0.452 = 0.096。$$

节点 I：

$$\mu_{IH} = \frac{6}{6+1.2\times0.9} \approx 0.847; \quad \mu_{IF} = 1 - 0.847 \approx 0.153。$$

节点 D：

$$\mu_{DG} = \frac{1.2\times0.9}{6+1.2\times0.9+1.0} \approx 0.134; \quad \mu_{DE} = \frac{6.0}{6+1.2\times0.9+6.0} \approx 0.743;$$

$$\mu_{DA} = 1 - 0.134 - 0.743 = 0.123。$$

节点 E：

$$\mu_{ED} = \frac{6.0}{6+1.4\times0.9+6+1.2} \approx 0.415; \quad \mu_{EF} = \frac{6.0}{6+1.4\times0.9+6+1.2} \approx 0.415;$$

$$\mu_{EB} = \frac{1.2}{6+1.4\times0.9+6+1.2} \approx 0.083; \quad \mu_{EB} = 1-0.415-0.415-0.083 = 0.087.$$

节点 F:

$$\mu_{FE} = \mu_{DE} = 0.743; \quad \mu_{FI} = \mu_{DG} = 0.134; \quad \mu_{FC} = \mu_{DA} = 0.123.$$

③ 计算每一跨梁在竖向荷载作用下的固端弯矩。

$$M_{GH} = -M_{HG} = -\frac{1}{12}\times50\times7.5^2 = -234.38\text{kN}\cdot\text{m};$$

$$M_{DE} = -M_{ED} = -\frac{1}{12}\times50\times7.5^2 = -234.38\text{kN}\cdot\text{m};$$

$$M_{HI} = -M_{IH} = -\frac{1}{12}\times50\times6^2 = -150\text{kN}\cdot\text{m};$$

$$M_{EF} = -M_{FE} = -\frac{1}{12}\times50\times6^2 = -150\text{kN}\cdot\text{m}。$$

④ 将弯矩进行分配与传递,如图 I.3、图 I.4 所示。

⑤ 绘制弯矩图。(略)

(2) 解:计算各柱剪力 V_{ij}。

顶层柱: $V_3 = \sum\limits_{i=3}^{3} F_i = F_3 = 10\text{kN}$。

根据各柱的抗侧移刚度分配各柱剪力,由于各柱高度相同,可按各柱线刚度分配剪力。

$$V_{31} = \frac{D_{ij}}{\sum\limits_{j=1}^{3} D_{ij}} V_3 = \frac{1.5}{1.5+2+1}\times10 = 3.33\text{kN},$$

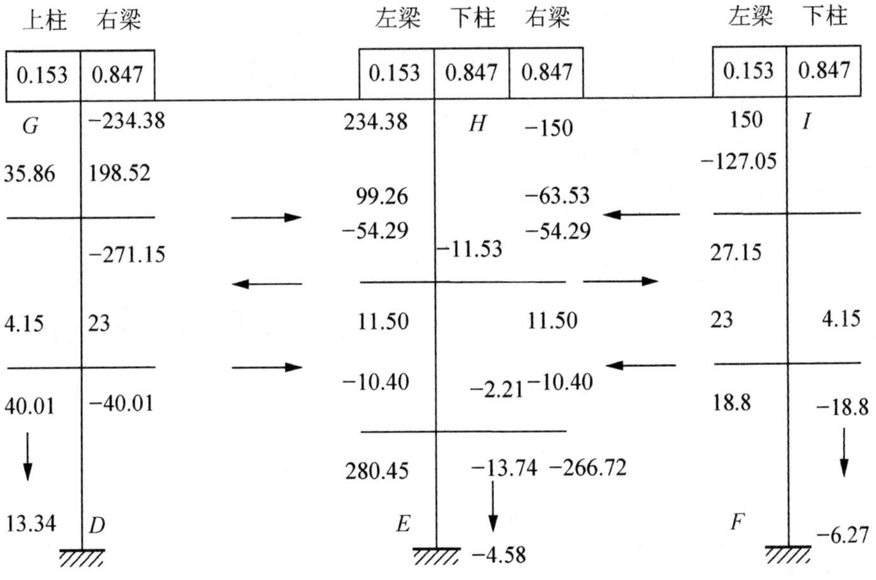

图 I.3 顶层计算简图

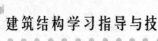
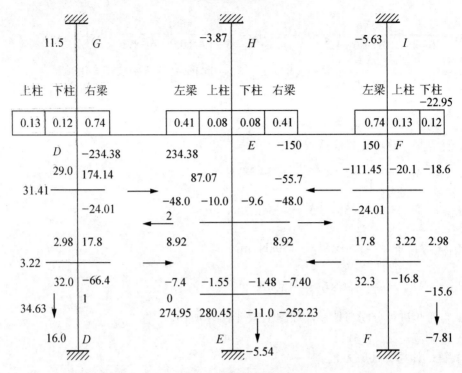

图 I.4　底层计算简图

$$V_{32} = \frac{D_{ij}}{\sum\limits_{j=1}^{3} D_{ij}} V_3 = \frac{2}{1.5+2+1} \times 10 = 4.44\text{kN} ,$$

$$V_{33} = \frac{D_{ij}}{\sum\limits_{j=1}^{3} D_{ij}} V_3 = \frac{1}{1.5+2+1} \times 10 = 2.22\text{kN} 。$$

根据假定，反弯点在层高的中点，所以计算各柱端弯矩为：

$M_{1\text{上}} = M_{1\text{下}} = 3.33 \times 2 = 6.66\text{kN} \cdot \text{m} ,$

$M_{2\text{上}} = M_{2\text{下}} = 4.44 \times 2 = 8.88\text{kN} \cdot \text{m} ,$

$M_{3\text{上}} = M_{3\text{下}} = 2.22 \times 2 = 4.44\text{kN} \cdot \text{m} 。$

中间层柱：$V_2 = \sum\limits_{i=2}^{3} F_i = F_2 + F_3 = 29\text{kN} 。$

根据各柱的抗侧移刚度分配各柱剪力，由于各柱高度相同，可按各柱线刚度分配剪力。

$$V_{21} = \frac{D_{ij}}{\sum\limits_{j=1}^{3} D_{ij}} V_2 = \frac{3}{3+4+2} \times 29 = 9.67\text{kN} 。$$

$$V_{22} = \frac{D_{ij}}{\sum\limits_{j=1}^{3} D_{ij}} V_2 = \frac{4}{3+4+2} \times 29 = 12.89\text{kN} 。$$

$$V_{23} = \frac{D_{ij}}{\sum\limits_{j=1}^{3} D_{ij}} V_2 = \frac{2}{3+4+2} \times 29 = 6.44\text{kN} \text{ 。}$$

根据假定，反弯点在层高的中点，所以计算各柱端弯矩为：

$M_{1\pm} = M_{1\mp} = 9.67 \times 2.5 = 24.18\text{kN} \cdot \text{m}$；

$M_{2\pm} = M_{2\mp} = 12.89 \times 2.5 = 32.23\text{kN} \cdot \text{m}$；

$M_{3\pm} = M_{3\mp} = 6.44 \times 2.5 = 16.1\text{kN} \cdot \text{m}$ 。

底层柱：$V_1 = \sum\limits_{i=1}^{3} F_i = F_1 + F_2 + F_3 = 51\text{kN}$ 。

根据各柱的抗侧移刚度分配各柱剪力，由于各柱高度相同，可按各柱线刚度分配剪力。

$$V_{11} = \frac{D_{ij}}{\sum\limits_{j=1}^{3} D_{ij}} V_1 = \frac{5}{5+6+4} \times 51 = 17\text{kN} \text{ ，}$$

$$V_{12} = \frac{D_{ij}}{\sum\limits_{j=1}^{3} D_{ij}} V_1 = \frac{6}{5+6+4} \times 51 = 20.4\text{kN} \text{ ，}$$

$$V_{13} = \frac{D_{ij}}{\sum\limits_{j=1}^{3} D_{ij}} V_1 = \frac{4}{5+6+4} \times 51 = 13.6\text{kN} \text{ 。}$$

根据假定，反弯点在距柱底三分之二高度处，所以计算各柱端弯矩为：

$M_{1\pm} = 17 \times 2 = 34\text{kN} \cdot \text{m}$；$M_{1\mp} = 17 \times 4 = 68\text{kN} \cdot \text{m}$；

$M_{1\pm} = 20.4 \times 2 = 40.8\text{kN} \cdot \text{m}$；$M_{1\mp} = 20.4 \times 4 = 81.6\text{kN} \cdot \text{m}$；

$M_{1\pm} = 13.6 \times 2 = 27.2\text{kN} \cdot \text{m}$；$M_{1\mp} = 13.6 \times 4 = 54.4\text{kN} \cdot \text{m}$ 。

计算梁端弯矩及绘制框架的弯矩图(略)。

(3) 解：①计算各柱抗侧刚度及剪力。

底层柱：边柱 $\overline{K} = \frac{7}{3} = 2.33$，$\alpha_C = \frac{0.5 + \overline{K}}{2 + \overline{K}} = 0.654$，$D = \alpha \frac{12i_c}{h^2} = 0.654$ 。

中柱 $\overline{K} = \frac{7+7}{4} = 3.5$，$\alpha_C = \frac{0.5 + \overline{K}}{2 + \overline{K}} = 0.727$，$D = \alpha \frac{12i_c}{h^2} = 0.969$ 。

$\sum D = 0.654 + 0.969 + 0.654 = 2.277$ 。

根据各柱抗侧刚度分配剪力，各柱剪力为：

$$V_{GJ} = V_{IL} = 51 \times \frac{0.645}{2.277} = 14.65\text{kN} \text{ ，}$$

$$V_{HK} = 51 \times \frac{0.969}{2.277} = 21.7\text{kN} \text{ 。}$$

中层柱：边柱 $\overline{K} = \frac{5+7}{2 \times 2} = 3.5$，$\alpha_C = \frac{\overline{K}}{2 + \overline{K}} = 0.636$，$D = \alpha \frac{12i_c}{h^2} = 0.61$ 。

中柱 $\overline{K} = \frac{5+7+7+5}{2 \times 3} = 4$，$\alpha_C = \frac{\overline{K}}{2 + \overline{K}} = 0.667$，$D = \alpha \frac{12i_c}{h^2} = 0.96$ 。

$\sum D = 0.61 + 0.96 + 0.61 = 2.18$。

根据各柱抗侧刚度分配剪力，各柱剪力为：

$$V_{DG} = V_{FI} = 29 \times \frac{0.61}{2.18} = 8.11\text{kN}，$$

$$V_{EH} = 29 \times \frac{0.96}{2.18} = 12.77\text{kN}。$$

顶层柱：边柱 $\overline{K} = \frac{3.5+5}{2\times1.5} = 2.8$， $\alpha_C = \frac{\overline{K}}{2+\overline{K}} = 0.58$， $D = \alpha\frac{12i_c}{h^2} = 0.65$，

中柱 $\overline{K} = \frac{3.5+5+5+3.5}{2\times2.5} = 3.4$， $\alpha_C = \frac{\overline{K}}{2+\overline{K}} = 0.63$， $D = \alpha\frac{12i_c}{h^2} = 1.18$。

$\sum D = 0.65 + 1.18 + 0.65 = 2.48$。

根据各柱抗侧刚度分配剪力，各柱剪力为：

$$V_{AD} = V_{CF} = 10 \times \frac{0.65}{2.48} = 2.62\text{kN}，$$

$$V_{BE} = 10 \times \frac{1.18}{2.48} = 4.76\text{kN}。$$

② 计算各层反弯点高度。

底层边柱 $n=3, j=1, \overline{K}=2.33, y_0=0.55, y_1=0,$

$\alpha_2 = \frac{5}{6}, y_2=0, y_3=0, yh=0.55\times6=3.3\text{m}。$

中柱 $n=3, j=1, \overline{K}=3.5, y_0=0.55, y_1=0,$

$\alpha_2 = \frac{5}{6}, y_2=0, y_3=0, yh=0.55\times6=3.3\text{m}。$

中层边柱 $n=3, j=2, \overline{K}=3.5, y_0=0.5, \alpha_1=\frac{5}{7}, y_1=0,$

$\alpha_2 = \frac{4}{5}, y_2=0, \alpha_3=\frac{6}{5}, y_3=0, yh=0.5\times5=2.5\text{m}。$

中层中柱 $n=3, j=2, \overline{K}=4, y_0=0.5, \alpha_1=\frac{5}{7}, y_1=0,$

$\alpha_2 = \frac{4}{5}, y_2=0, \alpha_3=\frac{6}{5}, y_3=0, yh=0.5\times5=2.5\text{m}。$

顶层边柱 $n=3, j=3, \overline{K}=2.8, y_0=0.44, \alpha_1=\frac{3.5}{5}, y_1=0.01,$

$y_2=0, \alpha_3=\frac{5}{4}, y_3=0, yh=(0.44+0.01)\times4=1.8\text{m}。$

顶层中柱 $n=3, j=3, \overline{K}=3.4, y_0=0.45, \alpha_1=\frac{3.5}{5}, y_1=0,$

$y_2=0, \alpha_3=\frac{5}{4}, y_3=0, yh=0.45\times4=1.8\text{m}。$

③ 求各层弯矩值。

$M_{JG} = M_{LI} = 14.65 \times 3.3 = 48.345\text{kN}\cdot\text{m}，\quad M_{KH} = 21.7 \times 3.3 = 71.61\text{kN}\cdot\text{m}，$

$M_{GJ} = M_{IL} = 14.65 \times 2.7 = 39.555 \text{kN} \cdot \text{m}$，$M_{HK} = 21.7 \times 2.7 = 58.59 \text{kN} \cdot \text{m}$。

$M_{GD} = M_{IF} = M_{DG} = M_{FI} = 8.11 \times 2.5 = 20.275 \text{kN} \cdot \text{m}$，

$M_{HE} = M_{EH} = 12.77 \times 2.5 = 31.925 \text{kN} \cdot \text{m}$，

$M_{AD} = M_{CF} = 2.62 \times 2.2 = 5.764 \text{kN} \cdot \text{m}$，$M_{BE} = 4.76 \times 2.2 = 10.472 \text{kN} \cdot \text{m}$，

$M_{DA} = M_{FC} = 2.62 \times 1.8 = 4.716 \text{kN} \cdot \text{m}$，$M_{EB} = 4.76 \times 1.8 = 8.568 \text{kN} \cdot \text{m}$。

④ 绘制框架的弯矩图(略)。

(4) 解：

计算框架侧移时，应取水平荷载标准值。水平荷载作用下框架侧移计算具体过程见表 I-2，令 $i_c = 1.19 \times 10^4 \text{kN} \cdot \text{m}$。

表 I-2　框架侧移计算

层次	H_i/m	F_i/kN	V_i/kN	$\sum D_i$/kN·m^{-1}	Δu_i	$\dfrac{\Delta \mu_i}{h_i}$	u/mm
3	4	10	10	$2.48 i_c \approx 2.95$	0.34	$\dfrac{1}{11765}$	3.43
2	5	19	29	$2.18 i_c \approx 2.59$	1.12	$\dfrac{1}{4496}$	3.0
1	6	22	51	$2.277 i_c \approx 2.71$	1.88	$\dfrac{1}{1170}$	1.88

验算层间相对位移。

$\dfrac{\Delta \mu_1}{h_1} = \dfrac{1}{1170} < \dfrac{1}{550}$，

$\dfrac{\Delta \mu_2}{h_2} = \dfrac{1}{4496} < \dfrac{1}{550}$，

$\dfrac{\Delta \mu_3}{h_3} = \dfrac{1}{11765} < \dfrac{1}{550}$。

验算结构顶点位移。

$u = 3.43 \text{mm} < \dfrac{H}{550} = \dfrac{(4+5+6) \times 10^3}{550} = 27.27 \text{mm}$，

均满足要求。

模块 11　砌体结构构件计算能力训练

1. 简答题

(1) 在压力作用下，砌体内单砖的应力状态有哪些特点？

答：在压力作用下，砌体内单砖的应力状态有以下特点。

① 单块砖在砌体内并非均匀受压，而是处于受弯和受剪状态。

② 单块砖在砌体中处于压、弯、剪及拉的复合应力状态，其抗压强度降低；相反砂浆的横向变形由于砖的约束而减小，砂浆处于三向受压状态，其抗压强度提高。

③ 每块砖可视为作用在弹性地基上的梁，其下面的砌体即可视为"弹性地基"。

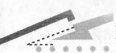

④ 竖向灰缝上的应力集中。

(2) 砌体受压短柱随着偏心距的增大截面应力分布是如何变化的？

答：短构件在轴心压力下，直到破坏前，截面上的应力都是均匀分布的。当压力作用线与构件轴线不重合时，即为偏心受压构件。当偏心距较小时，构件全截面受压；当偏心距较大时，截面上出现拉应力。

(3) 梁端支承在砌体上，梁端压力将使砌体局部受压，此时梁端的支承长度将如何变化？

答：梁端支承在砌体上，梁端压力将使砌体局部受压。梁的弯曲变形及梁端下砌体的压缩变形，使梁端转动，造成梁端下部砌体局部受压的应力和应变为非均匀分布。同时梁端的支承长度将由 a 减少为 a_0。砌体受压后梁端与砌体的实际支承长度 a_0 称为梁端的有效支承长度。

(4) 网状配筋砖砌体构件为什么能提高其承载能力？

答：由于钢筋、砂浆层与块体之间存在摩擦力和黏结力，钢筋被完全嵌固在灰缝内与砖砌体共同工作；当砖砌体纵向受压时，钢筋横向受拉，因钢筋的弹性模量比砌体大，变形相对小，可阻止砌体的横向变形发展，防止砌体因纵向裂缝的延伸而过早失稳破坏，从而间接地提高网状配筋砖砌体构件的承载能力。

(5)《砌体结构设计规范》里砌体结构静力计算方案有哪些？确定房屋静力计算方案的考虑因素有哪些？

答：①刚性方案。房屋的空间刚度很大，在水平风荷载作用下，墙、柱顶端的相对位移 $u_s/H \approx 0(H$ 为纵墙高度)。此时屋盖可看成纵向墙体上端的不动铰支座，墙柱内力可按上端有不动铰支承的竖向构件进行计算，这类房屋称为刚性方案房屋。

② 弹性方案。房屋的空间刚度很小，即在水平风荷载作用下，墙顶的最大水平位移接近于平面结构体系，其墙柱内力计算应按不考虑空间作用的平面排架或框架计算，这类房屋称为弹性方案房屋。

③ 刚弹性方案。房屋的空间刚度介于上述两种方案之间，在水平风荷载作用下，纵墙顶端水平位移比弹性方案要小、但又不可忽略不计，其受力状态介于刚性方案和弹性方案之间，这时墙柱内力计算应按考虑空间作用的平面排架或框架计算，这类房屋称为刚弹性方案房屋。

影响房屋空间性能的因素：除屋盖刚度和横墙间距外，还有屋架的跨度、排架的刚度、荷载类型及多层房屋层与层之间的相互作用等。

(6) 作为刚性和刚弹性方案房屋的横墙，《规范》规定做了哪些要求？

答：① 横墙中开有洞口时,洞口的水平截面面积不应超过横墙水平全截面面积的50%。

② 横墙的厚度不宜小于180mm。

③ 单层房屋的横墙长度不宜小于其高度，多层房屋的横墙长度不宜小于 $H/2(H$ 为横墙总高度)。

(7) 画出单层以及多层刚性方案房屋的计算简图，简述刚性方案房屋的计算要点。

答：如图 I.5、图 I.6 所示。

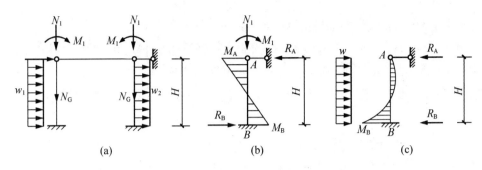

图 I.5 单层刚性方案房屋的计算简图

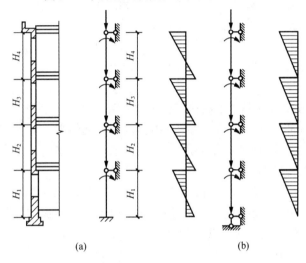

图 I.6 多层刚性方案房屋的计算简图

(8) 常见的小型砌体构件有哪些，其构造要求分别有哪些？

答：①过梁：过梁是砌体结构中门窗洞口上承受上部墙体自重和上层楼盖传来的荷载的梁，常用的过梁有 4 种类型。

② 墙梁：由钢筋混凝土托梁及其以上计算高度范围内的墙体共同工作，一起承受荷载的组合结构称为墙梁。墙梁按支承情况分为简支墙梁、连续墙梁、框支墙梁；按承受荷载情况可分为承重墙梁和自承重墙梁。除了承受托梁和托梁以上的墙体自重外，还承受由屋盖或楼盖传来的荷载的墙梁为承重墙梁，如底层为大空间、上层为小空间时所设置的墙梁，只承受托梁以及托梁以上墙体自重的墙梁为自承重墙梁，如基础梁、连系梁。

③ 挑梁：挑梁设计除应满足现行国家规范《混凝土结构设计规范》的有关规定外，尚应满足下列要求。

a. 纵向受力钢筋至少应有 1/2 的钢筋面积伸入梁尾端，且不少于 2Φ12。其余钢筋伸入支座的长度应不小于 $2l_1/3$。

b. 挑梁埋入砌体长度 l_1 与挑出长度 l 之比宜大于 1.2；当挑梁上无砌体时，l_1 与 l 之比宜大于 2。

④ 雨篷：雨篷的构造特点如下。

a. 雨篷板端部厚 $h_e \geqslant 60mm$，根部厚度 $\dfrac{l}{10} \geqslant h \geqslant \dfrac{l}{12}$ (l 为挑出长度)且 $h \geqslant 80mm$，当其

悬臂长度小于 500mm 时，根部最小厚度为 60mm。

b. 雨篷板受力钢筋按计算求得，但不得小于 φ6@200(A_s=141mm²/m)；且深入墙内的锚固长度取 l_a(l_a 为受拉钢筋锚固长度)，分布钢筋不少于 φ6@200。

⑤ 雨篷梁宽度 b 一般与墙厚相同，高度 $\dfrac{l_0}{8} \geq h \geq \dfrac{l_0}{10}$($l_0$ 为计算高度)，且为砖厚的倍数，梁的搁置长度 $a \geq 70$mm。

(9) 砌体房屋结构施工图一般由哪些部分组成？

答：砌体房屋结构施工图一般由结构设计说明、结构平面图(基础平面图、地下室结构平面图、标准层结构平面图、屋顶结构平面图)和结构详图(楼梯及其他构件详图)组成。

(10) 砌体结构施工图的图示特点有哪些？

答：① 砌体结构基础施工图的图示特点。基础施工图一般由基础平面和剖面组成；基础平面图上主要表示每道墙或基础梁的平面位置，根据图示需要增加剖面图，表示基础部位各种构件的详细做法。

② 结构平面图的图示特点。结构平面图主要表示本层楼各种构件的平面位置、平面形状、数量，结合剖面，表示本层各种构件的标高和截面情况。对于同一类构件但尺寸或配筋不同时常以不同编号的形式加以区别，当图示的内容较多时，常采用构件编号的方法将其在详图上表示或选用标准图。

③ 构件详图的图示特点。砌体结构的构件一般包括现浇梁或预制梁、过梁、预制板或现浇板、雨篷、楼梯。现浇板一般在结构平面上表示；预制板和过梁一般选用标准图；雨篷和阳台采用现浇的形式较多，也可以在结构平面图上增加剖面或断面图进行表示；楼梯详图同钢筋混凝土房屋。

2. 计算题

(1) 某砖柱的截面尺寸为 370mm×490mm，柱计算高度 $H_0=H$=3.2m，采用强度等级为 MU10 的烧结普通砖及 M7.5 的混合砂浆砌筑，柱底承受轴向压力设计值为 N=120kN，结构安全等级为二级，施工质量控制等级为 B 级。试验算该柱底截面是否安全。

解：查主教材表 2-8 得 MU10 的烧结普通砖与 M5 的混合砂浆砌筑的砖砌体的抗压强度设计值 f=1.69MPa。

由于截面面积 $A = 0.37 \times 0.49$m² $= 0.18$m² < 0.3m²，因此砌体抗压强度设计值应乘以调整系数 γ_a，$\gamma_a = A + 0.7 = 0.18 + 0.7 = 0.88$；将 $\beta = \dfrac{H_0}{h} = \dfrac{3200}{370} = 8.65$ 代入公式得

$$\varphi = \varphi_0 = \frac{1}{1 + \alpha\beta^2} = \frac{1}{1 + 0.0015 \times 8.65^2} = 0.899,$$

则柱底截面的承载力为

$\varphi\gamma_a fA = 0.899 \times 0.88 \times 1.69 \times 490 \times 370 \times 10^{-3}$kN $= 242$kN > 150kN 。

故柱底截面安全。

(2) 某单层单跨仓库的窗间墙尺寸如图 I.7 所示。采用 MU10 烧结普通砖和 M5 混合砂浆砌筑。柱的计算高度 H_0=5.0m。当承受轴向压力设计值 N=195kN，弯矩设计值 M=13kN·m 时，试验算其截面承载力。

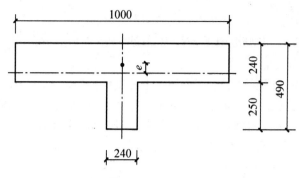

图 I.7 习题(2)图

解：① 计算截面几何参数。

截面面积 $A = (1000 \times 240 + 240 \times 250)\text{mm}^2 = 300000\text{mm}^2$。

截面形心至截面边缘的距离

$$y_1 = \frac{1000 \times 240 \times 120 + 240 \times 250 \times 365}{300000} = 169\text{mm}，$$

$y_2 = 490 - y_1 = (490 - 169)\text{mm} = 321\text{mm}$。

截面惯性矩

$$I = \frac{1000 \times 240^3}{12} + 1000 \times 240 \times (169 - 120)^2 + \frac{240 \times 250^3}{12} + 240 \times 250 \times (321 - 125)^2$$

$$= 43.5 \times 10^8 \text{mm}。$$

回转半径

$$i = \sqrt{\frac{I}{A}} = \sqrt{\frac{43.5 \times 10^8}{300000}} \approx 120\text{mm}。$$

T 形截面的折算厚度 $h_\text{T} = 3.5i = 3.5 \times 120 = 420\text{mm}$。

偏心距 $e = \dfrac{M}{N} = \dfrac{13}{195} = 0.066\text{m} = 66\text{mm} < 0.6y = 0.6 \times 321 = 192.6\text{mm}$。

故满足规范要求。

② 承载力验算。

MU10 烧结黏土砖与 M5 混合砂浆砌筑，查主教材表 11-1 得 $\gamma_\beta = 1.0$；将

$$\beta = \gamma_\beta \frac{H_0}{h_\text{T}} = 1.0 \times \frac{5}{0.42} = 11.9 \text{ 及 } \frac{e}{h_\text{T}} = \frac{66}{420} = 0.157 \text{ 代入公式得}$$

$$\varphi_0 = \frac{1}{1 + \alpha\beta^2} = \frac{1}{1 + 0.0015 \times 11.9^2} = 0.82。$$

将 $\varphi_0 = 0.82$ 代入公式得

$$\varphi = \frac{1}{1 + 12\left[\dfrac{e}{h} + \sqrt{\dfrac{1}{12}\left(\dfrac{1}{\varphi_0} - 1\right)}\right]^2} = 0.493。$$

查主教材表 2-8 得，MU10 烧结黏土砖与 M5 混合砂浆砌筑的砖砌体的抗压强度设计值 $f = 1.5\text{MPa}$。

窗间墙承载力为

$\varphi \gamma_a f A = 0.493 \times 1.5 \times 300000 \times 10^{-3} \text{kN} = 222 \text{kN} > 195 \text{kN}$ 。

故承载力满足要求。

(3) 图 I.8 所示为钢筋混凝土梁在窗间墙上的支承情况,梁的截面尺寸 $b \times h = 250 \text{mm} \times 550 \text{mm}$,在窗间墙上的支承长度 $a=240 \text{mm}$。窗间墙的截面尺寸为 $1200 \text{mm} \times 240 \text{mm}$,采用 MU10 烧结普通砖和 M5 混合砂浆砌筑。梁端支承压力设计值 N_l=130kN,梁底墙体截面由上部荷载设计值产生的轴向力 N_s=45kN,试验算梁端支承处砌体局部受压承载力。

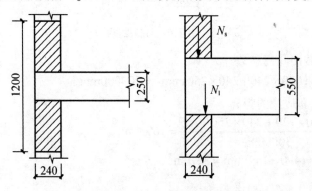

图 I.8 习题(3)图

解:MU10 烧结普通砖,M5 混合砂浆,查主教材表 2-8 得,f=1.5MPa,

梁端有效支承长度 $a_0 = 10\sqrt{\dfrac{h_c}{f}} = 10\sqrt{\dfrac{550}{1.5}} = 191.5 \text{mm}$;

局部受压面积 $A_l = a_0 b = 191.5 \times 250 = 47875 \text{mm}^2$;

$A_0 = (2h + b)h = (2 \times 240 + 250) \times 240 = 175200 \text{mm}^2$ 。

$A_0 / A_l = 175200 / 47875 = 3.66 > 3$,故取 $\psi = 0$;

$\gamma = 1 + 0.35\sqrt{\dfrac{A_0}{A_l} - 1} = 1 + 0.35\sqrt{3.660 - 1} \approx 1.57 < 2$,

取 $\gamma = 1.57, \eta = 0.7$,

$\eta \gamma f A_l = 0.7 \times 1.57 \times 1.5 \times 47875 = 78.92 \text{kN}$,

由式 $\psi N_0 + N_l \leqslant \eta \gamma f A_l$ 得:

$\psi N_0 + N_l = 0 + 130 = 130 \text{kN} > \eta \gamma f A_l = 78.92 \text{kN}$,

故局部抗压强度不能满足要求,需设梁垫。

(4) 某圆形水池的池壁采用 MU10 烧结普通砖和 M5 水泥砂浆砌筑,池壁厚 490mm,承受轴向拉力设计值 $N_t = 50 \text{kN/m}$,试验算池壁的受拉承载力。

解:查主教材表 2-13 得 $f_t = 0.13 \text{MPa}$,

$A = 1 \times 0.49 = 0.49 \text{m}^2$,

$\gamma_a f_t A = 0.13 \times 0.49 \times 10^3 = 63.7 \text{kN} > N_t = 50 \text{kN}$,

故承载力满足要求。

(5) 某矩形浅水池的池壁底部厚 740mm,采用 MU15 烧结普通砖和 M7.5 水泥砂浆砌筑。池壁水平截面承受的弯矩设计值 $M = 9.6\text{kN} \cdot \text{m}$，剪力设计值 $V=16.8\text{kN/m}$，试验算截面承载力是否满足要求。

解：水池破坏，考虑池壁底部沿通缝破坏，查主教材表 2-13 得沿砌体灰缝截面破坏时砌体的沿通缝弯曲抗拉强度 $f_{tm} = 0.14\text{MPa}$，抗剪强度 $f_v = 0.14\text{MPa}$。

因属于前池，故可沿池壁竖向切取单位宽度池壁，按悬臂板承受三角形水压力计算，高度取 1m。截面抵抗矩 W 及内力臂为：

$$W = \frac{1}{6}bh^2 = \frac{1}{6} \times 1.0 \times 0.74^2 = 0.091 \text{ m}^3,$$

$$Z = \frac{2}{3}h = \frac{2}{3} \times 0.74 = 0.493\text{m}。$$

受弯承载力：$Wf_{tm} = 0.091 \times 0.14 \times 10^3 = 12.74\text{kN} \cdot \text{m} > M = 9.6\text{kN} \cdot \text{m}。$

受剪承载力：$f_v bz = 0.14 \times 1.0 \times 0.493 \times 10^3 = 69.02 \text{ kN} > V = 16.8\text{kN}。$

故承载力满足要求。

(6) 某拱支座截面厚度 370mm，采用 MU10 烧结普通砖和 M5 水泥砂浆砌筑。支座截面承受剪力设计值 $V = 33\text{kN/m}$，永久荷载产生的纵向力设计值 $N = 45\text{kN/m}$（$\gamma_G = 1.2$）。试验算拱支座截面的抗剪承载力是否满足要求。

解：查主教材表 2-13 得 $f = 1.5\text{MPa}$，$f_v = 0.11\text{MPa}$。

水平截面积：$A = 1000 \times 370 = 370000\text{mm}^2$。

水平截面平均压应力：$\sigma_0 = \dfrac{N_s}{A} = \dfrac{45 \times 10^3}{370000} = 0.12\text{MPa}$。

轴压比：$\dfrac{\sigma_0}{f} = \dfrac{0.12}{1.5} = 0.08 = 0.1$。

剪压复合受力影响系数：

$$\mu = 0.23 - 0.065\frac{\sigma_0}{f} = 0.23 - 0.065 \times 0.08 = 0.2248。$$

修正系数：$\alpha = 0.60$（或由 $\dfrac{\sigma_0}{f} = 0.08$，$\gamma_G = 1.2$，查主教材表 10-2 得 $\alpha\mu = 0.15$），于是得

$$(f_v + \alpha\mu\sigma_0)A = (0.088 + 0.60 \times 0.22 \times 0.12) \times 370000 \times 10^{-3} = 38.4\text{kN} > V = 33\text{kN}$$

故拱支座截面抗剪承载力满足要求。

(7) 某单层房屋砖柱截面为 490mm×370mm，用 MU15 和 M7.5 水泥砂浆砌筑，层高 4.5m，假定为刚性方案，试验算该柱的高厚比。

解：查主教材表 11-6 得 $H = 1.0H_0 = 4500 + 500 = 5000(\text{mm})$（500mm 为单层砖柱从室内地坪到基础顶面的距离），查主教材表 11-7 得 $[\beta] = 17$，$\beta = H_0/h = 5000/370 = 13.5 < [\beta]17$，高厚比满足要求。

(8) 某二层带壁柱承重墙，层高 4.5mm，柱距 6m，窗宽 2.7m，横墙间距 30m，纵墙厚 240mm，包括纵墙在内的壁柱截面为 370mm×490mm，砂浆为 M5 混合砂浆，1 类屋盖体系，试验算其高厚比。

解：① 求壁柱截面的几何特征。

$A = 240 \times 3300 + 370 \times 250\text{mm}^2 = 884500\text{mm}^2,$

$$y_1 = \frac{240 \times 3300 \times 120 + 250 \times 370 \times \left(240 + \frac{250}{2}\right)}{884500} = 145.62\text{mm},$$

$$y_2 = (240 + 250 - 145.62)\text{mm} = 344.38\text{mm},$$

$$I = (1/12) \times 3300 \times 240^3 + 3300 \times 240 \times (145.62 - 120)^2 + (1/12) \times 370 \times 250^3 +$$

$$370 \times 250 \times (344.38 - 125)^2 = 9.26 \times 10^9 \text{mm}^4,$$

$$i = \sqrt{\frac{I}{A}} = \sqrt{\frac{9.26 \times 10^9}{884500}} = 102.3\text{mm},$$

$$h_{\text{T}} = 3.5i = 3.5 \times 102.3\text{mm} = 358\text{mm}。$$

② 确定计算高度。

1 类屋盖，$S = 30\text{m} < 32\text{m}$，刚性方案。$S = 30\text{m} > 2H = 2 \times 4.5\text{m} = 9\text{m}$，$H_0 = 1.0H$ = 4.5m。

③ 整片墙高厚比验算。

采用 M5 混合砂浆时，查主教材表 11-7 得 $[\beta] = 24$。开有门窗洞口时，$[\beta]$ 的修正系数 μ_2 为：$\mu_2 = 1 - 0.4\dfrac{b_s}{s} = 1 - 0.4 \times (2700/6000) = 0.82$。

承重墙允许高厚比修正系数 $\mu_1 = 1.0$。

$$\beta = \frac{H_0}{h} = \frac{4500}{358} = 12.6 < \mu_1\mu_2[\beta] = 1.0 \times 0.82 \times 24 = 19.68。$$

④ 壁柱之间墙体高厚比的验算。

$2H = 9000 > s = 6000 > H = 4500\text{mm}$，查主教材表 11-6 得 $H_0 = 0.4s + 0.2H = 0.4 \times 6000 + 0.2 \times 4500\text{mm} = 3300\text{mm}$。

$$\beta = \frac{H_0}{h} = \frac{3300}{240} = 13.75 < \mu_1\mu_2[\beta] = 1.0 \times 0.82 \times 24 = 19.68。$$

结论：该带壁柱墙的高厚比符合要求。

(9) 某 6 层砖混结构教学楼，其平面和剖面图如主教材图 11.49 所示。外墙厚 490mm，内墙厚均为 240mm，墙体拟采用 MU10 实心砖，1~3 层采用 M7.5 混合砂浆砌筑，4~6 层采用 M5 混合砂浆砌筑，墙面及梁侧抹灰均为 20mm，试验算外纵墙的强度。(提示：楼面活荷载标准值为 2kN/m^2，屋面活荷载为 0.5kN/m^2，基本风压 0.45kN/m^2)

解：① 荷载的确定。

a. 屋面荷载。

屋面恒载标准值(包括防水层、水泥砂浆找平层、焦渣混凝土找坡层、空心板及灌缝重、天棚抹灰、吊顶)：$g_{k1} = 7.5\text{kN/m}^2$。

屋面活载标准值：$q_{k1} = 0.5\text{kN/m}^2$。

b. 楼面荷载。

楼面恒载标准值(包括细石混凝土面层、空心板及灌缝重、天棚抹灰、吊顶)：

$g_{k2} = 3.5\text{kN/m}^2$。

楼面活荷载标准值：$q_{k2} = 2.0\text{kN/m}^2$。

c. 构件自重。

楼面梁自重标准值(含 15mm 厚粉刷面层)：

$25 \times 0.25 \times 0.5 + 20 \times 0.015 \times (2 \times 0.5 + 0.25) \text{kN/m} = 3.5 \text{kN/m}$。

墙体标准值：240mm 墙(双面粉刷)标准值为 5.24kN/m^2；370mm 墙(双面粉刷)标准值为 7.62kN/m^2；钢框玻璃窗自重(按窗框面积计算)标准值为 0.45kN/m^2。

由于梁的从属面积为 $6.6 \times 3.0 \text{m}^2 = 19.8 \text{m}^2 < 50 \text{m}^2$，故活荷载不折减。

同时，依据主教材表 11-8，本工程外纵墙不考虑风荷载影响。

② 纵墙承载力验算。

a. 计算单元

取一个开间宽度的纵墙为计算单元，其受荷面积为 3.0×3.3=9.9m²，由于内纵墙的受力情况较外纵墙好，所以只需验算外纵墙的承载力。

b. 选择计算截面。

1～3 层采用 M7.5 混合砂浆砌筑，4～6 层采用 M5 混合砂浆砌筑。选择第一层的窗洞口上下截面、第二层的窗洞口上下截面以及第四层的窗洞口上下截面分别进行承载力验算。

具体计算参见主教材应用案例 11-11 的承载力验算方法。

模块 12 钢结构构件计算能力训练

1. 简答题

(1) 钢结构中常用的焊接方法有哪几种？焊缝连接有何优缺点？

答：电弧焊、电阻焊、气焊。优点是：①构造简单，任何形式的构件都可直接相连；②用料经济，不削弱截面；③制作加工方便，可实现自动化操作；④连接的密闭性好，结构刚度大。缺点是：①在焊缝附近的热影响区内，钢材的金相组织发生改变，导致局部材料变脆；焊接残余应力和残余变形使受压构件承载力降低；②焊接结构对裂纹很敏感，局部裂纹一旦发生，就容易扩展到整体，低温冷脆问题较为突出。

(2) 高强度螺栓连接与普通螺栓连接有何区别？

答：普通螺栓连接，按螺栓传力方式可分为受剪螺栓连接、受拉螺栓连接和拉剪螺栓连接 3 种。受剪螺栓连接靠栓杆受剪和孔壁承压传力；受拉螺栓连接靠沿栓杆轴方向受拉传力；拉剪螺栓连接则同时兼有上述两种传力方式。

高强度螺栓分高强度螺栓摩擦型连接、高强度螺栓承压型连接两种，摩擦型连接只依靠被连接板件间强大的摩擦阻力来承受外力，以摩擦阻力被克服作为连接承载能力的极限状态。承压型连接允许被连接件之间接触面发生相对滑移，以栓杆被剪断或承压破坏作为连接承载能力的极限状态。

(3) 高强度螺栓连接中摩擦型连接与承压型连接有何区别？

答：在抗剪设计时，高强度螺栓摩擦型连接是以外剪力达到板件接触面间由螺栓拧紧力所提供的可能最大摩擦力作为极限状态，也即是保证连接在整个使用期间内外剪力不超过最大摩擦力。板件不会发生相对滑移变形(螺杆和孔壁之间始终保持原有的空隙量)，被连接板件按弹性整体受力。在抗剪设计时，高强螺栓承压型连接中允许外剪力超过最大摩擦力，这时被连接板件之间发生相对滑移变形，直到螺栓杆与孔壁接触，此后连接就靠螺栓杆身剪切和孔壁承压以及板件接触面间的摩擦力共同传力，最后以杆身剪切或孔壁承压破坏作为连接受剪的极限状态。

总之，摩擦型高强度螺栓和承压型高强度螺栓实际上是同一种螺栓，区别在于设计是否考虑滑移。摩擦型高强度螺栓绝对不能滑动，螺栓不承受剪力，一旦滑移，设计就认为达到破坏状态，在技术上比较成熟；承压型高强螺栓可以滑动，螺栓也承受剪力，最终破坏相当于普通螺栓破坏(螺栓剪坏或钢板压坏)。

(4) 轴心受压构件的整体稳定性系数φ需要根据哪几个因素考虑？

答：构件截面类别；钢材的钢号；长细比。

(5) 压弯实腹柱与轴心受压实腹柱有何不同？

答：压弯实腹式柱的受力同时受到轴心力和弯矩的作用，而轴心受压柱只受轴心力的作用。在设计验算时，实腹式压弯构件的整体稳定验算包括了弯矩作用平面内的稳定和弯矩作用平面外的稳定。

(6) 《钢结构设计规范》(GB 50017—2003)规定，哪些情况下可不验算梁的整体稳定？

答：①有铺板(各种钢筋混凝土板和钢板)密铺在梁的受压翼缘上并与其牢固相连接，能阻止梁受压翼缘的侧向位移时。

② H型钢或等截面工字形简支梁受压翼缘的自由长度l_1与其宽度b_1之比不超过表Ⅰ-3所规定的数值时。

表Ⅰ-3 H型钢或等截面工字形简支梁不需要计算整体稳定性的最大l_1/b_1值

钢 号	跨中无侧向支承点的梁		跨中有侧向支承点的梁 不论荷载作用在何处
	荷载作用在上翼缘	荷载作用在下翼缘	
Q235 钢	13.0	20.0	16.0
Q345 钢	10.5	16.5	13.0
Q390 钢	10.0	15.5	12.5
Q420 钢	9.5	15.0	12.0

注：其他钢号的梁不需计算整体稳定性的最大l_1/b_1值，应取Q235钢的数值乘以$\sqrt{235/f_y}$。

对跨中无侧向支承点的梁，l_1为其跨度；对跨中有侧向支承点的梁，l_1为受压翼缘侧向支承点间的距离(梁的支座处视为有侧向支承)。

(7) 组合梁的翼缘不满足局部稳定性要求时，应如何处理？

答：①《规范》规定对梁受压翼缘采用限制其宽厚比的方式来保证翼缘的局部稳定。②也可以设置纵向加劲肋来保证翼缘的局部稳定。

(8) 焊接组合截面梁加劲肋布置的原则是什么？

答：直接承受动力荷载的吊车梁及类似构件，或其他不考虑屈曲后强度的组合梁：

① 当$\frac{h_0}{t_w} \leqslant 80\sqrt{235/f_y}$时，对有局部压应力($\sigma_c \neq 0$)的梁，应按构造配置横向加劲肋；但对无局部压应力($\sigma_c = 0$)的梁，可不配置加劲肋。

② 当$\frac{h_0}{t_w} > 80\sqrt{235/f_y}$时，应配置横向加劲肋。其中，当$\frac{h_0}{t_w} > 170\sqrt{235/f_y}$(受压翼缘扭转受到约束，如连有刚性铺板、制动板或焊有钢轨时)或$\frac{h_0}{t_w} > 150\sqrt{235/f_y}$(受压翼缘扭转未受到约束时)，或按计算需要时，应在弯曲应力较大区格的受压区增加配置纵向加劲肋。局

部压应力很大的梁，必要时尚宜在受压区配置短加劲肋。任何情况下，$\dfrac{h_0}{t_w}$ 均应不超过 250。

③ 梁的支座处和上翼缘受有较大固定集中荷载处，宜设置支撑加劲肋。

④ 梁的支座处和上翼缘受有较大固定集中荷载处，宜设置支承加劲肋。

(9) 确定屋架形式需考虑哪些因素？常用的钢屋架形式有几种？

答：屋架的选型应综合考虑使用要求、受力、施工及经济效果等因素。常见的钢屋架形式按其外形可分为三角形、梯形、平行弦、人字形等。

(10) 计算屋架内力时考虑几种荷载组合？为什么？当上弦节间作用有集中荷载时，怎样确定其局部弯矩？

答：设计屋架时，应根据使用和施工过程中可能出现的最不利荷载组合计算屋架杆件的内力。一般情况下，对平行弦、梯形等钢屋架应考虑以下 3 种荷载组合。

① 使用阶段"全跨永久荷载+全跨屋面均布可变荷载"。

② 使用阶段"全跨永久荷载+半跨屋面均布可变荷载"。

③ 施工阶段"全跨屋架、天窗架及支撑自重+半跨屋面板自重+半跨屋面可变荷载"。

如果在安装过程中，两侧屋面板对称均匀铺设，则可不考虑第三种荷载组合。

在考虑荷载组合时，屋面的活荷载和雪荷载不能同时考虑，而取两者中的较大值。对于屋面坡度较大和自重较轻的钢屋架，尚应考虑风荷载吸力作用的组合。

对于有节间荷载作用的屋架弦杆，可先将各节间荷载分配在相邻的两个节点上，与该节点原有节点荷载叠加，解得桁架各杆轴力，然后在计算弦杆时再按实际节间荷载作用情况计算弦杆的局部弯矩。

(11) 上弦杆、下弦杆和腹杆各应采用哪种截面形式？其确定的原则是什么？

答：TW 型钢，适用于 10y 较大的上、下弦杆；TM 型钢，适用于一般上、下弦杆或腹杆；TN 型钢，适用于受局部弯矩作用的上、下弦杆；两不等边角钢短肢相连，适用于 10y 较大的上、下弦杆；两不等边角钢长肢相连，适用于受局部弯矩作用的上、下弦杆；两等边角钢相连，适用于其余腹杆、下弦杆；热轧宽翼缘 H 型钢，适用于荷载和跨度较大的桁架上、下弦杆；单角钢，适用于内力较小的杆件；钢管，适用于轻型钢屋架中的杆件。

截面选择的一般原则如下。

① 相同截面面积情况下，应优先选用宽肢薄壁的板件或肢件，以增加截面的回转半径。一般情况下，板件或肢件的最小厚度为 5mm，对小跨度屋架可用 4mm。

② 对焊接结构，角钢截面应不小于 L45×4 或 L56×36×4；对螺栓连接或铆钉连接结构，角钢截面不小于 L50×5。有螺栓孔时，角钢最小肢宽须满足要求。所选用屋架杆件截面高度，一般不应大于此杆件计算长度的 1/10(对弦杆)和 1/15(对腹杆)。

③ 放置屋面板时，上弦角钢水平伸出肢宽度或剖分 T 型钢翼缘自由外伸宽度不宜小于 80mm(屋面板跨度 6m)或 100mm(屋面板跨度大于 6m)。

④ 同一榀屋架的杆件规格应尽量统一，一般宜调整到 5～6 种，尽量避免使用肢宽相同而厚度相差不大的规格，同一种规格的厚度之差不宜大于 2mm，以方便配料和避免制造时混料。

⑤ 屋架弦杆一般沿全跨采用等截面，但对跨度大于 24m 的三角形屋架和跨度大于 30m 的梯形屋，可根据内力变化改变截面弦杆，但在半跨内只宜改变一次，且只改变肢宽而保

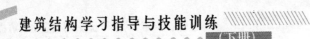

持厚度不变，以便拼接时的构造处理。

(12) 屋架节点的构造应符合哪些要求？试述各节点的计算要点。

答：①杆件重心轴线宜汇交于节点中心；②应在薄弱处增设加强板或采取其他措施增强节点的刚度；③应便于施焊、清除污物和涂刷油漆。

计算要点如下。

① 首先绘出屋架杆件几何轴线，按一定比例尺画出各杆件的角钢轮廓线(表示角钢外伸边厚度的线可不按比例，仅示意画出)， 确定各杆件的端部位置。

② 根据腹杆内力，计算腹杆与节点板连接焊缝的长度和焊脚尺寸。根据节点上各杆件的焊缝长度，并考虑杆件之间应留的间隙以及适当考虑制作和装配的误差确定节点板的形状和平面尺寸。

③ 根据已有节点板的尺寸布置弦杆与节点板间的连接焊缝。当弦杆在节点处改变截面，则还应在节点处设计弦杆拼接。

4) 绘制节点大样(比例尺为 1∶5～1∶10)，确定每一节点上都需标明的尺寸。

(13) 钢结构设计图内容一般包括哪些？

答：钢结构设计图内容一般包括：图纸目录；设计总说明；柱脚锚栓布置图；纵、横、立面图；构件布置图；节点详图；构件图；钢材及高强度螺栓估算表。

(14) 钢屋架施工图包括哪些内容？

答：钢屋架施工图一般应包括屋架正面图、上下弦杆的平面图，各重要部分的侧面图和剖面图，以及某些特殊零件图、材料表和说明等。

2．计算题

(1) 已知 Q235 钢板截面 450mm×20mm，用对接直焊缝拼接，采用手工焊焊条 E43 型，用引弧板，按Ⅲ级焊缝质量检验，试求焊缝所能承受的最大轴心拉力设计值。

解：查表得： $f_t^w = 175\text{N/mm}^2$，

则钢板的最大承载力为： $N = bt_w f_t^w = 450 \times 20 \times 175 \times 10^{-3} = 1575\text{kN}$ 。

(2) 焊接工字形截面梁，设一道拼接的对接焊缝，拼接处作用荷载设计值：弯矩 $M = 1200\text{kN} \cdot \text{mm}$ ，剪力 $V = 360\text{kN}$ ，钢材为 Q235B ，焊条为 E43 型，半自动焊，Ⅲ级检验标准，如图 I.9 所示。试验算该焊缝的强度。

解：查表得： $f_t^w = 185\text{N/mm}^2$ ， $f_v^w = 125\text{N/mm}^2$ 。

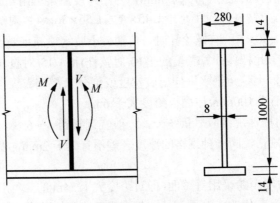

图 I.9　习题(2)图

截面的几何特性计算如下。

惯性矩：

$$I_x = \frac{1}{12} \times 8 \times 1000^3 + 2 \times \left[\frac{1}{12} \times 280 \times 14^3 + 280 \times 14 \times 507^2 \right] = 268206 \times 10^4 \text{mm}^4 \text{。}$$

翼缘面积矩：$S_{x1} = 280 \times 14 \times 507 = 1987440 \text{mm}^4$。

则翼缘顶最大正应力为：

$$\sigma = \frac{M}{I_x} \cdot \frac{h}{2} = \frac{1122 \times 10^3 \times 1028}{268206 \times 10^4 \times 2} = 0.230 \text{N/mm}^2 < f_t^w = 185 \text{N/mm}^2 \text{，满足要求。}$$

腹板高度中部最大剪应力：

$$\tau = \frac{VS_x}{I_x t_w} = \frac{360 \times 10^3 \times \left(1987440 + 500 \times 8 \times \dfrac{500}{2} \right)}{268206 \times 10^4 \times 8} = 50.12 \text{N/mm}^2 < f_v^w = 125 \text{N/mm}^2 \text{。}$$

满足要求。

上翼缘和腹板交接处的正应力：$\sigma_1 = \sigma \times \dfrac{500}{507} = 0.230 \times \dfrac{500}{507} = 0.222 \text{N/mm}^2$。

上翼缘和腹板交接处的剪应力：

$$\tau_1 = \frac{VS_{x1}}{I_x t_w} = \frac{360 \times 10^3 \times 1987440}{268206 \times 10^4 \times 8} = 33.34 \text{N/mm}^2 \text{。}$$

折算应力：

$$\sqrt{\sigma_1^2 + 3\tau_1^2} = \sqrt{0.222^2 + 3 \times 33.34^2} = 57.74 \text{N/mm}^2 < 1.1 f_t^w = 203.5 \text{N/mm}^2 \text{。}$$

满足要求。

(3) 计算图 I.10 所示连接的焊缝长度。已知 N=800kN(静力荷载设计值)，手工焊，焊条 E43 型，$h_f = 10 \text{mm}$，$f_f^w = 160 \text{N/MPa}$。

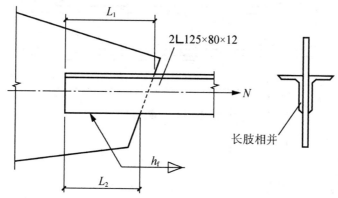

图 I.10   习题(3)图

解：查表得：$f_f^w = 160 \text{N/mm}^2$。

① 采用两边侧焊缝。

因采用等肢角钢，则肢背和肢尖所分担的内力分别为：

$N_1 = 0.7N = 0.7 \times 800 = 560 \text{kN}$，$N_2 = 0.3N = 0.3 \times 800 = 240 \text{kN}$。

肢背焊缝厚度 $h_f = 10 \text{mm}$，故长度为：

$$l_{w1}=\frac{N_1}{2\times0.7h_f f_f^w}=\frac{560\times10^3}{2\times0.7\times1.0\times160\times10^2}=25.0\text{cm}$$，考虑焊口影响采用 $l_{w1}=27\text{cm}$；

肢尖焊缝长度：

$$l_{w2}=\frac{N_2}{2\times0.7h_{f2}f_f^w}=\frac{240\times10^3}{2\times0.7\times1.0\times160\times10^2}=10.71\text{cm}$$，

考虑焊口影响采用 $l_{w2}=13\text{cm}$。

② 采用三面围焊缝。

$$N_3=2\times1.22\times0.7h_f l_{w3}f_f^w=2\times1.22\times0.7\times10\times90\times160=247\text{kN}$$，

$$N_1=0.7N-\frac{N_3}{2}=560-\frac{247}{2}=436.5\text{kN}$$，

$$N_2=0.3N-\frac{N_3}{2}=240-\frac{247}{2}=116.5\text{kN}$$。

每面肢背焊缝长度：

$$l_{w1}=\frac{N_1}{2\times0.7h_f f_f^w}=\frac{436.5\times10^3}{2\times0.7\times1.0\times160\times10^2}=19.49\text{cm}$$，取 24cm。

每面肢尖焊缝长度：

$$l_{w2}=\frac{N_2}{2\times0.7h_f f_f^w}=\frac{116.5\times10^3}{2\times0.7\times1.0\times160\times10^2}=5.2\text{cm}$$，取 10cm。

(4) 如图 I.11 所示焊接连接，采用三面围焊，承受的轴心拉力设计值 $N=1200\text{kN}$。钢材为 Q235B，焊条为 E43 型，试验算此连接焊缝是否满足要求。

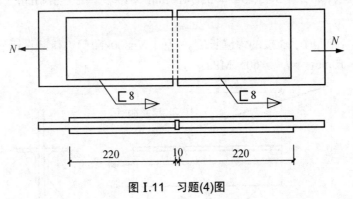

图 I.11　习题(4)图

解：查表得：$f_f^w=160\text{N/mm}^2$。

正面焊缝承受的力：

$$N_1=2h_e l_{w1}\beta_f f_f^w=2\times0.7\times8\times200\times1.22\times160\times10^{-3}=437\text{kN}$$。

则侧面焊缝承受的力为：$N_2=N-N_1=1200-437=763\text{kN}$。

则 $\tau_f=\dfrac{N}{4h_e l_{w2}}=\dfrac{763\times10^3}{4\times0.7\times8\times220}=154.84\text{N/mm}^2<f_f^w=160\text{N/mm}^2$。

满足要求。

(5) 一实腹式轴心受压轴，承受轴压力 3600 kN (设计值)，计算长度 $l_{ox}=12\text{m}$，$l_{oy}=6\text{m}$，截面为焊接组合工字形，尺寸如图 I.12 所示，翼缘为剪切边，钢材为 Q235，容许长细比

$[\lambda]=150$。要求：①验算整体稳定性；②验算局部稳定性。

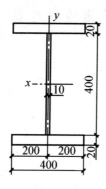

图 I.12   习题(5)图

解：① 验算整体稳定性。

$A = 400\times20\times2 + 400\times10 = 2\times10^4\,\text{mm}^2$,

$I_x = \left(\dfrac{1}{12}\times400\times20^3 + 400\times20\times210^2\right)\times2 + \dfrac{1}{12}\times10\times400^3 = 7.595\times10^8\,\text{mm}^4$,

$I_y = \dfrac{1}{12}\times20\times400^3\times2 + \dfrac{1}{12}\times400\times10^3 = 2.134\times10^8\,\text{mm}^4$,

$i_x = \sqrt{\dfrac{I_x}{A}} = \sqrt{\dfrac{7.595\times10^8}{2\times10^4}} = 192.87\,\text{mm}$,

$i_y = \sqrt{\dfrac{I_y}{A}} = \sqrt{\dfrac{2.134\times10^8}{2\times10^4}} = 102.30\,\text{mm}$,

$\lambda_x = \dfrac{l_{ox}}{i_x} = 51.32 < [\lambda] = 150$,

$\lambda_y = \dfrac{l_{oy}}{i_y} = 48.40 < [\lambda] = 150$,

$\lambda_x = \dfrac{l_{ox}}{i_x} = \dfrac{12\times10^3}{192.87} = 62.22 < [\lambda] = 150$,

$\lambda_y = \dfrac{l_{oy}}{i_y} = \dfrac{6\times10^3}{102.30} = 58.65 < [\lambda] = 150$。

对 x 轴为 b 类截面，对 y 轴为 c 类截面，查表得：$\varphi_x = 0.796 > \varphi_y = 0.717$。

$\dfrac{N}{\phi_y A} = \dfrac{3600\times10^3}{0.717\times2\times10^4} = 251.9\,\text{N/mm}^2 > f = 215\,\text{N/mm}^2$，则整体稳定性不能满足要求。

(2) 验算局部稳定性。

a. 翼缘 $\dfrac{b}{t} = \dfrac{(400-10)/2}{20} = 19.5 > (10+0.1\lambda)\sqrt{\dfrac{235}{f_y}} = 10 + 0.1\times51.32 = 15.13$。

b. 腹板 $\dfrac{h_0}{t_w} = 40 < (25+0.5\lambda)\sqrt{\dfrac{235}{f_y}} = 25 + 0.5\times51.32 = 50.66$。

所以局部稳定性也不能满足要求。

模块 13 结构设计软件应用能力训练

(1) 如图 I.13、图 I.14、图 I.15 所示，计算内力图，绘制框架施工图。

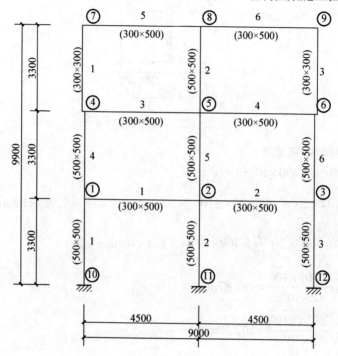

框架立面图(KLM,T)

图 I.13 框架立面图

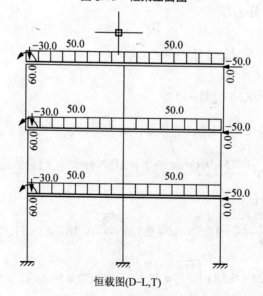

恒载图(D−L,T)

图 I.14 恒载图

答：依次选择"结构"|"PK"|"数据输入和计算"|"框架绘图"|"绘制施工图"|"梁、柱施工图"命令。

(2) 雨篷计算：悬挑板宽度 $S_L = 2100mm$，过梁深入支座强度 $D_D = 240mm$，混凝土和墙自重均为 $25kN/m^3$，悬挑板上活荷载标准值 $C_q = 0.7kN/m^2$，混凝土选用 C30，钢筋 $f_y = 300$，其他如图 I.16 所示。

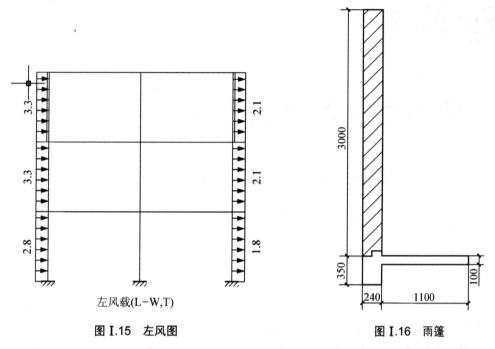

左风载(L-W,T)

图 I.15　左风图　　　　　图 I.16　雨篷

答：依次运行"砌体结构"|"砌体结构混凝土构件辅助设计"命令，按要求填入即可。

附录 II

阶段性技能测试答案

阶段性技能测试（五）参考答案

一、单项选择题

1. D；2. A；3. C；4. A；5. D；6. A；7. D；8. C；9. D；10. A。

二、填空题

1. 圈梁、构造柱；2. 剪切破坏先于弯曲破坏、混凝土的压溃先于钢筋的屈服、钢筋的锚固先于构件破坏；3. 现浇；4. MU10、MU5；5. "强柱弱梁""强剪弱弯""强节点，强锚固"；6. 砌墙、构造柱；7. 有利的地段、不利地段、危险地段；8. 初判、再判；9. 墙身、构件连接处；10. 横墙、纵横墙。

三、名词解释题

1. 震源在地表的垂直投影点称为震中。

2. 震级是衡量一次地震释放能量大小的尺度。

3. 地震烈度指地震时某一地区的地面和各类建筑物遭受一次地震影响的强弱程度。

4. 建筑结构抗震概念设计，是根据地震灾害和工程经验等所形成的基本设计原则和设计思想，进行建筑和结构总体布置并确定细部构造的过程，是以现有科学水平和经济条件为前提的。

5. 砂土液化是指饱和砂土和饱和粉土在地震力的作用下瞬时失掉强度，由固体状态变成液体状态的力学过程。

四、计算题

1. 解：因为距地面 11.6m 以下土层的剪切波速 $v_s = 1000\text{m/s} > 500\text{m/s}$，故场地覆盖层厚度为 11.6m，所以，土层的计算深度 $d_0 = \min(11.6\text{m}, 20\text{m}) = 11.6\text{m}$。

$$t = \sum_{i=1}^{n}(d_i / v_{si}) = \left(\frac{2.60}{130} + \frac{3.00}{150} + \frac{1.80}{180} + \frac{4.20}{210}\right)\text{s} = 0.07\text{s}$$

$v_{se} = d_0 / t = 11.6 / 0.07 \text{m} / \text{s} = 166 \text{m} / \text{s}$ 。

v_{se} 为 140～250m/s，且覆盖层厚度为 3～50m，因此该场地的类别为 Ⅱ 类。

2. 解：因为距地面 7.2m 以下土层的剪切波速 v_s =520m/s>500m/s，故场地覆盖层厚度为 7.2m，所以，土层的计算深度 $d_0 = \min(7.2\text{m}, 20\text{m}) = 7.2\text{m}$ 。

$$t = \sum_{i=1}^{n}(d_i / v_{si}) = \left(\frac{2.50}{200} + \frac{1.50}{280} + \frac{1.90}{310} + \frac{1.30}{385}\right)\text{s} = 0.027\text{s}$$

$v_{se} = d_0 / t = 7.2 / 0.027 \text{m} / \text{s} = 267 \text{m} / \text{s}$

v_{se} 为 250～500m/s，且覆盖层厚度在为 7.2m>5m，因此该场地的类别为 Ⅱ 类。

3. 解：(1) 结构等效总重力荷载。

$$G_{eq} = 0.85 \sum_{i=1}^{4} G_i = 0.85 \times (1800 \times 3 + 1200) = 5610 \text{kN}$$ 。

(2) 水平地震影响系数。

由设防烈度 7 度，查表得，$\alpha_{\max} = 0.08$ 。

由Ⅲ类场地，设计地震分组为第一组，查表得，$T_g = 0.45\text{s}$ 。

由 $T_g = 0.45\text{s} < T = 1.19\text{s} < 5T_g = 2.25\text{s}$ ，得

$$\alpha_1 = \left(\frac{T_g}{T}\right)^{\gamma} \eta_2 \alpha_{\max} = \left(\frac{0.45}{1.19}\right)^{0.9} \times 0.08 = 0.0333$$

(3) 水平地震作用。

结构总水平地震作用标准值 $F_{Ek} = \alpha_1 G_{eq} = (0.0333 \times 5610)\text{kN} = 187\text{kN}$

由于 $T = 1.19\text{s} > 1.4 \times T_g = 1.4 \times 0.45\text{s} = 0.63\text{s}$ ，考虑顶部附加水平地震作用，得

$\delta_n = 0.08T + 0.01 = 0.08 \times 1.19 + 0.01 = 0.1052$

$\Delta F_n = \delta_n F_{Ek} = (0.1052 \times 187.0)\text{kN} = 19.67\text{kN}$ 。

各层水平地震作用标准值 F_i 计算结果列于表 Ⅱ-1。

表 Ⅱ-1　各层水平地震作用标准值

层	G_i / kN	H_i / m	$G_i H_i / \text{kN·m}$	$F_i = \dfrac{G_i H_i}{\sum\limits_{j=1}^{n} G_j H_j} F_{Ek}(1-\delta_n) / \text{kN}$
4	1200	5.5	6600	13.00
3	1800	10.0	18000	35.48
2	1800	14.5	26100	51.44
1	1800	19.0	34200	67.41
Σ	6600		84900	167.33

阶段性技能测试(六)参考答案

1. 答: $7°$; $7°$; 现浇钢筋混凝土框架结构; 底部剪力法; 0.08; 0.55。

(1) $T_g < T < 5T_g$, $\alpha_1 = \left(\dfrac{T_g}{T}\right)^{\gamma} \eta_2 \alpha_{\max} = \left(\dfrac{0.55}{0.56}\right)^{0.9} \times 1.0 \times 0.08 = 0.0787$ 。

(2) $G_{eq} = 0.85 \sum G_i = 0.85 \times 3500 = 2975\text{kN}$, $F_{EK} = \alpha_1 G_{eq} = 0.0787 \times 2975 = 234\text{kN}$ 。

(3) $T = 0.56 < 1.4T_g = 1.4 \times 0.55 = 0.77$, $\delta_n = 0$, $\Delta F_n = \delta_n F_{EK} = 0$ 。

2. 解: (1) $34800 + 150 \times 2 = 35100$; 1.0。

(2) 见表 II-2。

表 II-2 第(2)题答案

H/m	μ_z	风荷载标准值 $\omega_k / \text{kN} \cdot \text{m}^{-2}$
4.200	1.17	0.468
7.500	1.275	0.51
10.800	1.4024	0.561
15.000	1.52	0.608

(3) $F_1 = 35.1 \times \dfrac{4.2 + 3.3}{2} \times 0.468 = 61.6\text{kN}$,

$F_2 = 35.1 \times \dfrac{3.3 + 3.3}{2} \times 0.51 = 59.07\text{kN}$,

$F_3 = 35.1 \times \dfrac{4.25 + 3.3}{2} \times 0.561 = 74.33\text{kN}$,

$F_4 = 35.1 \times \dfrac{4.25}{2} \times 0.608 = 45.35\text{kN}$ 。

3. 解: 如图 II.1 所示。

4. 解:

(1) b 处。抗震等级为一级, 跨中 2⊕14, $A_s = 308\text{mm}^2$, 但支座处所配负弯矩筋截面面积为 1780mm^2 , 由于 $308\text{mm}^2 < \dfrac{1780}{4}\text{mm}^2 = 450\text{mm}^2$, 故 b 处错。

原因:《高规》规定, 沿梁全长顶面和底面至少应各配两根通长的纵向钢筋, 对一、二级抗震等级, 钢筋直径不应小于 14 mm, 且分别不应小于梁两端顶面和底面纵向受力钢筋中较大截面面积的 1/4。

(2) c 处。梁底面 2⊕25, $A_s = 760\text{mm}^2$, 梁端顶面配负弯矩筋 2⊕14+3⊕25, $A_s = 1780\text{mm}^2$, 由于 $760\text{mm}^2 / 1780\text{mm}^2 = 0.427 < 0.5$, 故 c 处错。

原因:《高规》规定, 梁端截面的底面和顶面纵向受力钢筋截面面积的比值, 一级不应小于 0.5。

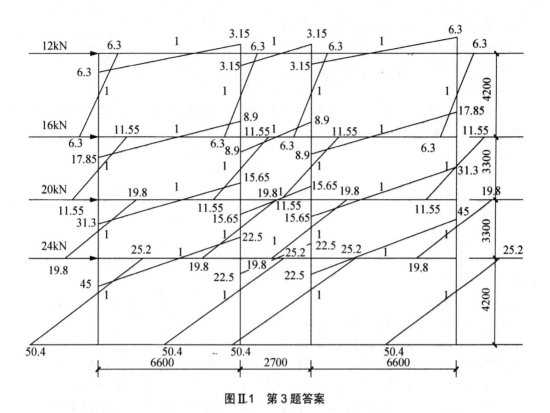

图Ⅱ.1　第 3 题答案

(3) e 处。伸入支座内直线段长度 $300\text{mm}^2 < 0.4l_{aE} = 0.4 \times 40 \times 25 = 400\text{mm}$，故 e 处错。

原因：《高规》规定，梁底面纵向受力钢筋伸入支座内直线段长度要大于等于 $0.4l_{aE}$。

(4) f 处。箍筋加密区长度等于 1400mm，正确。

原因：《高规》规定，箍筋加密区长度应取 $\text{Max}\left[2h_b, 500\right] = \text{Max}\left[2 \times 700, 500\right] = 1400\text{mm}$。

5. 解：角柱、中柱、边柱。

(1) 纵筋。

① 全部纵向钢筋最小配筋率。

分析：$4 \oplus 25$，$A_s = 1964\text{mm}^2$；$4 \oplus 20$，$A_s = 1256\text{mm}^2$，

$\rho = A_s/bh = (1964 + 1256) / (450 \times 450) = 1.59\% > 0.8\%(0.6\%、0.7\%)$。

结论：正确。

② 每一侧纵向钢筋最小配筋率。

分析：每侧 $2 \oplus 25$，$A_s = 982\text{mm}^2$，$1 \oplus 20$，$A_s = 314.2\text{mm}^2$，

$\rho = A_s/bh = (982 + 314.2) / (450 \times 450) = 0.64\% > 0.2\%$。

结论：正确。

③ 全部纵向钢筋最大配筋率。

分析：$\rho = A_s/bh = (1964 + 1256) / (450 \times 450) = 1.59\% < 5\%$。

结论：正确。

④ 纵筋间距。

分析：截面尺寸 450mm > 400mm，保护层 c 取 20mm，纵筋间距净距为(450 − 25 × 2−

$25 \times 2 - 20) \div 2 = 165\text{mm} < 200\text{mm}$。

结论：正确。

(2) 加密区箍筋。

① 最大间距。

分析：抗震等级三级，箍筋最大间距取 $\min\left[8d, 150(柱跟100)\right] = \min\left[8 \times 20, 150(100)\right]$ $=150(100)\text{mm}$，本柱为 100mm，满足要求。

结论：正确。

② 最小直径。

分析：抗震等级三级，箍筋最小直径为 8mm。本例为 8mm，满足要求。

结论：正确。

③ 最小肢距。

分析：抗震等级三级，肢距不宜大于 250mm 和 20 倍箍筋直径中的较大值，箍筋净距 165mm，满足要求。

结论：正确。

④ 计算二层柱两端箍筋加密区长度。

二层柱两端箍筋加密区长度取

$\text{Max}\left[450, 500, h_\text{n} / 3\right] = \text{Max}\left[450, 500, (3300 - 400) / 3\right] = 966.67\text{mm}$，取 1000mm。

⑤ 查表求二层柱箍筋加密区的箍筋最小配箍特征值 λ_v，假定轴压比为 0.4。

普通箍(复合箍)，轴压比为 0.4，抗震等级三级，查主教材表 10-16，可得 $\lambda_\text{v} = 0.07$。

阶段性技能测试（七）参考答案

一、单项选择题

1.B；2.B；3.A；4.B；5.C；6.A；7.D；8.B；9.B；10.C。

二、填空题

1. 截面重心到轴向力所在偏心方向截面边缘的距离；2. 黏结力；3. 5；4. 刚性；5. 施工；6. 2/3；7. 3.6；8. 横墙、横墙；9. 横墙；10. 1.2

三、名词解释题

1. 墙、柱高厚比的允许极限值称允许高厚比，用 $[\beta]$ 表示。

2. 由钢筋混凝土托梁及其以上计算高度范围内的墙体共同工作，一起承受荷载的组合结构称为墙梁。

3. 过梁是砌体结构中门窗洞口上承受上部墙体自重和上层楼盖传来的荷载的梁。

4. 房屋的空间刚度很小，即在水平风荷载作用下，墙顶的最大水平位移接近于平面结构体系，其墙柱内力计算应按不考虑空间作用的平面排架或框架计算，这类房屋称为弹性方案房屋。

5. 配有钢筋的砌体称为配筋砌体，包括配筋砖砌体和配筋砌块砌体。配筋砖砌体分网状配筋砖砌体和组合砖砌体，其中组合砖砌体可以在砖砌体外配置纵向钢筋加砂浆或混凝土面层形成组合砌体或者砖砌体与钢筋混凝土构造柱形成组合墙。

四、计算题

1. 解：(1) 验算截面是否安全。

① 计算截面几何参数。

$A=240\times2200+370\times250\text{mm}^2=620500\ \text{mm}^2$。

$$y_1=\frac{240\times2200\times120+250\times370\times\left(240+\frac{250}{2}\right)}{620500}=156.5\text{mm}。$$

$y_2=(240+250-156.5)\text{mm}=333.5\text{mm}。$

$I=(1/12)\times2200\times240^3+2200\times240\times(156.5-120)^2+(1/12)\times370\times250^3+370\times250\times(333.5-125)^2$
$=7.74\times10^9\text{mm}^4$。

$$i=\sqrt{\frac{I}{A}}=\sqrt{\frac{7.74\times10^9}{620500}}=111.7\text{mm}。$$

$h_\text{T}=3.5i=3.5\times111.7\text{mm}=391\text{mm}。$

偏心距　$e=\dfrac{M}{N}=\dfrac{30}{150}=0.2\text{m}=200\text{mm}<0.6y=200.1\text{mm}。$

故满足规范要求。

② 承载力验算。

刚弹性方案，$H_0=1.2H=1.2\times5000=6000\text{mm}$，MU10 烧结黏土砖与 M5 水泥砂浆砌筑，查表得 $\gamma_\beta=1.0$；将 $\beta=\gamma_\beta\dfrac{H_0}{h_\text{T}}=1.0\times\dfrac{6}{0.391}=15.35$ 及 $\alpha=0.0015$ 代入公式得

$$\varphi_0=\frac{1}{1+\alpha\beta^2}=\frac{1}{1+0.0015\times15.35^2}=0.739。$$

将 $\varphi_0=0.739$ 及 $\dfrac{e}{h_\text{T}}=\dfrac{200}{391}=0.512$，代入公式得

$$\varphi=\frac{1}{1+12\left[\frac{e}{h_\text{T}}+\sqrt{\frac{1}{12}\left(\frac{1}{\varphi_0}-1\right)}\right]^2}=\frac{1}{1+12\left[0.512+\sqrt{\frac{1}{12}\left(\frac{1}{0.739}-1\right)}\right]^2}=0.108。$$

MU10 烧结黏土砖与 M5 水泥砂浆砌筑的砖砌体的抗压强度设计值 $f=1.5\text{MPa}$。窗间墙承载力为

$\varphi\gamma_\text{a}fA=0.108\times1.0\times1.5\times620500\times10^{-3}\text{kN}=101\text{kN}<150\text{kN}。$

故承载力不满足要求。

(2) 验算高厚比。

① 整片墙高厚比验算。

采用 M5 混合砂浆时，查表得 $[\beta]=24$。开有门窗洞口时，$[\beta]$ 的修正系数 μ_2 为：

$$\mu_2=1-0.4\frac{b_\text{s}}{s}=1-0.4\times(1800/4000)=0.82。$$

自承重墙允许高厚比修正系数 $\mu_1=1$。

 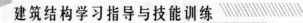

$\beta = \dfrac{H_0}{h} = \dfrac{6000}{391} = 15.34 < \mu_1\mu_2[\beta] = 0.82 \times 24 = 19.68$，满足要求。

② 壁柱之间墙体高厚比的验算。

按刚性方案计算，$s = 4000 < H = 5000\text{mm}$，查表得 $H_0 = 0.6s = 0.6 \times 4000\text{mm} = 2400\text{mm}$

$\beta = \dfrac{H_0}{h} = \dfrac{2400}{240} = 10 < \mu_1\mu_2[\beta] = 0.82 \times 24 = 19.68$，满足要求。

2. 解：(1)装配式有檩体系轻钢屋盖，查规范表知屋盖类型为第二类。

(2) 在进行横向内力计算时，横墙间距为24m，查规范表知对第二类屋盖 $20 \leqslant s \leqslant 48$ 时为刚弹性屋盖，本题 $s = 24$m 在此范围内，故静力计算方案为刚弹性方案。

(3) 在进行纵向内力计算时，纵墙间距为15m，查规范表知对第二类屋盖 $s < 20$m 时为刚性屋盖，本题 $s = 15$m < 20m，故静力计算方案为刚性方案。

阶段性技能测试(八)参考答案

一、单项选择题(每空2分，共30分)

1. A；2. D；3. B；4. A；5. B；6. A；7. B；8. C；9. C；10. A；11. C；12. C；13. D；14. D；15. A。

二、填空题(每空1分，共20分)

1. 同一受力方向承压构件的较小厚度；2. 栓杆抗剪和孔壁承压、板件间的强大摩擦力；3. 大于 $60h_f$；4. 静荷载或者间接承受动力荷载；5. 电弧焊；6. $\lambda_{ox} = \lambda_y$；7. 混凝土的抗压强度值；8. 设置横向加劲肋；9. 等稳定性原则；10. $b_1/t_1 = 13\sqrt{235/f_y}$；11. 剪力、不受限制；12. 挠度，长细比；13. 静荷载或者间接承受动力荷载；14. E50；15. 裂纹、气孔、未焊透。

三、简答题(每题5分，共30分)

1. 答：(1) I 形坡口(或称平接)：用于焊接板厚为 1~6mm 的焊接，为了保证焊透件，接头处要留有 0~2.5mm 的间隙。

(2) V 形坡口：用于板厚为 6~30mm 焊件的焊接，该坡口加工方便。

(3) X 形坡口：用于板厚 12~40mm 焊件的焊接，由于焊缝两面对称，焊接应力和变形小。

(4) U 形坡口：用于板厚 20~50mm 焊接的焊件、容易焊透、工件变形小。

2. 答：摩擦型高强度螺栓的受剪连接传力特点不同于普通螺栓。后者是靠螺栓自身受剪和孔壁承压传力，而前者则是靠被连接板叠间的摩擦力传力。一般可认为摩擦力均匀分布于螺栓孔四周，故孔前传力约为0.5。因此，构件开孔截面的净截面强度的计算公式为：$\sigma = \dfrac{N'}{A_n} = \left(1 - 0.5\dfrac{n_1}{n}\right)\dfrac{N_n}{A_n} \leqslant f$。这表明所计算截面上的轴心力 N 已有一定程度的减少。对比普通螺栓受剪连接构件开孔截面的净截面强度的计算公式：$\sigma = \dfrac{N}{A_n} \leqslant f$，显而易见，在受剪连接中，摩擦型高强度螺栓开孔对构件截面的削弱影响较小。

3. 答：螺栓抗剪连接达到极限承载力时，可能的破坏形式有：①螺栓杆被剪断；②螺栓承压破坏；③板件净截面被拉断；④端板被栓杆冲剪破坏。第③种破坏形式采用构件强度验算保证，第④种破坏形式由螺栓端距 $\geq 2d_0$。第①、②、③种破坏形式通过螺栓计算公式保证。

4. 答：对于双肢组合构件，当缀件为缀板时：

$$\lambda_{0x} = \sqrt{\lambda_x^2 + \lambda_1^2}$$

当缀件为缀条时：

$$\lambda_{0x} = \sqrt{\lambda_x^2 + 27\frac{A}{A_{1x}}}$$

格构式轴心受压柱当绕虚轴失稳时，柱的剪切变形较大，剪力造成的附加挠曲影响不能忽略，故对虚轴的失稳计算，常以加大长细比的办法来考虑剪切变形的影响，加大后的长细比称为换算长细比。

5. 答：螺栓在钢板上的排列有两种形式：并列和错列。并列布置紧凑，整齐简单，所用连接板尺寸小，但螺栓对构件截面削弱较大；错列布置松散，连接板尺寸较大，但可减少螺栓孔对截面的削弱。螺栓在钢板上的排列应满足 3 方面要求：①受力要求；②施工要求；③构造要求，并且应满足规范规定的最大最小容许距离：最小的栓距为 $3d_0$，最小的端距为 $2d_0$。

6. 答：①当 $\dfrac{h_0}{t_w} \leq 80\sqrt{\dfrac{235}{f_y}}$ 时，应按构造配置横向加劲肋；②当 $80\sqrt{\dfrac{235}{f_y}} \leq \dfrac{h_0}{t_w} \leq 170\sqrt{\dfrac{235}{f_y}}$ 时，应按计算配置横向加劲肋；③ $\dfrac{h_0}{t_w} > 170\sqrt{\dfrac{235}{f_y}}$ 时应配置横向加劲肋和纵向加劲肋；④梁的支座处和上翼缘受有较大固定集中荷载处设支承加劲。

四、计算题(本大题共 3 小题，第 1、2 题各 5 分，第 3 题 10 分，共 20 分)

1. 解：假设焊缝厚度一律采用 $h_f = 8\text{mm}$。

$N_3 = 2 \times 1.22 \times 0.7 \times 8 \times 140 \times 160 = 306\text{kN}$。

$N_1 = 0.7N - \dfrac{N_3}{2} = 770 - 153 = 617\text{kN}$。

$N_2 = 0.3N - \dfrac{N_3}{2} = 330 - 153 = 177\text{kN}$。

每面肢背焊缝长度：

$$l_{w1} = \frac{N_1}{2 \times 0.7 \times h_f \times f_f^w} = \frac{617 \times 10^3}{2 \times 0.7 \times 0.8 \times 160 \times 10^2} = 34.4\text{cm}，取 36\text{cm}。$$

每面肢尖焊缝长度：

$$l_{w2} = \frac{N_2}{2 \times 0.7 \times h_f \times f_f^w} = \frac{177 \times 10^3}{2 \times 0.7 \times 0.8 \times 160 \times 10^2} = 9.9\text{cm}，取 12\text{cm}。$$

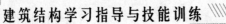

2. 解:

$$N_v^b = n_v \frac{1}{4} \pi d^2 f_v^b = 2 \times \frac{1}{4} \times \pi \times 24^2 \times 140 = 126.7 \text{kN} \text{。}$$

$$N_c^b = d\Sigma t f_c^b = 24 \times 14 \times 305 = 102.4 \text{kN} \text{。}$$

$$N_i = \frac{F}{n} = \frac{650}{13} = 50 \text{kN} < N_{min}^b (N_v^b, N_c^b) = 102.4 \text{kN} \text{。}$$

$$A_I = (400 - 24.5 \times 3) \times 14 = 45.71 \text{cm}^2 \text{。}$$

$$A_{II} = (2 \times 60 + 4 \times \sqrt{70^2 + 70^2} - 24.5 \times 5) \times 14 = 55.09 \text{cm}^2 \text{。}$$

$$\sigma = \frac{N}{A_{min}} = \frac{650 \times 10^3}{45.71 \times 10^2} = 142 N/\text{mm}^2 < f = 215 N/\text{mm}^2 \text{。}$$

故连接安全。

3. 解:

$$\lambda_x = \frac{l_{ox}}{i_x} = \frac{6000}{133.3} = 45.01, \lambda_y = \frac{l_{oy}}{i_y} = \frac{3000}{72.3} = 41.49 \text{。}$$

构件属于 b 类截面,查表得 $\varphi_x = 0.878$, $\varphi_y = 0.893$。

$$\frac{N}{A\varphi} = \frac{1500 \times 10^3}{84 \times 0.878} = 203 \text{MPa} < 215 \text{MPa}$$

所以,该轴心受压柱的整体稳定满足要求。

附录 III

综合技能测试答案

综合技能测试（一）参考答案

一、填空题

1. 正常使用；2. 承载能力；3. 0.2%；4. 徐变；5. 屈服强度；6. 通缝截面；7. 适筋梁；8. 长细比；9. 砌体结构；10. 1m。

二、单选题

1. B；2. A；3. D；4. D；5. A；6. A；7. D；8. A；9. B；10. D。

三、多选题

1. ACD；2. ABD；3. ABC；4. ACD；5. ABC。

四、判断题

1. √；2. ×；3. √；4. √；5. √；6. ×；7. √；8. √；9. √；10. √。

五、名词解释

1. 双向板：在肋形楼盖中，如果梁所支承的板的平面尺寸接近或等于正方形，即板的长边 l_2 与短边 l_1 之比小于或等于 2 时，则这种板在两个方向均受力工作，称为双向板。

2. 组合砌体：当轴向力的偏心距 $e > 0.6y$ 时，采用的砖砌体和钢筋混凝土面层或钢筋砂浆面层组成的构件。

3. 荷载引起的结构或构件的内力、变形等，称为荷载效应。

六、简答题

1. 答：(1) 支座边缘处的截面；

(2) 受控区弯起钢筋起点处的截面；

(3) 箍筋截面面积或间距改变处的截面；

(4) 腹板宽度改变处的截面。

2. 答：适筋梁正截面受力全过程划分为 3 个阶段。

(1) 整体工作阶段，在 1 阶段末时受压区应力图形为三角形，而受拉区混凝土应力接近均匀分布。

(2) 带裂缝工作阶段，在裂缝截面处的受拉混凝土大部分退出工作，拉力基本上由钢筋承担，受压区混凝土应力图形呈曲线分布。

(3) 破坏阶段，此时受拉钢筋先屈服，而后裂缝向上延伸，甚至受压区混凝土压坏，应力图形曲线分布较丰满。混凝土即将压坏的状态为正截面破坏极限状态，为承载力计算的依据。

3. 答：共 3 种，分别为刚性方案，弹性方案，刚弹性方案；按楼(屋)盖刚度及横墙间距划分(或按房屋空间作用的大小划分)。

4. 答：箍筋的主要作用是用来承受由剪力和弯矩在梁内引起的主拉应力，同时还可固定纵向受力钢筋并和其他钢筋绑扎在一起形成一个空间的立体骨架。

七、计算题

1. 解：

(1) 确定 φ。

$\dfrac{l_0}{b} = \dfrac{4000}{300} = 13.3$，查表得 $\varphi = 0.931$。

(2) 求承载力 N_u。

$0.4\% < \rho' = \dfrac{A_s'}{A} = \dfrac{1256}{300 \times 300} = 1.4\% < 3\%$。

$N_u = \varphi(f_c + f_y' A_s') = 0.0931 \times (10 \times 300^2 + 310 \times 1256)$

$\quad\quad = 1200\text{kN} > 1100\text{kN}$。

故此柱安全。

2. 解：

(1) 求柱底部截面的轴向力设计值。

$N = 150 + \gamma_G C_G G_K = 150 + 1.2 \times 0.49 \times 0.37 \times 5 \times 19 = 170.67\text{kN} = 170670\text{kN}$。

(2) 求柱的承载力：MU10 的黏土砖与 M5 混合砂浆，查表得砌体抗压强度设计值 $f = 1.5\text{N/mm}^2$。截面面积 $A = 0.49 \times 0.37 = 0.18\text{m}^2 < 0.3\text{m}^2$，则砌体强度设计值应乘以调整系数 $\gamma_a = 0.7 + A = 0.7 + 0.18 = 0.88$。

$\gamma_\beta = 1.0$，$\beta = \dfrac{H_0}{h} = \dfrac{5000}{370} = 13.5$；M5 的混合砂浆砌筑，$\alpha = 0.0015$，代入公式得

$\varphi = \varphi_0 = \dfrac{1}{1 + \alpha\beta^2} = \dfrac{1}{1 + 0.0015 \times 13.5^2} = 0.785$。

则柱底截面的承载力为

$\varphi\gamma_a f A = 0.785 \times 0.88 \times 1.5 \times 490 \times 370 = 187863\text{N} > 1170670\text{N}$。故柱底截面安全。

3. 解：(1)确定计算数据。

$f_c = 9.6\text{N/mm}^2$，$f_y = 300\text{N/mm}^2$，$a_1 = 1.0$，$h_0 = 450 - 35 = 415\text{mm}$，$A_s = 804\text{mm}^2$。

(2) 求 x。

$$x = \frac{f_y A_s}{f_c b} = \frac{300 \times 804}{9.6 \times 200} = 125.63\text{mm} 。$$

(3) 验算适用条件。

$$\xi_b h_0 = 0.544 \times 415 = 225.76\text{mm} > 125.63\text{mm} ，$$

$$\rho = \frac{A_s}{bh_0} = 0.966\% > \rho_{min} = 0.2\% 。$$

(4) 计算弯矩值并判断。

$$M_u = \alpha_1 f_c bx\left(h_0 - \frac{x}{2}\right) = 85.19\text{kN} > 80\text{kN} ，所以梁的正截面强度满足要求。$$

4. 解：(1) 判别大小偏心受拉。

$$e_0 = \frac{M}{N} = \frac{40 \times 10^6}{700 \times 10^3} = 57.14\text{mm} < \frac{h}{2} - a_s = \frac{400}{2} - 35 = 165\text{mm} ；$$

为小偏心受拉。

(2) 求纵向钢筋截面面积。

$$e' = \frac{h}{2} - a'_s + e_0 = \frac{400}{2} - 35 + 57.14 = 222.14\text{mm} 。$$

$$e = \frac{h}{2} - a_s - e_0 = \frac{400}{2} - 35 - 57.14 = 107.86\text{mm} 。$$

$$A_s \geqslant \frac{Ne'}{f_y(h_0 - a_s)} = \frac{700 \times 10^3 \times 222.14}{300 \times (365 - 35)} = 1571\text{mm}^2 。$$

$$A_s \geqslant \frac{Ne'}{f_y(h_0 - a_s)} = \frac{700 \times 10^3 \times 107.86}{300 \times (365 - 35)} = 762.6\text{mm}^2 。$$

A_s 选 4Φ25($A_s = 1964\text{mm}^2$)，　A'_s 选 3Φ18($A_s = 763\text{mm}^2$)。

$$\rho_{min}bh = 0.2\% \times 300 \times 400 = 240\text{mm}^2 < A_s 及 A'_s 。$$

综合技能测试(二)参考答案

一、填空题

1. 提高；2. 屈服强度；3. 抗压强度；4. 耐久性；5. 缀板；6. 腹筋；7. 塑性铰；8. 强剪弱弯；9.对接连接、角焊缝连接。

二、单选题

1. A；2. B；3. B；4. C；5. A；6. A；7. B；8. A；9. D；10. C。

三、多选题

1. BD；2. ABCD；3. AB；4. ABD；5. ABD。

四、判断题

1.√；2.×；3.√；4.×；5.√；6.×；7.√；8.×；9.×；10.√。

五、名词解释

1. 预应力混凝土构件：在构件受荷前预先对混凝土受拉区施加压应力的构件称为"预应力混凝土构件"。

2. 结构的可靠度就是指结构在规定的时间内，在规定的条件下，完成预定功能的概率。

3. 界限截面受压区高度 x_b 与截面有效高度 h_0 的比值（x_b/h_0）称为界限相对受压区高度，以 ξ_b 表示。

六、简答题

1. 答：(1) 结构平面布置，确定板厚和主、次梁的截面尺寸；

(2) 确定板厚和主、次梁的计算简图；

(3) 荷载及内力计算；

(4) 截面承载力计算，配筋及构造，对跨度大或荷载大或情况特殊的梁、板还需进行变形和裂缝的验算；

(5) 绘施工图。

2. 答：偏心受压构件分大偏心受压破坏和小偏心受压破坏两类。

大小偏压的判别方法为：当 $\xi \leqslant \xi_b$ 时，为大偏压构件。当 $\xi > \xi_b$ 时，为小偏压构件。

3. 答：(1) 永久荷载（又称恒载）：在结构使用期间，其值不随时间变化，或其变化与平均值相比可以忽略不计，如结构自重、土压力等。

(2) 可变荷载（又称活载）：在结构使用期间，其值随时间变化、且其变化与平均值相比不可忽略，如楼面活载、风载、雪载、吊车荷载等。其中民用楼面活载又可分为持久性活载和临时性活载两类。前者是经常性出现的，如家具等的荷重；后者是短暂出现的，如人员流动荷重。

(3) 偶然荷载：在结构使用期间内可能出现也可能不出现，而一旦出现，其值很大且持续时间又较短，如地震、爆炸、撞击等。

4. 答：远离轴向力一侧的纵向受拉钢筋先达到屈服；最后受压区混凝土被压碎。

七、计算题

1. 解：$A = 2 \times 20 \times 2 + 50 \times 1 = 130 \text{cm}^2$，

$I_x = 1 \times 50^3 / 12 + 2 \times 2 \times 20 \times 26^2 = 64497 \text{cm}^4$，

$S_x = 20 \times 2 \times 26 + 1 \times 25 \times 12.5 = 1352.5 \text{cm}^3$，

$S_1 = 2 \times 20 \times 26 = 1040 \text{cm}^3$，

$W_x = 64497 / 27 = 2389 \text{cm}^3$。

截面边缘纤维最大正应力：

$\sigma = M / W_x = 400 \times 10^6 / (2389 \times 10^3) = 167 \text{N/mm}^2 < f = 215 \text{N/mm}^2$，满足要求。

腹板中央截面最大剪应力：

$\tau = VS_x / I_x b = (580 \times 10^3 \times 1352.5 \times 10^3) / (64497 \times 10^4 \times 10) = 122 \text{N/mm}^2 < f_v = 125 \text{N/mm}^2$，

满足要求。

在腹板上边缘处，其正应力：$\sigma_1 = 500\sigma / 540 = 154.6 \text{N/mm}^2$。

剪应力：$\tau_1 = VS_1 / I_x b = 580 \times 10^3 \times 1040 \times 10^3 / 64497 \times 10^4 \times 10 = 93.5 \text{N/mm}^2$。

所以折算应力：$\sqrt{\sigma_1^2 + 3\tau_1^2} = \sqrt{154.6^2 + 3 \times 93.5^2} = 223.9 < 1.1f = 263.5 \text{N/mm}^2$。

所以此处的折算应力也满足要求。

2. 解：局部受压面积 $A_L = 200 \times 2400 = 48000 \text{mm}^2$，

影响砌体局部抗压强度的计算面积

$A_0 = (b + 2h)h = (200 + 2 \times 240) \times 240 = 163200 \text{mm}^2$。

砌体局部抗压强度提高系数：$\gamma = 1 + 0.35\sqrt{\dfrac{A_0}{A_L} - 1} = 1 + 0.35\sqrt{\dfrac{163200}{48000} - 1} = 1.54$，

砌体抗压强度设计值 $f = 1.5 \text{N/mm}^2$，

$\gamma f A_L = 1.54 \times 1.5 \times 48000 = 110880 \text{N} = 110.88 \text{kN} > 90 \text{kN}$，

满足要求。

3. 解：

(1) 假定截面尺寸：板的最小厚度 $h = l_0 / 30 = 2240 / 30 = 75 \text{mm}$，$h = 80 \text{mm}$，$h_0 = h - 20 = 60 \text{mm}$。

(2) 内力计算：取 1m 宽板带进行计算。

钢筋混凝土标准容重取 25kN/m^3，水泥砂浆 20kN/m^3，

永久荷载分项系数 $\gamma_G = 1.2$，可变荷载分项系数 $\gamma_Q = 1.4$，

结构重要性系数为 1.0，则作用在板上的总设计值为：

$q = 1.2 \times 0.08 \times 25 + 1.2 \times 0.02 \times 20 + 1.4 \times 2 = 5.68 \text{kN/m}$。

板跨中最大弯矩设计值为：$M = \dfrac{1}{8} \times ql^2 = \dfrac{1}{8} \times 5.68 \times 2.24^2 = 3.56 \text{kN} \cdot \text{m} = 356 \times 10^6 \text{N} \cdot \text{mm}$。

(3) 配筋计算。

$\alpha_s = \dfrac{M}{f_c b h_0^2} = \dfrac{356 \times 10^6}{7.2 \times 1000 \times 60^2} = 0.137$。

查表得 $\gamma_s = 0.926$，

$A_s = \dfrac{M}{f_y \gamma_s h_0^2} = \dfrac{3.56 \times 10^6}{210 \times 0.926 \times 60} = 305.12 \text{mm}^2$。

(4) 选配钢筋。选用钢筋 $\phi 8@150$（$A_s = 335 \text{mm}^2$），分布筋采用 $\phi 6@250$。

(5) 验算配筋率。$\rho = \dfrac{A_s}{b h_0} = \dfrac{335}{1000 \times 60} = 0.56\% > \rho_{\min} = 0.2\%$。

参 考 文 献

[1] 中华人民共和国国家标准. 工程结构可靠性设计统一标准(GB 50153—2008)[S]. 北京：中国建筑工业出版社，2008.

[2] 中华人民共和国国家标准. 建筑结构可靠度设计统一标准(GB 50068—2001)[S]. 北京：中国建筑工业出版社，2001.

[3] 中华人民共和国国家标准. 建筑结构荷载规范(GB 50009—2012)[S]. 北京：中国建筑工业出版社，2012.

[4] 中华人民共和国国家标准. 混凝土结构设计规范(GB 50010—2010)[S]. 北京：中国建筑工业出版社，2010.

[5] 中华人民共和国国家标准. 砌体结构设计规范(GB 50003—2011)[S]. 北京：中国建筑工业出版社，2011.

[6] 中华人民共和国国家标准. 钢结构设计规范(GB 50017—2003)[S]. 北京：中国计划出版社，2012.

[7] 中华人民共和国国家标准. 建筑地基基础设计规范(GB 50007—2011)[S]. 北京：中国建筑工业出版社，2011.

[8] 中华人民共和国国家标准. 建筑工程抗震设防分类标准(GB 50223—2008)[S]. 北京：中国建筑工业出版社，2008.

[9] 中华人民共和国国家标准. 建筑抗震设计规范(附条文说明)(GB 50011—2010)[S]. 北京：中国建筑工业出版社，2010.

[10] 中华人民共和国国家标准. 高层建筑混凝土结构技术规程(JGJ 3—2010)[S]. 北京：中国建筑工业出版社，2010.

[11] 中华人民共和国国家标准. 建筑结构制图标准(GB/T 50105—2010)[S]. 北京：中国建筑工业出版社，2010.

[12] 中国建筑标准设计研究院. 混凝土结构施工图平面整体表示方法制图规则和构造详图(11G101)[S]. 北京：中国计划出版社，2011.

[13] 上官子昌. 11G101 图集应用——平法钢筋算量[M]. 北京：中国建筑工业出版社，2012.

[14] 张季超. 新编混凝土结构设计原理[M]. 北京：科学出版社，2011.

[15] 方建邦. 建筑结构[M]. 北京：中国建筑工业出版社，2010.

[16] 伊爱焦，张玉敏. 建筑结构[M]. 大连：大连理工大学出版社，2011.

[17] 张延年. 建筑结构抗震[M]. 北京：机械工业出版社，2011.

[18] 贾瑞晨，甄精莲，项林. 建筑结构[M]. 北京：中国建材工业出版社，2012.

[19] 施岚清. 注册结构工程师专业考试应试指南[M]. 北京：中国建筑工业出版社，2012.

[20] 徐锡权，李达. 钢结构[M]. 北京：冶金工业出版社，2010.

[21] 汪霖祥. 钢筋混凝土结构与砌体结构[M]. 北京：机械工业出版社，2008.

[22] 宗兰. 建筑结构[M]. 北京：机械工业出版社，2006.

[23] 胡兴福. 建筑结构[M]. 北京：高等教育出版社，2005.

[24] 丁天庭. 建筑结构[M]. 北京：高等教育出版社，2003.

[25] 张学宏. 建筑结构[M]. 北京：中国建筑工业出版社，2007.

[26] 张宇鑫，等. PKPM 结构设计应用[M]. 上海：同济大学出版社，2006.

[27] 《钢结构设计规范》编制组. 《钢结构设计规范》应用讲解[M]. 北京：中国计划出版社，2003.

[28] 唐丽萍，乔志远. 钢结构制造与安装[M]. 北京：机械工业出版社. 2008.

[29] 中国建筑标准设计研究院. 钢结构设计制图深度和表示方法(03G102)[S]. 北京：中国计划出版社，2003.

北京大学出版社高职高专土建系列规划教材

序号	书名	书号	编著者	定价	出版时间	印次	配套情况
	基 础 课 程						
1	建设法规及相关知识	978-7-301-22748-0	唐茂华等	34.00	2014.9	2	ppt/pdf
2	建设工程法规(第2版)	978-7-301-24493-7	皇甫婧琪	40.00	2014.12	2	ppt/pdf/答案/素材
3	建筑工程法规实务	978-7-301-19321-1	杨陈慧等	43.00	2012.1	4	ppt/pdf
4	建筑法规	978-7-301-19371-6	董伟等	39.00	2013.1	4	ppt/pdf
5	建设工程法规	978-7-301-20912-7	王先恕	32.00	2012.7	3	ppt/ pdf
6	AutoCAD 建筑制图教程(第2版)	978-7-301-21095-6	郭 慧	38.00	2014.12	6	ppt/pdf/素材
7	AutoCAD 建筑绘图教程(第2版)	978-7-301-24540-8	唐英敏等	44.00	2014.7	1	ppt/pdf
8	建筑CAD项目教程(2010版)	978-7-301-20979-0	郭 慧	38.00	2012.9	2	pdf/素材
9	建筑工程专业英语	978-7-301-15376-5	吴承霞	20.00	2013.8	8	ppt/pdf
10	建筑工程专业英语	978-7-301-20003-2	韩薇等	24.00	2014.7	2	ppt/ pdf
11	★建筑工程应用文写作(第2版)	978-7-301-24480-7	赵立等	50.00	2014.7	1	ppt/pdf
12	建筑识图与构造(第2版)	978-7-301-23774-8	郑贵超	40.00	2014.12	2	ppt/pdf/答案
13	建筑构造	978-7-301-21267-7	肖 芳	34.00	2014.12	4	ppt/pdf
14	房屋建筑构造	978-7-301-19883-4	李少红	26.00	2012.1	4	ppt/pdf
15	建筑识图	978-7-301-21893-8	邓志勇等	35.00	2013.1	2	ppt/ pdf
16	建筑识图与房屋构造	978-7-301-22860-9	贠禄等	54.00	2015.1	2	ppt/pdf /答案
17	建筑构造与设计	978-7-301-23506-5	陈玉萍	38.00	2014.1	1	ppt/pdf /答案
18	房屋建筑构造	978-7-301-23588-1	李元玲等	45.00	2014.1	1	ppt/pdf
19	建筑构造与施工图识读	978-7-301-24470-8	南学平	52.00	2014.8	1	ppt/pdf
20	建筑工程制图与识图(第2版)	978-7-301-24408-1	白丽红	29.00	2014.7	1	ppt/pdf
21	建筑制图习题集(第2版)	978-7-301-24571-2	白丽红	25.00	2014.8	1	pdf
22	建筑制图(第2版)	978-7-301-21146-5	高丽荣	32.00	2013.2	4	ppt/pdf
23	建筑制图习题集(第2版)	978-7-301-21288-2	高丽荣	28.00	2014.12	5	pdf
24	◎建筑工程制图(第2版)(附习题册)	978-7-301-21120-5	肖明和	48.00	2012.8	3	ppt/pdf
25	建筑制图与识图	978-7-301-18806-2	曹雪梅	36.00	2014.9	1	ppt/pdf
26	建筑制图与识图习题册	978-7-301-18652-7	曹雪梅等	30.00	2012.4	4	pdf
27	建筑制图与识图	978-7-301-20070-4	李元玲	28.00	2012.8	5	ppt/pdf
28	建筑制图与识图习题集	978-7-301-20425-2	李元玲	24.00	2012.3	4	ppt/pdf
29	新编建筑工程制图	978-7-301-21140-3	方筱松	30.00	2014.8	2	ppt/ pdf
30	新编建筑工程制图习题集	978-7-301-16834-9	方筱松	22.00	2014.1	2	pdf
	建 筑 施 工 类						
1	建筑工程测量	978-7-301-16727-4	赵景利	30.00	2013.8	11	ppt/pdf /答案
2	建筑工程测量(第2版)	978-7-301-22002-3	张敬伟	37.00	2013.5	5	ppt/pdf /答案
3	建筑工程测量实验与实训指导(第2版)	978-7-301-23166-1	张敬伟	27.00	2013.9	2	pdf/答案
4	建筑工程测量	978-7-301-19992-3	潘益民	38.00	2012.2	2	ppt/ pdf
5	建筑工程测量	978-7-301-13578-5	王金玲等	26.00	2011.8	3	pdf
6	建筑工程测量实训（第2版）	978-7-301-24833-1	杨凤华	34.00	2015.1	1	pdf/答案
7	建筑工程测量(含实验指导手册)	978-7-301-19364-8	石 东等	43.00	2012.6	3	ppt/pdf/答案
8	建筑工程测量	978-7-301-22485-4	景 铎等	34.00	2013.6	1	ppt/pdf
9	建筑施工技术	978-7-301-21209-7	陈雄辉	39.00	2013.2	4	ppt/pdf
10	建筑施工技术	978-7-301-12336-2	朱永祥等	38.00	2012.4	7	ppt/pdf
11	建筑施工技术	978-7-301-16726-7	叶 雯等	44.00	2013.5	6	ppt/pdf /素材
12	建筑施工技术	978-7-301-19499-7	董 伟等	42.00	2011.9	2	ppt/pdf
13	建筑施工技术	978-7-301-19997-8	苏小梅	38.00	2013.5	3	ppt/pdf
14	建筑工程施工技术(第2版)	978-7-301-21093-2	钟汉华等	48.00	2013.8	5	ppt/pdf
15	基础工程施工	978-7-301-20917-2	董 伟等	35.00	2012.7	2	ppt/pdf
16	建筑施工技术实训(第2版)	978-7-301-24368-8	周晓龙	30.00	2014.12	2	pdf
17	◎建筑力学(第2版)	978-7-301-21695-8	石立安	46.00	2014.12	5	ppt/pdf
18	★土木工程实用力学（第2版）	978-7-301-24681-8	马景善	47.00	2015.5	1	pdf/ppt
19	土木工程力学	978-7-301-16864-6	吴明军	38.00	2011.11	2	ppt/pdf
20	PKPM软件的应用(第2版)	978-7-301-22625-4	王 娜等	34.00	2013.6	2	pdf

序号	书名	书号	编著者	定价	出版时间	印次	配套情况
21	◎建筑结构(第2版)(上册)	978-7-301-21106-9	徐锡权	41.00	2013.4	2	ppt/pdf/答案
22	◎建筑结构(第2版)(下册)	978-7-301-22584-4	徐锡权	42.00	2013.6	2	ppt/pdf/答案
23	建筑结构学习指导与技能训练(上册)	978-7-301-25929-0	徐锡权	25.00	2015.8	1	
24	建筑结构学习指导与技能训练(下册)	978-7-301-25933-7	徐锡权	24.00	2015.8	1	
25	建筑结构	978-7-301-19171-2	唐春平等	41.00	2012.6	4	ppt/pdf
26	建筑结构基础	978-7-301-21125-0	王中发	36.00	2012.8	2	ppt/pdf
27	建筑结构原理及应用	978-7-301-18732-6	史美东	45.00	2012.8	1	ppt/pdf
28	建筑力学与结构(第2版)	978-7-301-22148-8	吴承霞等	49.00	2014.12	5	ppt/pdf/答案
29	建筑力学与结构(少学时版)	978-7-301-21730-6	吴承霞	34.00	2013.2	4	ppt/pdf/答案
30	建筑力学与结构	978-7-301-20988-2	陈水广	32.00	2012.8	1	pdf/ppt
31	建筑力学与结构	978-7-301-23348-1	杨丽君等	44.00	2014.1	1	ppt/pdf
32	建筑结构与施工图	978-7-301-22188-4	朱希文等	35.00	2013.3	2	ppt/pdf
33	生态建筑材料	978-7-301-19588-2	陈剑峰等	38.00	2013.7	2	ppt/pdf
34	建筑材料(第2版)	978-7-301-24633-7	林祖宏	35.00	2014.8	1	ppt/pdf
35	建筑材料与检测(第2版)	978-7-301-25347-2	梅 杨等	33.00	2015.2	1	pdf/ppt/答案
36	建筑材料检测试验指导	978-7-301-16729-8	王美芬等	18.00	2014.12	7	pdf
37	建筑材料与检测	978-7-301-19261-0	王 辉	35.00	2012.6	5	ppt/pdf
38	建筑材料与检测实验指导	978-7-301-20045-2	王 辉	20.00	2013.1	3	ppt/pdf
39	建筑材料选择与应用	978-7-301-21948-5	申淑荣等	39.00	2013.3	2	ppt/pdf
40	建筑材料检测实训	978-7-301-22317-8	申淑荣等	24.00	2013.4	1	pdf
41	建筑材料	978-7-301-24208-7	任晓菲	40.00	2014.7	1	ppt/pdf /答案
42	建筑材料检测试验指导	978-7-301-24782-2	陈东佐等	20.00	2014.9	1	ppt
43	◎建设工程监理概论(第2版)	978-7-301-20854-0	徐锡权等	43.00	2014.12	5	ppt/pdf /答案
44	★建设工程监理(第2版)	978-7-301-24490-6	斯 庆	35.00	2014.9	1	ppt/pdf/答案
45	建设工程监理概论	978-7-301-15518-9	曾庆军等	24.00	2012.12	5	ppt/pdf
46	工程建设监理案例分析教程	978-7-301-18984-9	刘志麟等	38.00	2013.2	2	ppt/pdf
47	◎地基与基础(第2版)	978-7-301-23304-7	肖明和等	42.00	2014.12	2	ppt/pdf/答案
48	地基与基础	978-7-301-16130-2	孙平平等	26.00	2013.2	3	ppt/pdf
49	地基与基础实训	978-7-301-23174-6	肖明和等	25.00	2013.10	1	ppt/pdf
50	土力学与地基基础	978-7-301-23675-8	叶火炎等	35.00	2014.1	1	ppt/pdf
51	土力学与基础工程	978-7-301-23590-4	宁培淋等	32.00	2014.1	1	ppt/pdf
52	土力学与地基基础	978-7-301-25525-4	陈东佐	45.00	2015.2	1	ppt/ pdf/答案
53	建筑工程质量事故分析(第2版)	978-7-301-22467-0	郑文新	32.00	2014.12	3	ppt/pdf
54	建筑工程施工组织设计	978-7-301-18512-4	李源清	26.00	2014.12	7	ppt/pdf
55	建筑工程施工组织实训	978-7-301-18961-0	李源清	40.00	2014.12	4	ppt/pdf
56	建筑施工组织与进度控制	978-7-301-21223-3	张廷瑞	36.00	2012.9	3	ppt/pdf
57	建筑施工组织项目式教程	978-7-301-19901-5	杨红玉	44.00	2012.1	2	ppt/pdf/答案
58	钢筋混凝土工程施工与组织	978-7-301-19587-1	高 雁	32.00	2012.5	2	ppt/pdf
59	钢筋混凝土工程施工与组织实训指导(学生工作页)	978-7-301-21208-0	高 雁	20.00	2012.9	1	ppt
60	★建筑节能工程与施工	978-7-301-24274-2	吴明军等	35.00	2014.11	1	ppt/pdf
工 程 管 理 类							
1	建筑施工工艺	978-7-301-24687-0	李源清等	49.50	2015.1	1	pdf/ppt/答案
2	建筑工程经济(第2版)	978-7-301-22736-7	张宁宁等	30.00	2014.12	6	ppt/pdf/答案
3	★建筑工程经济(第2版)	978-7-301-24492-0	胡六星等	41.00	2014.9	1	ppt/pdf/答案
4	建筑工程经济	978-7-301-24346-6	刘晓丽等	38.00	2014.7	1	ppt/pdf/答案
5	施工企业会计(第2版)	978-7-301-24434-0	辛艳红等	36.00	2014.7	1	ppt/pdf/答案
6	建筑工程项目管理	978-7-301-12335-5	范红岩等	30.00	2012.4	9	ppt/pdf
7	建设工程项目管理(第2版)	978-7-301-24683-2	王 辉	36.00	2014.9	1	ppt/pdf/答案
8	建筑工程项目管理	978-7-301-19335-8	冯松山等	38.00	2013.11	3	pdf/ppt
9	建筑施工组织与管理(第2版)	978-7-301-22149-5	翟丽旻等	43.00	2014.12	3	ppt/pdf/答案
10	建设工程合同管理	978-7-301-22612-4	刘庭江	46.00	2013.6	1	ppt/pdf/答案
11	建筑工程资料管理	978-7-301-17456-2	孙 刚等	36.00	2014.12	5	pdf/ppt
12	★建设工程招投标与合同管理(第3版)	978-7-301-24483-8	宋春岩	40.00	2014.9	3	ppt/pdf/答案/试题/教案
13	建筑工程招投标与合同管理	978-7-301-16802-8	程超胜	30.00	2012.9	2	pdf/ppt

序号	书名	书号	编著者	定价	出版时间	印次	配套情况
14	工程招投标与合同管理实务	978-7-301-19035-7	杨甲奇等	48.00	2011.8	3	pdf
15	工程招投标与合同管理实务	978-7-301-19290-0	郑文新等	43.00	2012.4	2	ppt/pdf
16	建设工程招投标与合同管理实务	978-7-301-20404-7	杨云会等	42.00	2012.4	2	ppt/pdf/答案/习题库
17	工程招投标与合同管理	978-7-301-17455-5	文新平	37.00	2012.9	1	ppt/pdf
18	工程项目招投标与合同管理(第2版)	978-7-301-24554-5	李洪军等	42.00	2014.12	2	ppt/pdf/答案
19	工程项目招投标与合同管理(第2版)	978-7-301-22462-5	周艳冬	35.00	2014.12	3	ppt/pdf
20	建筑工程商务标编制实训	978-7-301-20804-5	钟振宇	35.00	2012.7	1	ppt
21	建筑工程安全管理（第2版)	978-7-301-25480-6	宋　健等	36.00	2015.5	1	ppt/pdf/答案
22	建筑工程质量与安全管理	978-7-301-16070-1	周连起	35.00	2014.12	8	ppt/pdf/答案
23	施工项目质量与安全管理	978-7-301-21275-2	钟汉华	45.00	2012.10	1	ppt/pdf/答案
24	★工程造价概论	978-7-301-24696-2	周艳冬	31.00	2015.1	1	ppt/pdf/答案
25	工程造价控制(第2版)	978-7-301-24594-1	斯　庆	32.00	2014.8	1	ppt/pdf/答案
26	工程造价管理	978-7-301-20655-3	徐锡权等	33.00	2013.8	3	ppt/pdf
27	工程造价控制与管理	978-7-301-19366-2	胡新萍等	30.00	2014.12	4	ppt/pdf
28	建筑工程造价管理	978-7-301-20360-6	柴　琦等	27.00	2014.12	4	ppt/pdf
29	建筑工程造价管理	978-7-301-15517-2	李茂英等	24.00	2012.1	4	pdf
30	工程造价案例分析	978-7-301-22985-9	甄　凤	30.00	2013.8	1	pdf/ppt
31	建设工程造价控制与管理	978-7-301-24273-5	胡芳珍等	38.00	2014.6	1	ppt/pdf/答案
32	◎建筑工程造价	978-7-301-21892-1	孙咏梅	40.00	2013.2	1	ppt/pdf
33	★建筑工程计量与计价(第2版)	978-7-301-22078-8	肖明和等	58.00	2014.12	5	pdf/ppt
34	★建筑工程计量与计价实训(第2版)	978-7-301-22606-3	肖明和等	29.00	2014.12	4	pdf
35	建筑工程计量与计价综合实训	978-7-301-23568-3	龚小兰	28.00	2014.1	1	pdf
36	建筑工程估价	978-7-301-22802-9	张　英	43.00	2013.8	1	ppt/pdf
37	建筑工程计量与计价——透过案例学造价(第2版)	978-7-301-23852-3	张　强	59.00	2014.12	3	ppt/pdf
38	安装工程计量与计价(第3版)	978-7-301-24539-2	冯　钢等	54.00	2014.8	3	pdf/ppt
39	安装工程计量与计价综合实训	978-7-301-23294-1	成春燕	49.00	2014.12	3	pdf/素材
40	安装工程计量与计价实训	978-7-301-19336-5	景巧玲等	36.00	2013.5	4	pdf/素材
41	建筑水电安装工程计量与计价	978-7-301-21198-4	陈连姝	36.00	2013.8	3	ppt/pdf
42	建筑与装饰装修工程工程量清单	978-7-301-17331-2	翟丽旻等	25.00	2012.8	4	pdf/ppt/答案
43	建筑工程清单编制	978-7-301-19387-7	叶晓容	24.00	2011.8	2	ppt/pdf
44	建设项目评估	978-7-301-20068-1	高志云等	32.00	2013.6	2	ppt/pdf
45	钢筋工程清单编制	978-7-301-20114-5	贾莲英	36.00	2012.2	2	ppt / pdf
46	混凝土工程清单编制	978-7-301-20384-2	顾　娟	28.00	2012.5	1	ppt / pdf
47	建筑装饰工程预算	978-7-301-20567-9	范菊雨	38.00	2013.6	2	pdf/ppt
48	建筑装饰工程计量与计价	978-7-301-20055-1	李茂英	42.00	2013.7	3	ppt/pdf
49	建设工程安全监理	978-7-301-20802-1	沈万岳	28.00	2012.7	1	pdf/ppt
50	建筑工程安全技术与管理实务	978-7-301-21187-8	沈万岳	48.00	2012.9	2	pdf/ppt
建 筑 设 计 类							
1	中外建筑史(第2版)	978-7-301-23779-3	袁新华等	38.00	2014.2	2	ppt/pdf
2	◎建筑室内空间历程	978-7-301-19338-9	张伟孝	53.00	2011.8	1	pdf
3	建筑装饰CAD项目教程	978-7-301-20950-9	郭　慧	35.00	2013.1	2	ppt/素材
4	室内设计基础	978-7-301-15613-1	李书青	32.00	2013.5	3	ppt/pdf
5	建筑装饰构造	978-7-301-15687-2	赵志文等	27.00	2012.11	6	ppt/pdf/答案
6	建筑装饰材料(第2版)	978-7-301-22356-7	焦　涛等	34.00	2013.5	2	ppt/pdf
7	★建筑装饰施工技术(第2版)	978-7-301-24482-1	王　军	37.00	2014.7	2	ppt/pdf
8	设计构成	978-7-301-15504-2	戴碧锋	30.00	2012.10	2	ppt/pdf
9	基础色彩	978-7-301-16072-5	张　军	42.00	2011.9	2	pdf
10	设计色彩	978-7-301-21211-0	龙黎黎	46.00	2012.9	1	ppt
11	设计素描	978-7-301-22391-8	司马金桃	29.00	2013.4	2	ppt
12	建筑素描表现与创意	978-7-301-15541-7	于修国	25.00	2012.11	3	Pdf
13	3ds Max 效果图制作	978-7-301-22870-8	刘　晗等	45.00	2013.7	1	ppt
14	3ds max 室内设计表现方法	978-7-301-17762-4	徐海军	32.00	2010.9	1	pdf
15	Photoshop 效果图后期制作	978-7-301-16073-2	脱忠伟等	52.00	2011.1	2	素材/pdf
16	3ds Max & V-Ray 建筑设计表现案例教程	978-7-301-25093-8	郑恩峰	40.00	2014.12	1	ppt/pdf

序号	书名	书号	编著者	定价	出版时间	印次	配套情况
17	建筑表现技法	978-7-301-19216-0	张 峰	32.00	2013.1	2	ppt/pdf
18	建筑速写	978-7-301-20441-2	张 峰	30.00	2012.4	1	pdf
19	建筑装饰设计	978-7-301-20022-3	杨丽君	36.00	2012.2	1	ppt/素材
20	装饰施工读图与识图	978-7-301-19991-6	杨丽君	33.00	2012.5	1	ppt
	规 划 园 林 类						
1	城市规划原理与设计	978-7-301-21505-0	谭婧婧等	35.00	2013.1	2	ppt/pdf
2	居住区景观设计	978-7-301-20587-7	张群成	47.00	2012.5	1	ppt
3	居住区规划设计	978-7-301-21031-4	张 燕	48.00	2012.8	2	ppt
4	园林植物识别与应用	978-7-301-17485-2	潘利等	34.00	2012.9	1	ppt
5	园林工程施工组织管理	978-7-301-22364-2	潘利等	35.00	2013.4	1	ppt/pdf
6	园林景观计算机辅助设计	978-7-301-24500-2	于化强等	48.00	2014.8	1	ppt/pdf
7	建筑·园林·装饰设计初步	978-7-301-24575-0	王金贵	38.00	2014.10	1	ppt/pdf
	房 地 产 类						
1	房地产开发与经营(第2版)	978-7-301-23084-8	张建中等	33.00	2014.8	2	ppt/pdf/答案
2	房地产估价(第2版)	978-7-301-22945-3	张 勇等	35.00	2014.12	2	ppt/pdf/答案
3	房地产估价理论与实务	978-7-301-19327-3	褚菁晶	35.00	2011.8	2	ppt/pdf/答案
4	物业管理理论与实务	978-7-301-19354-9	裴艳慧	52.00	2011.9	2	ppt/pdf
5	房地产测绘	978-7-301-22747-3	唐春平	29.00	2013.7	1	ppt/pdf
6	房地产营销与策划	978-7-301-18731-9	应佐萍	42.00	2012.8	2	ppt/pdf
7	房地产投资分析与实务	978-7-301-24832-4	高志云	35.00	2014.9	1	ppt/pdf
	市 政 与 路 桥 类						
1	市政工程施工图案例图集	978-7-301-24824-9	陈亿琳	43.00	2015.3	1	pdf
2	市政工程计量与计价(第2版)	978-7-301-20564-8	郭良娟等	42.00	2015.1	6	pdf/ppt
3	市政工程计价	978-7-301-22117-4	彭以舟等	39.00	2015.2	1	pdf/ppt
4	市政桥梁工程	978-7-301-16688-8	刘 江等	42.00	2012.10	2	ppt/pdf/素材
5	市政工程材料	978-7-301-22452-6	郑晓国	37.00	2013.5	1	ppt/pdf
6	道桥工程材料	978-7-301-21170-0	刘水林等	43.00	2012.9	1	ppt/pdf
7	路基路面工程	978-7-301-19299-3	偶昌宝等	34.00	2011.8	1	ppt/pdf/素材
8	道路工程技术	978-7-301-19363-1	刘 雨等	33.00	2011.12	1	ppt/pdf
9	城市道路设计与施工	978-7-301-21947-8	吴颖峰	39.00	2013.1	1	ppt/pdf
10	建筑给排水工程技术	978-7-301-25224-6	刘 芳等	46.00	2014.12	1	ppt/pdf
11	建筑给水排水工程	978-7-301-20047-6	叶巧云	38.00	2012.2	1	ppt/pdf
12	市政工程测量(含技能训练手册)	978-7-301-20474-0	刘宗波等	41.00	2012.5	1	ppt/pdf
13	公路工程任务承揽与合同管理	978-7-301-21133-5	邱 兰等	30.00	2012.9	1	ppt/pdf/答案
14	★工程地质与土力学(第2版)	978-7-301-24479-1	杨仲元	41.00	2014.7	1	ppt/pdf
15	数字测图技术应用教程	978-7-301-20334-7	刘宗波	36.00	2012.8	1	ppt
16	数字测图技术	978-7-301-22656-8	赵 红	36.00	2013.6	1	ppt/pdf
17	数字测图技术实训指导	978-7-301-22679-7	赵 红	27.00	2013.6	1	ppt/pdf
18	水泵与水泵站技术	978-7-301-22510-3	刘振华	40.00	2013.5	1	ppt/pdf
19	道路工程测量(含技能训练手册)	978-7-301-21967-6	田树涛等	45.00	2013.2	1	ppt/pdf
	交 通 运 输 类						
1	桥梁施工与维护	978-7-301-23834-9	梁 斌	50.00	2014.2	1	ppt/pdf
2	铁路轨道施工与维护	978-7-301-23524-9	梁 斌	36.00	2014.1	1	ppt/pdf
3	铁路轨道构造	978-7-301-23153-1	梁 斌	32.00	2013.10	1	ppt/pdf
	建 筑 设 备 类						
1	建筑设备基础知识与识图(第2版)	978-7-301-24586-6	靳慧征等	47.00	2014.12	2	ppt/pdf/答案
2	建筑设备识图与施工工艺	978-7-301-19377-8	周业梅	38.00	2011.8	4	ppt/pdf/答案
3	建筑施工机械	978-7-301-19365-5	吴志强	30.00	2014.12	5	pdf/ppt
4	智能建筑环境设备自动化	978-7-301-21090-1	余志强	40.00	2012.8	1	pdf/ppt
5	流体力学及泵与风机	978-7-301-25279-6	王 宁等	35.00	2015.1	1	pdf/ppt/答案
	考 试 培 训 类						
1	全国建设工程造价员资格考试工程造价基础知识习题集	978-7-301-22445-8	本书编委会	25.00	2013.5	1	pdf

如您需要更多教学资源如电子课件、电子样章、习题答案等,请登录北京大学出版社第六事业部官网 www.pup6.cn 搜索下载。

如您需要浏览更多专业教材,请扫下面的二维码,关注北京大学出版社第六事业部官方微信(微信号:pup6book),随时查询专业教材、浏览教材目录、内容简介等信息,并可在线申请纸质样书用于教学。

感谢您使用我们的教材,欢迎您随时与我们联系,我们将及时做好全方位的服务。联系方式:010-62750667,85107933@qq.com,pup_6@163.com,lihu80@163.com,欢迎来电来信。客户服务 QQ 号:1292552107,欢迎随时咨询。